Python 大数据处理库
PySpark实战

汪明 著

清华大学出版社
北京

内 容 简 介

我国提出新基建概念,要加快大数据中心、人工智能等新型基础设施的建设进度,这无疑需要更多的大数据人才。PySpark 可以对大数据进行分布式处理,降低大数据学习门槛,本书正是一本 PySpark 入门教材,适合有一定 Python 基础的读者学习使用。

本书分为 7 章,第 1 章介绍大数据的基本概念、常用的大数据分析工具;第 2 章介绍 Spark 作为大数据处理的特点和算法;第 3 章介绍 Spark 实战环境的搭建,涉及 Windows 和 Linux 操作系统;第 4 章介绍如何灵活应用 PySpark 对数据进行操作;第 5 章介绍 PySpark ETL 处理,涉及 PySpark 读取数据、对数据进行统计分析等数据处理相关内容;第 6 章介绍 PySpark 如何利用 MLlib 库进行分布式机器学习(Titanic 幸存者预测);第 7 章介绍一个 PySpark 和 Kafka 结合的实时项目。

本书内容全面、示例丰富,可作为广大 PySpark 入门读者必备的参考书,同时能作为大中专院校师生的教学参考书,也可作为高等院校计算机及相关专业的大数据技术教材使用。

本书封面贴有清华大学出版社防伪标签,无标签者不得销售。
版权所有,侵权必究。举报:010-62782989,beiqinquan@tup.tsinghua.edu.cn。

图书在版编目(CIP)数据

Python 大数据处理库 PySpark 实战 / 汪明著.—北京:清华大学出版社,2021.3(2022.1 重印)
ISBN 978-7-302-57508-5

Ⅰ. ①P… Ⅱ. ①汪… Ⅲ. ①数据处理 Ⅳ.①TP274

中国版本图书馆 CIP 数据核字(2021)第 026655 号

责任编辑:夏毓彦
封面设计:王 翔
责任校对:闫秀华
责任印制:朱雨萌

出版发行:清华大学出版社
    网 址:http://www.tup.com.cn,http://www.wqbook.com
    地 址:北京清华大学学研大厦 A 座 邮 编:100084
    社 总 机:010-62770175 邮 购:010-62786544
    投稿与读者服务:010-62776969,c-service@tup.tsinghua.edu.cn
    质 量 反 馈:010-62772015,zhiliang@tup.tsinghua.edu.cn
印 装 者:三河市龙大印装有限公司
经 销:全国新华书店
开 本:190mm×260mm 印 张:20 字 数:512 千字
版 次:2021 年 3 月第 1 版 印 次:2022 年 1 月第 2 次印刷
定 价:79.00 元

产品编号:086669-01

前　　言

　　PySpark 是 Apache Spark 为 Python 开发人员提供的编程 API 接口，以便开发人员用 Python 语言对大数据进行分布式处理，可降低大数据处理的门槛。

　　PySpark 优势有哪些？首先 PySpark 是基于 Python 语言的，简单易学。其次，PySpark 可以非常方便地对大数据进行处理，其中可用 SQL 方便地从 Hadoop、Hive 及其他文件系统中读取数据并进行统计分析。最后，PySpark 编写的大数据处理程序，容易维护，且部署方便。

　　PySpark 可以从多种数据源中读取数据，并可以对数据进行统计分析和处理，其中包括批处理、流处理、图计算和机器学习模型构建等。它还可以将数据处理的结果持久化到多种文件系统中，为大数据 UI 展现提供数据支持。PySpark 比 Java/Scala 更容易学习，借助 IDE 开发工具，可以非常方便地进行代码编写和调试。

　　如果你对大数据处理有一定兴趣，了解基本的编程知识，立志构建大数据处理的相关应用，那么本书将适合你。本书作为 PySpark 的入门教材，由浅入深地对 PySpark 大数据处理方法进行介绍，特别对常用的操作、ETL 处理和机器学习进行详细的说明，最后结合实战项目将各个知识点有机整合，做到理论联系实际。

本书特点

　　（1）理论联系实际，先从大数据基本概念出发，然后对 Hadoop 生态、Spark 架构和部署方式等知识点进行讲解，并结合代码进行阐述，最后通过一个实战项目来说明如何从头到尾搭建一个实时的大数据处理演示程序。

　　（2）深入浅出、轻松易学，以实例为主线，激发读者的阅读兴趣，让读者能够真正学习到 PySpark 最实用、最前沿的技术。

　　（3）技术新颖、与时俱进，结合时下最热门的技术，如 Spark、Python 和机器学习等，让读者在学习 PySpark 的同时，熟悉更多相关的先进技术。

　　（4）贴心提醒，本书根据需要在各章使用了很多"注意"小栏目，让读者可以在学习过程中更轻松地理解相关知识点及概念。

源码下载

　　本书配套的源码，请用微信扫描右边二维码获取（可以击页面上的"推送到我的邮箱"，填入自己的邮箱，到邮箱中下载）。如果阅读中存在疑问，请联系 booksaga@163.com，邮件主题为"Python 大数据处理库 PySpark 实战"。

本书运行环境说明

本书使用的系统为 Windows 7 宿主操作系统上安装 VMware Workstation 15.5，再安装 CentOS 7。PySpark 运行环境搭建在 CentOS 7 上。读者学习本书需要有 CentOS 7 系统管理的基础知识。

本书读者

- 有一定 Python 编程基础的初学者
- 大数据处理与分析人员
- 从事后端开发，对大数据开发有兴趣的人员
- 想用 Python 构建大数据处理应用的人员
- 想要掌握大数据处理技术的高等院校师生
- 大数据技术培训学校的师生

本书作者

汪明，硕士，毕业于中国矿业大学，徐州软件协会副理事长，某创业公司合伙人。从事软件行业十余年，发表论文数十篇。著有图书《TypeScript 实战》《Go 并发编程实战》。

著者
2021 年 1 月

目　　录

第1章　大数据时代 1
　1.1　什么是大数据 1
　　1.1.1　大数据的特点 2
　　1.1.2　大数据的发展趋势 3
　1.2　大数据下的分析工具 4
　　1.2.1　Hadoop 5
　　1.2.2　Hive 6
　　1.2.3　HBase 6
　　1.2.4　Apache Phoenix 7
　　1.2.5　Apache Drill 7
　　1.2.6　Apache Hudi 7
　　1.2.7　Apache Kylin 8
　　1.2.8　Apache Presto 8
　　1.2.9　ClickHouse 8
　　1.2.10　Apache Spark 9
　　1.2.11　Apache Flink 10
　　1.2.12　Apache Storm 10
　　1.2.13　Apache Druid 10
　　1.2.14　Apache Kafka 11
　　1.2.15　TensorFlow 11
　　1.2.16　PyTorch 12
　　1.2.17　Apache Superset 12
　　1.2.18　Elasticsearch 12
　　1.2.19　Jupyter Notebook 13
　　1.2.20　Apache Zeppelin 13
　1.3　小结 14

第2章　大数据的瑞士军刀——Spark 15
　2.1　Hadoop与生态系统 15
　　2.1.1　Hadoop概述 15

- 2.1.2 HDFS 体系结构 19
- 2.1.3 Hadoop 生态系统 20
- 2.2 Spark 与 Hadoop 23
  - 2.2.1 Apache Spark 概述 23
  - 2.2.2 Spark 和 Hadoop 比较 24
- 2.3 Spark 核心概念 25
  - 2.3.1 Spark 软件栈 25
  - 2.3.2 Spark 运行架构 26
  - 2.3.3 Spark 部署模式 27
- 2.4 Spark 基本操作 29
- 2.5 SQL in Spark 33
- 2.6 Spark 与机器学习 33
  - 2.6.1 决策树算法 35
  - 2.6.2 贝叶斯算法 36
  - 2.6.3 支持向量机算法 36
  - 2.6.4 随机森林算法 37
  - 2.6.5 人工神经网络算法 38
  - 2.6.6 关联规则算法 39
  - 2.6.7 线性回归算法 40
  - 2.6.8 KNN 算法 40
  - 2.6.9 K-Means 算法 41
- 2.7 小结 42

第 3 章 Spark 实战环境设定 43

- 3.1 建立 Spark 环境前提 43
  - 3.1.1 CentOS 7 安装 45
  - 3.1.2 FinalShell 安装 55
  - 3.1.3 PuTTY 安装 58
  - 3.1.4 JDK 安装 60
  - 3.1.5 Python 安装 63
  - 3.1.6 Visual Studio Code 安装 64
  - 3.1.7 PyCharm 安装 65
- 3.2 一分钟建立 Spark 环境 66
  - 3.2.1 Linux 搭建 Spark 环境 66
  - 3.2.2 Windows 搭建 Spark 环境 69
- 3.3 建立 Hadoop 集群 79
  - 3.3.1 CentOS 配置 79
  - 3.3.2 Hadoop 伪分布模式安装 81

3.3.3　Hadoop 完全分布模式安装 87
3.4　安装与配置 Spark 集群 93
3.5　安装与配置 Hive 99
　　3.5.1　Hive 安装 99
　　3.5.2　Hive 与 Spark 集成 108
3.6　打造交互式 Spark 环境 110
　　3.6.1　Spark Shell 111
　　3.6.2　PySpark 112
　　3.6.3　Jupyter Notebook 安装 112
3.7　小结 118

第 4 章　活用 PySpark 119

4.1　Python 语法复习 119
　　4.1.1　Python 基础语法 120
　　4.1.2　Python 变量类型 124
　　4.1.3　Python 运算符 135
　　4.1.4　Python 控制语句 139
　　4.1.5　Python 函数 143
　　4.1.6　Python 模块和包 149
　　4.1.7　Python 面向对象 154
　　4.1.8　Python 异常处理 157
　　4.1.9　Python JSON 处理 159
　　4.1.10　Python 日期处理 160
4.2　用 PySpark 建立第一个 Spark RDD 161
　　4.2.1　PySpark Shell 建立 RDD 163
　　4.2.2　VSCode 编程建立 RDD 165
　　4.2.3　Jupyter 编程建立 RDD 167
4.3　RDD 的操作与观察 168
　　4.3.1　first 操作 169
　　4.3.2　max 操作 169
　　4.3.3　sum 操作 170
　　4.3.4　take 操作 171
　　4.3.5　top 操作 172
　　4.3.6　count 操作 172
　　4.3.7　collect 操作 173
　　4.3.8　collectAsMap 操作 174
　　4.3.9　countByKey 操作 175
　　4.3.10　countByValue 操作 175

- 4.3.11 glom 操作 176
- 4.3.12 coalesce 操作 177
- 4.3.13 combineByKey 操作 178
- 4.3.14 distinct 操作 179
- 4.3.15 filter 操作 180
- 4.3.16 flatMap 操作 181
- 4.3.17 flatMapValues 操作 181
- 4.3.18 fold 操作 182
- 4.3.19 foldByKey 操作 183
- 4.3.20 foreach 操作 184
- 4.3.21 foreachPartition 操作 185
- 4.3.22 map 操作 186
- 4.3.23 mapPartitions 操作 187
- 4.3.24 mapPartitionsWithIndex 操作 187
- 4.3.25 mapValues 操作 188
- 4.3.26 groupBy 操作 189
- 4.3.27 groupByKey 操作 190
- 4.3.28 keyBy 操作 191
- 4.3.29 keys 操作 192
- 4.3.30 zip 操作 193
- 4.3.31 zipWithIndex 操作 194
- 4.3.32 values 操作 194
- 4.3.33 union 操作 195
- 4.3.34 takeOrdered 操作 196
- 4.3.35 takeSample 操作 197
- 4.3.36 subtract 操作 198
- 4.3.37 subtractByKey 操作 198
- 4.3.38 stats 操作 199
- 4.3.39 sortBy 操作 200
- 4.3.40 sortByKey 操作 201
- 4.3.41 sample 操作 202
- 4.3.42 repartition 操作 203
- 4.3.43 reduce 操作 204
- 4.3.44 reduceByKey 操作 205
- 4.3.45 randomSplit 操作 206
- 4.3.46 lookup 操作 207
- 4.3.47 join 操作 208
- 4.3.48 intersection 操作 209
- 4.3.49 fullOuterJoin 操作 210

- 4.3.50 leftOuterJoin 与 rightOuterJoin 操作 211
- 4.3.51 aggregate 操作 212
- 4.3.52 aggregateByKey 操作 215
- 4.3.53 cartesian 操作 217
- 4.3.54 cache 操作 218
- 4.3.55 saveAsTextFile 操作 218
- 4.4 共享变数 220
  - 4.4.1 广播变量 220
  - 4.4.2 累加器 221
- 4.5 DataFrames 与 Spark SQL 223
  - 4.5.1 DataFrame 建立 223
  - 4.5.2 Spark SQL 基本用法 228
  - 4.5.3 DataFrame 基本操作 231
- 4.6 撰写第一个 Spark 程序 245
- 4.7 提交你的 Spark 程序 246
- 4.8 小结 248

第 5 章 PySpark ETL 实战 249

- 5.1 认识资料单元格式 249
- 5.2 观察资料 255
- 5.3 选择、筛选与聚合 267
- 5.4 存储数据 269
- 5.5 Spark 存储数据到 SQL Server 272
- 5.6 小结 275

第 6 章 PySpark 分布式机器学习 276

- 6.1 认识数据格式 277
- 6.2 描述统计 280
- 6.3 资料清理与变形 284
- 6.4 认识 Pipeline 288
- 6.5 逻辑回归原理与应用 290
  - 6.5.1 逻辑回归基本原理 290
  - 6.5.2 逻辑回归应用示例：Titanic 幸存者预测 291
- 6.6 决策树原理与应用 295
  - 6.6.1 决策树基本原理 295
  - 6.6.2 决策树应用示例：Titanic 幸存者预测 296
- 6.7 小结 299

第 7 章 实战：PySpark+Kafka 实时项目 301
　　7.1　Kafka 和 Flask 环境搭建 301
　　7.2　代码实现 303
　　7.3　小结 310

第 1 章

大数据时代

当前人类已经步入大数据时代,大数据已经逐步渗透到我们的日常生活中,涉及各行各业,包括零售行业、物流行业、教育行业、金融行业、交通行业和制造行业等。一般来说,大数据的基本任务有数据的存储、计算、查询分析和挖掘,而这些任务往往需要多台计算机共同调度才能完成。

大数据时代,数据已经变成了一种生产资料,其价值也提升到新的高度。随着各种行业的数据化,使得数据逐步形成数据资产,利用大数据技术可以更好地让数据资产价值化。当前越来越多的企业管理决策都转变成以数据为驱动的大数据辅助决策。本章作为开篇,主要介绍大数据的基本概念,重点介绍大数据的常见分析工具。

本章主要涉及的知识点有:

- 大数据概述:介绍大数据相关的概念和特征。
- 大数据分析工具:介绍当前大数据生态系统下的常见分析工具。

1.1 什么是大数据

根据百度百科显示,最早提出大数据时代到来的是全球知名咨询公司麦肯锡,麦肯锡称:"数据,已经渗透到当今每一个行业和业务职能领域,成为重要的生产因素。人们对于海量数据的挖掘和运用,预示着新一波生产率增长和消费者盈余浪潮的到来。"

大数据(Big Data),是一个 IT 行业术语,是指无法在一定时间范围内用单机软件工具进行捕捉、管理和处理的数据集合,它需要使用分布式模式才能处理,其数据具有数量大、来源广、价值密度低等特征。

至于什么数据量算得上大数据,这个也没有一定的标准,一般来说,单机难以处理的数据量，就可以称得上大数据。

大数据和人工智能往往关系密切，人工智能算法必须依据数据才能构建合适的模型，以便用于预测和智能决策。当前，大数据技术已经在医药、电信、金融、安全监管、环保等领域广泛使用。

大数据时代，分布式的数据存储和查询模式可以对全量数据进行处理。举例来说，以前DNA和指纹数据库的建立，由于信息技术水平的限制，只能重点采集并存储部分人口的DNA和指纹数据，这种限制对于很多案件的侦破是非常不利的。

而当我们步入大数据时代后，从理论上来讲，采集并存储全球人口的DNA和指纹信息是可行的。因此，建立全量的DNA和指纹数据库，这对DNA和指纹数据的比对工作来说，具有非常大的价值。

以前我们研究问题，主要研究几个要素之间的因果关系，例如通过经验、观察实验和数学等理论推导出一些公式，用于指导生产和生活。而在大数据时代，更多的是对几个要素之间相关性进行分析。例如，通过对电商平台上的购买行为进行分析，可以对用户进行画像，并根据用户的历史购买记录，来智能推荐他可能感兴趣的商品，这种分析对提升成单率来说至关重要。

基于大数据的推荐系统，可能比你自己都要了解你自己。这也是在大数据时代人类越来越关心个人隐私信息的安全问题的原因。

相关性分析是寻找因果关系的利器。可以说，相关分析和因果分析是互相促进的。如果多个因素之间有明显的相关性，那么就可以进一步研究其因果关系。

大数据的价值就在于从海量数据中，通过机器学习算法自动搜寻多个因素之间的相关性，这些相关性可以大大减少人工搜寻的时间。换句话说，人工从海量数据中往往很难发现多个因素之间的相关性，而这恰恰是机器学习比较擅长的领域。

1.1.1 大数据的特点

一般来说，大数据具有如下几个特点。

1. Volume（大量）

大数据场景下，对数据的采集、计算和存储所涉及的数量是非常庞大的，数据量往往多到单台计算机无法处理和存储，必须借助多台计算机构建的集群来分布式处理和存储。

分布式存储要保证数据存储的安全性。如果某一个节点上的数据损坏，那么必须从其他节点上对损坏节点上的数据进行自动修复，这个过程中就需要数据的副本，同一份数据会复制多份，并分布式存储到不同的节点上。

如果不借助大数据工具，自己实现一个分布式文件系统，那么其工作量非常大。因此，对于大数据的处理和存储来说，更好的方案就是选择一款开源的分布式文件系统。

2. Velocity（高速）

以前由于数据采集手段落后、数据存储空间横向扩展困难，不能存储海量的数据，因此只会采集一些重要的数据，如财务数据、生产数据等。这就导致了高层管理人员在决策时，缺乏完整、统一的宏观数据作为数据支撑。

在大数据时代，由于数据采集手段多样、数据可以分布式存储，因此当前很多企业都会尽可能地存储数据，其中不少企业中都有传感器或者视频探头，它们会产生大量的数据，形成一个数据流，这些数据流的产生都是非常迅速的，因此分析这些数据的软件系统必须做到高效地采集、处理和存储这些高速生成的数据。

一般来说，大数据系统可以借助分布式集群构建的强大计算力，对海量数据进行快速处理。若处理数据的响应时间能到秒级，甚至毫秒级，那么其价值将非常大。实时大数据的处理，这也是目前众多大数据工具追求的一个重要能力。

3. Variety（多样）

生物具有多样性，动物有哺乳动物、鸟类和冷血动物等，植物有苔藓植物、蕨类植物和种子植物等。多样的生物只有和谐相处，才是可持续发展之道。

同样地，数据的载体也是多种多样，一般来说，可以分为结构化数据、非结构化数据和半结构化数据。其中很多业务数据都属于结构化数据，而是视频、音频和图像等都可划分为非结构化数据。在大数据时代下，非结构化数据从数量上来说占了大部分。因此，对视频、音频、图像和自然语言等非结构化数据的处理，也是当前大数据工具要攻克的重点。

4. Value（低价值密度）

大数据首先是数据量庞大，一般来说，都是PB级别的。但在特定场景下，真正有用的数据可能较少，即数据价值密度相对较低。从大数据中挖掘出有用的价值，如大海捞针一般。

举例来说，交通部门为了更好地对道路交通安全进行监管，在重点的路口都设有违法抓拍系统，会对每辆车进行拍照，这个数据量非常巨大，其中有交通违法行为的车辆照片并不多，可以说是万里挑一。因此这个价值密度相对低，但是存储这些数据非常重要，其中某一些图片资料对于协助破案来说会起到至关重要的作用。

5. Veracity（真实性）

大数据场景下，由于数据来源的多样性，互相可以验证，因此数据的真实性往往比较高。这里说的真实性，是指数据的准确性和及时性。数据的真实性也是大数据可以形成数据资产的一个重要前提，只有真实、可信的数据才能挖掘出有用的价值。

大数据由于具有如上的特点，这就对大数据的信息化软件提出了非常高的要求。一般的软件系统是无法很好的处理大数据的。从技术上看，大数据与云计算密不可分。大数据无法用单台计算机进行存储和处理，而必须采用分布式架构，即必须依托云计算提供的分布式存储和计算能力。

1.1.2 大数据的发展趋势

大数据目前有如下几点发展趋势。

1. 大数据是一种生产资料

目前人类已经步入数字经济时代，大数据是非常重要的一种生产资料，与土地、石油等资源作为重要的生产资料类似，数字经济时代以大数据作为最基础也是最重要的生产资料。

在大数据时代，信息的载体是数据。对于数据的分析与挖掘来说，其实质是生产各类信息产品，这些信息产品可以看作是一种数字商品，是可以产生实际价值的资产。若将大数据比作土地，那么基于大数据分析和挖掘出的信息产品，就好比在土地上种植出来的各种农产品。

2. 与物联网和5G的融合

大数据的基础是数据，而产生数据的源头更多是来自物联网和5G。物联网、移动互联网和5G等新兴技术，将进一步助力大数据的发展，让大数据为企业管理决策和政府决策提供更大的价值。特别是5G技术的推广，将进一步提升大数据的应用。

3. 大数据理论的突破

随着5G的发展，大数据很可能爆发新一轮的技术革命。人类处理信息往往借助视频、图像和声音（语言），因此大数据技术目前正在与机器学习、人工智能等相关技术进行深度结合，在视频、图像和语音的处理上，必须在理论上继续突破，才可能实现科学技术上的突破。视频中的行为检测、图像物体识别和语音识别等应用会产生极大的经济效益和社会效益。

4. 数据公开和标准化

数据作为一种重要的资产，只有流动起来才能更好地发挥价值。就像河里的水一样，只有流到田间地头对庄家进行灌溉，才能生产出农产品。数据在流转的过程中，数据的标准化非常重要，这样才能打破信息孤岛，从而更好地让数据产生价值。

5. 数据安全

大数据中涉及各类数据，其中难免有敏感的数据，数据在流转过程中，如何对敏感数据进行加密和脱敏，这将至关重要。因此，大数据应用必须充分考虑数据安全的问题。

1.2 大数据下的分析工具

大数据技术首先需要解决的问题是如何高效、安全地存储；其次是如何高效、及时地处理海量的数据，并返回有价值的信息；最后是如何通过机器学习算法，从海量数据中挖掘出潜在的价值，并构建模型，以用于预测预警。

可以说，当今大数据的基石，来源于谷歌公司的三篇论文，这三篇论文主要阐述了谷歌公司对于大数据问题的解决方案。这三篇论文分别是：

- Google File System
- Google MapReduce
- Google BigTable

其中，*Google File System* 主要解决大数据分布式存储的问题，*Google MapReduce* 主要解

决大数据分布式计算的问题，*Google Bigtable* 主要解决大数据分布式查询的问题。

当前大数据工具的蓬勃发展，或多或少都受到上述论文的启发，不少社区根据论文的相关原理，实现了最早一批的开源大数据工具，如 Hadoop 和 HBase。

但值得注意的是，当前每个大数据工具都专注于解决大数据领域的特定问题，很少有一种大数据工具可以一站式解决所有的大数据问题。因此，一般来说，大数据应用需要多种大数据工具相互配合，才能解决大数据相关的业务问题。

大数据工具非常多，据不完全统计，大约有一百多种，但常用的只有 10 多种，这些大数据工具重点解决的大数据领域各不相同，现列举如下：

- 分布式存储：主要包含 Hadoop HDFS 和 Kafka 等。
- 分布式计算：包括批处理和流计算，主要包含 Hadoop MapReduce、Spark 和 Flink 等。
- 分布式查询：主要包括 Hive、HBase、Kylin、Impala 等。
- 分布式挖掘：主要包括 Spark ML 和 Alink 等。

据中国信通院企业采购大数据软件调研报告来看，86.6% 的企业选择基于开源软件构建自己的大数据处理业务，因此学习和掌握几种常用的开源大数据工具，对于大数据开发人员来说至关重要。下面重点介绍大数据常用的几种分析工具。

1.2.1 Hadoop

Hadoop 是一个由 Apache 基金会开发的分布式系统基础架构，源于论文 *Google File System*。Hadoop 工具可以让用户在不了解分布式底层细节的情况下，开发分布式程序，从而大大降低大数据程序的开发难度。它可以充分利用计算机集群构建的大容量、高计算能力来对大数据进行存储和运算。

在大数据刚兴起之时，Hadoop 可能是最早的大数据工具，它也是早期大数据技术的代名词。时至今日，虽然大数据工具种类繁多，但是不少工具的底层分布式文件系统还是基于 Hadoop 的 HDFS（Hadoop Distributed File System）。

Hadoop 框架前期最核心的组件有两个，即 HDFS 和 MapReduce。后期又加入了 YARN 组件，用于资源调度。其中 HDFS 为海量的数据提供了存储，而 MapReduce 则为海量的数据提供了分布式计算能力。

HDFS 有高容错性的特点，且支持在低廉的硬件上进行部署，而且 Hadoop 访问数据的时候，具有很高的吞吐量，适合那些有着超大数据集的应用程序。

可以说，Hadoop 工具是专为离线和大规模数据分析而设计的，但它并不适合对几个记录随机读写的在线事务处理模式。Hadoop 软件是免费开源的，官网地址为 http://hadoop.apache.org。

> **注　意**
>
> 目前来说，Hadoop 工具不支持数据的部分 update 操作，因此不能像关系型数据库那样，可以用 SQL 来更新部分数据。

1.2.2 Hive

对于数据的查询和操作，一般开发人员熟悉的是 SQL 语句，但是 Hadoop 不支持 SQL 对数据的操作，而是需要用 API 来进行操作，这个对于很多开发人员来说并不友好。因此，很多开发人员期盼能用 SQL 语句来查询 Hadoop 中的分布式数据。

Hive 工具基于 Hadoop 组件，可以看作是一个数据仓库分析系统，Hive 提供了丰富的 SQL 查询方式来分析存储在 Hadoop 分布式文件系统中的数据。

Hive 可以将结构化的数据文件映射为一张数据表，这样就可以利用 SQL 来查询数据。本质上，Hive 是一个翻译器，可以将 SQL 语句翻译为 MapReduce 任务运行。

Hive SQL 使不熟悉 MapReduce 的开发人员可以很方便地利用 SQL 语言进行数据的查询、汇总和统计分析。但是 Hive SQL 与关系型数据库的 SQL 略有不同，虽然它能支持绝大多数的语句，如 DDL、DML 以及常见的聚合函数、连接查询和条件查询等。

Hive 还支持 UDF（User-Defined Function，用户定义函数），也可以实现对 map 和 reduce 函数的定制，为数据操作提供了良好的伸缩性和可扩展性。Hive 不适合用于联机事务处理，也不适合实时查询功能。它最适合应用在基于大量不可变数据的批处理作业。Hive 的特点包括：可伸缩、可扩展、容错、输入格式的松散耦合。Hive 最佳使用场合是大数据集的批处理作业，例如，网络日志分析。官网地址为 http://hive.apache.org。

> **注　意**
>
> 目前来说，Hive 中的 SQL 支持度有限，只支持部分常用的 SQL 语句，且不适合 update 操作去更新部分数据，即不适合基于行级的数据更新操作。

1.2.3 HBase

HBase 工具是一个分布式的、面向列的开源数据库，该技术来源于 *Google BigTable* 的论文。它在 Hadoop 之上提供了类似于 Google BigTable 的能力。HBase 不同于一般的关系数据库，它是一个适合存储非结构化数据的数据库，且采用了基于列而不是基于行的数据存储模式。

HBase 在很多大型互联网公司得到应用，如阿里、京东、小米和 Facebook 等。Facebook 用 HBase 存储在线消息，每天数据量近百亿；小米公司的米聊历史数据和消息推送等多个重要应用系统都建立在 HBase 之上。

HBase 适用场景有：

- 密集型写应用：写入量巨大，而相对读数量较小的应用，比如消息系统的历史消息，游戏的日志等。
- 查询逻辑简单的应用：HBase 只支持基于 rowkey 的查询，而像 SQL 中的 join 等查询语句，它并不支持。
- 对性能和可靠性要求非常高的应用：由于 HBase 本身没有单点故障，可用性非常高。它支持在线扩展节点，即使应用系统的数据在一段时间内呈井喷式增长，也可以通过横向扩展来满足功能要求。

HBase 读取速度快得益于内部使用了 LSM 树型结构,而不是 B 或 B+树。一般来说,磁盘的顺序读取速度很快,但相对而言,寻找磁道的速度就要慢很多。HBase 的存储结构决定了读取任意数量的记录不会引发额外的寻道开销。官网地址为 http://hbase.apache.org。

> **注 意**
> 目前来说,HBase 不能基于 SQL 来查询数据,需要使用 API。

1.2.4 Apache Phoenix

前面提到,Hive 是构建在 Hadoop 之上,可以用 SQL 对 Hadoop 中的数据进行查询和统计分析。同样地,HBase 原生也不支持用 SQL 进行数据查询,因此使用起来不方便,比较费力。

Apache Phoenix 是构建在 HBase 数据库之上的一个 SQL 翻译层。它本身用 Java 语言开发,可作为 HBase 内嵌的 JDBC 驱动。Apache Phoenix 引擎会将 SQL 语句翻译为一个或多个 HBase 扫描任务,并编排执行以生成标准的 JDBC 结果集。

Apache Phoenix 提供了用 SQL 对 HBase 数据库进行查询操作的能力,并支持标准 SQL 中大部分特性,其中包括条件运算、分组、分页等语法,因此降低了开发人员操作 HBase 当中的数据的难度,提高了开发效率。官网地址为 http://phoenix.apache.org。

1.2.5 Apache Drill

Apache Drill 是一个开源的、低延迟的分布式海量数据查询引擎,使用 ANSI SQL 兼容语法,支持本地文件、HDFS、HBase、MongoDB 等后端存储,支持 Parquet、JSON 和 CSV 等数据格式。本质上 Apache Drill 是一个分布式的大规模并行处理查询层。

它是 Google Dremel 工具的开源实现,而 Dremel 是 Google 的交互式数据分析系统,性能非常强悍,可以处理 PB 级别的数据。

Google 开发的 Dremel 工具,在处理 PB 级数据时,可将处理时间缩短到秒级,从而作为 MapReduce 的有力补充。它作为 Google BigQuery 的报表引擎,获得了很大的成功。Apache Drill 的官网地址为 https://drill.apache.org。

1.2.6 Apache Hudi

Apache Hudi 代表 Hadoop Upserts and Incrementals,由 Uber 开发并开源。它基于 HDFS 数据存储系统之上,提供了两种流原语:插入更新和增量拉取。它可以很好地弥补 Hadoop 和 Hive 对部分数据更新的不足。

Apache Hudi 工具提供两个核心功能:首先支持行级别的数据更新,这样可以迅速地更新历史数据;其次是仅对增量数据的查询。Apache Hudi 提供了对 Hive、Presto 和 Spark 的支持,可以直接使用这些组件对 Hudi 管理的数据进行查询。

Hudi 的主要目的是高效减少数据摄取过程中的延迟。HDFS 上的分析数据集通过两种类型的表提供服务:

- 读优化表（Read Optimized Table）：通过列式存储提高查询性能。
- 近实时表（Near-Real-Time Table）：基于行的存储和列式存储的组合提供近实时查询。

Hudi 的官网地址为 https://hudi.apache.org。

1.2.7 Apache Kylin

Apache Kylin 是数据平台上的一个开源 OLAP 引擎。它采用多维立方体预计算技术，可以将某些场景下的大数据 SQL 查询速度提升到亚秒级别。值得一提的是，Apache Kylin 是国人主导的第一个 Apache 顶级开源项目，在开源社区有较大的影响力。

它的查询速度如此之快，是基于预先计算尽量多的聚合结果，在查询时应该尽量利用预先计算的结果得出查询结果，从而避免直接扫描超大的原始记录。

使用 Apache Kylin 主要分为三步：

（1）首先，定义数据集上的一个星形或雪花形模型。
（2）其次，在定义的数据表上构建多维立方。
（3）最后，使用 SQL 进行查询。

Apache Kylin 的官网地址为 http://kylin.apache.org。

1.2.8 Apache Presto

Apache Presto 是一个开源的分布式 SQL 查询引擎，适用于交互式分析查询，数据量支持 GB 到 PB 字节。它的设计和编写完全是为了解决像 Facebook 这样规模的商业数据仓库的交互式分析和处理速度的问题。

Presto 支持多种数据存储系统，包括 Hive、Cassandra 和各类关系数据库。Presto 查询可以将多个数据源的数据进行合并，可以跨越整个组织进行分析。

国内的京东和国外的 Facebook 都使用 Presto 进行交互式查询。Apache Presto 的官网地址为 https://prestodb.io。

1.2.9 ClickHouse

Yandex 在 2016 年 6 月 15 日开源了一个用于数据分析的数据库，名字叫作 ClickHouse，这个列式存储数据库的性能要超过很多流行的商业 MPP 数据库软件，例如 Vertica。目前国内社区火热，各个大厂纷纷使用。

今日头条用 ClickHouse 做用户行为分析，内部一共几千个 ClickHouse 节点，单集群最大 1200 节点，总数据量几十 PB，日增原始数据 300TB 左右。腾讯用 ClickHouse 做游戏数据分析，并且为之建立了一整套监控运维体系。

携程从 2018 年 7 月份开始接入试用，目前 80%的业务都跑在 ClickHouse 上。每天数据增量十多亿，近百万次查询请求。快手也在使用 ClickHouse，每天新增 200TB，90%查询低于 3 秒。

Clickhouse 的具体特点如下：

- 面向列的DBMS。
- 数据高效压缩。
- 磁盘存储的数据。
- 多核并行处理。
- 在多个服务器上分布式处理。
- SQL语法支持。
- 向量化引擎。
- 实时数据更新。
- 索引支持。
- 适合在线查询。
- 支持近似预估计算。
- 支持嵌套的数据结构。
- 数据复制和对数据完整性的支持。

ClickHouse 的官网地址为 https://clickhouse.tech。

1.2.10 Apache Spark

Apache Spark 是专为大规模数据处理而设计的快速通用的计算引擎。它是加州大学伯克利分校的 AMP 实验室开源的通用并行框架。它不同于 Hadoop MapReduce，计算任务中间输出结果可以保存在内存中，而不再需要读写 HDFS，因此 Spark 计算速度更快，也能更好地适用于机器学习等需要迭代的算法。

Apache Spark 是由 Scala 语言开发的，可以与 Java 程序一起使用。它能够像操作本地集合对象一样轻松地操作分布式数据集。它具有运行速度快、易用性好、通用性强和随处运行等特点。

Apache Spark 提供了 Java、Scala、Python 以及 R 语言的 API。还支持更高级的工具，如 Spark SQL、Spark Streaming、Spark MLlib 和 Spark GraphX 等。

Apache Spark 主要有如下几个特点：

- 非常快的计算速度：它主要在内存中计算，因此在需要反复迭代的算法上，优势非常明显，比 Hadoop 快100倍。
- 易用性：它大概提供了80多个高级运算符，包括各种转换、聚合等操作。这相对于 Hadoop 组件中提供的 map 和 reduce 两大类操作来说，丰富了很多，因此可以更好地适应复杂数据的逻辑处理。
- 通用性：它除了自身不带数据存储外，其他大数据常见的业务需求，比如批处理、流计算、图计算和机器学习等都有对应的组件。因此，开发者通过Spark提供的各类组件，如Spark SQL、Spark Streaming、Spark MLlib和Spark GraphX等，可以在同一个应用程序中无缝组合使用这些库。
- 支持多种资源管理器：它支持Hadoop YARN、Apache Mesos，以及Spark自带的Standalone集群管理器。

Spark 的官网地址为 http://spark.apache.org。

1.2.11 Apache Flink

Apache Flink 是一个计算框架和分布式处理引擎，用于对无界和有界数据流进行有状态计算，该框架完全由 Java 语言开发，也是国内阿里巴巴主推的一款大数据工具。其针对数据流的分布式计算提供了数据分布、数据通信以及容错机制等功能。基于流执行引擎，Flink 提供了诸多更高抽象层的 API，以便用户编写分布式任务。

- DataSet API：对静态数据进行批处理操作，将静态数据抽象成分布式的数据集，用户可以方便地使用Flink提供的各种操作符，对分布式数据集进行处理。
- DataStream API：对数据流进行流处理操作，将流式的数据抽象成分布式的数据流，用户可以方便地对分布式数据流进行各种操作。
- Table API：对结构化数据进行查询操作，将结构化数据抽象成关系表，并通过类SQL的语句对关系表进行各种查询操作。

Apache Flink 的官网地址为 http://flink.apache.org。

1.2.12 Apache Storm

Apache Storm 是开源的分布式实时计算系统，擅长处理海量数据，适用于数据实时处理而非批处理。Hadoop 或者 Hive 是大数据中进行批处理使用较为广泛的工具，这也是 Hadoop 或者 Hive 的强项。但是 Hadoop MapReduce 并不擅长实时计算，这也是业界一致的共识。

当前很多业务对于实时计算的需求越来越强烈，这也是 Storm 推出的一个重要原因。Apache Storm 的官网地址为 http://storm.apache.org。

> **注　意**
>
> 随着 Spark 和 Flink 对于流数据的处理能力的增强，目前不少实时大数据处理分析都从 Storm 迁移到 Spark 和 Flink 上，从而降低了维护成本。

1.2.13 Apache Druid

Apache Druid 是一个分布式的、支持实时多维 OLAP 分析的数据处理系统。它既支持高速的数据实时摄入处理，也支持实时且灵活的多维数据分析查询。因此它最常用的大数据场景就是灵活快速的多维 OLAP 分析。

另外，它支持根据时间戳对数据进行预聚合摄入和聚合分析，因此也经常用于对时序数据进行处理分析。

Apache Druid 的主要特性如下：

- 亚秒响应的交互式查询，支持较高并发。
- 支持实时导入，导入即可被查询，支持高并发导入。
- 采用分布式shared-nothing的架构，可以扩展到PB级。

- 数据查询支持SQL。

Apache Druid 的官网地址为 http://druid.apache.org。

> **注 意**
>
> 目前 Apache Druid 不支持精确去重，不支持 Join 和根据主键进行单条记录更新。同时，需要与阿里开源的 Druid 数据库连接池区别开来。

1.2.14 Apache Kafka

Apache Kafka 是一个开源流处理平台，它的目标是为处理实时数据提供一个统一、高通量、低等待的平台。Apache Kafka 最初由 LinkedIn 开发，并于 2011 年初开源。2012 年 10 月从 Apache Incubator 毕业。在非常多的实时大数据项目中，都能见到 Apache Kafka 的身影。

Apache Kafka 不仅仅是一个消息系统，主要用于如下场景：

- 发布和订阅：类似一个消息系统，可以读写流式数据。
- 流数据处理：编写可扩展的流处理应用程序，可用于实时事件响应的场景。
- 数据存储：安全地将流式的数据存储在一个分布式、有副本备份且容错的集群。

它的一个重要特点是可以作为连接各个子系统的数据管道，从而构建实时的数据管道和流式应用。它支持水平扩展，且具有高可用、速度快的优点，已经运行在成千上万家公司的生产环境中。Apache Kafka 的官网地址为 http://kafka.apache.org。

> **注 意**
>
> 某种程度上来说，很多实时大数据系统已经离不开 Kafka，它充当一个内存数据库，可以快速地读写流数据。

1.2.15 TensorFlow

TensorFlow 最初由谷歌公司开发，用于机器学习和深度神经网络方面的研究，它是一个端到端开源机器学习平台。它拥有一个全面而灵活的生态系统，包含各种工具、库和社区资源，可助力研究人员推动先进的机器学习技术的发展，并使开发者能够轻松地构建和部署由机器学习提供支持的应用。

TensorFlow 的特征如下：

- 轻松地构建模型：它可以使用API轻松地构建和训练机器学习模型，这使得我们能够快速迭代模型并轻松地调试模型。
- 随时随地进行可靠的机器学习生产：它可以在CPU和GPU上运行，可以运行在台式机、服务器和手机移动端等设备上。无论使用哪种语言，都可以在云端、本地、浏览器中或设备上轻松地训练和部署模型。
- 强大的研究实验：现在科学家可以用它尝试新的算法，产品团队则用它来训练和使用计算模型，并直接提供给在线用户。

TensorFlow 的官网地址为 https://tensorflow.google.cn。

1.2.16　PyTorch

PyTorch 的前身是 Torch，其底层和 Torch 框架一样，但是使用 Python 重新写了很多内容，不仅更加灵活，支持动态图，而且还提供了 Python 接口。

它是一个以 Python 优先的深度学习框架，能够实现强大的 GPU 加速，同时还支持动态神经网络，这是很多主流深度学习框架比如 TensorFlow 等都不支持的。

PyTorch 是相当简洁且高效的框架，从操作上来说，非常符合我们的使用习惯，这能让用户尽可能地专注于实现自己的想法，而不是算法本身。PyTorch 是基于 Python 的，因此入门也更加简单。PyTorch 的官网地址为 https://pytorch.org。

1.2.17　Apache Superset

前面介绍的大数据工具，主要涉及大数据的存储、计算和查询，也涉及大数据的机器学习。但是这些数据的查询和挖掘结果如何直观地通过图表展现到 UI 上，以辅助更多的业务人员进行决策使用，这也是一个非常重要的课题。

没有可视化工具，再好的数据分析也不完美，可以说，数据可视化是大数据的最后一公里，因此至关重要。

Apache Superset 是由 Airbnb 开源的数据可视化工具，目前属于 Apache 孵化器项目，主要用于数据可视化工作。分析人员可以不用直接写 SQL 语句，而是通过选择指标、分组条件和过滤条件，即可绘制图表，这无疑降低了它的使用难度。它在可视化方面做得很出色，是开源领域中的佼佼者，即使与很多商用的数据分析工具相比，也毫不逊色。

Apache Superset 的官网地址为 http://superset.apache.org。

> **注　意**
>
> 与 Apache Superset 类似的还有开源的 Metabase，官网地址为 https://www.metabase.com。

1.2.18　Elasticsearch

Elasticsearch 是一个开源的、分布式的、提供 Restful API 的搜索和数据分析引擎，它的底层是开源库 Apache Lucene。它使用 Java 编写，内部采用 Lucene 做索引与搜索。它的目标是使全文检索变得更加简单。

Elasticsearch 具有如下特征：

- 一个分布式的实时文档存储。
- 一个分布式实时分析搜索引擎。
- 能横向扩展，支持PB级别的数据。

由于 Elasticsearch 的功能强大和使用简单，维基百科、卫报、Stack Overflow、GitHub 等都纷纷采用它来做搜索。现在，Elasticsearch 已成为全文搜索领域的主流软件之一。Elasticsearch 的官网地址为 https://www.elastic.co/cn/。

> **注 意**
>
> Elasticsearch 中涉及的数据可以用 Kibana 实现数据可视化分析。

1.2.19 Jupyter Notebook

Jupyter Notebook 是一个功能非常强大的 Web 工具，不仅仅用于大数据分析。它的前身是 IPython Notebook，是一个基于 Web 的交互式笔记本，支持 40 多种编程语言。

它的本质是一个 Web 应用程序，便于创建和共享程序文档，支持实时代码、数学方程、可视化和 Markdown。它主要用于数据清理和转换、数值模拟、统计建模、机器学习等。Jupyter Notebook 的官网地址为 https://jupyter.org，官网界面如图 1.1 所示。

图 1.1 Jupyter Notebook 官网界面

1.2.20 Apache Zeppelin

Apache Zeppelin 和 Jupyter Notebook 类似，是一个提供交互式数据分析且基于 Web 的笔记本。它基于 Web 的开源框架，使交互式数据分析变得可行的。Zeppelin 提供了数据分析、数据可视化等功能。

借助 Apache Zeppelin，开发人员可以构建数据驱动的、可交互且可协作的精美的在线文档，并且支持多种语言，包括 Apache Spark、PySpark、Spark SQL、Hive、Markdown、Shell 等。Apache Zeppelin 主要功能有：

- 数据提取。
- 数据挖掘。
- 数据分析。
- 数据可视化展示。

Apache Zeppelin 的官网地址为 http://zeppelin.apache.org。

大数据工具发展非常快,有很多工具可能都没有听说过。就当前的行情来看,Apache Spark 基本上已经成为批处理领域的佼佼者,且最新版本在流处理上也做得不错,是实现流批一体化数据处理很好的框架。

需要大数据分析与处理的公司,应该根据自身的人员技能结构和业务需求,选择合适的大数据工具。虽然大数据工具非常之多,但是 Hadoop、HBase、Kafka、Spark 或 Flink 几乎是必备的大数据工具。

1.3 小结

本章主要介绍了大数据的相关概念和工具。可以说大数据技术已经深入到人类日常生活的方方面面,特别是交通、金融、电信、教育和安全监管等多个领域。

大数据工具繁多,当前并没有一个一站式的大数据解决方案,不同大数据工具需要有机配合才能构建出一个完整的大数据应用。毫无疑问,虽然大数据工具如此之多,但是常用的大数据工具中,Hadoop、HBase、Kafka、Spark 或 Flink 是不可或缺的工具。

ize # 第 2 章

大数据的瑞士军刀——Spark

上一章主要介绍了大数据的相关概念,以及大数据和人类日常生活的关系,并介绍了几种大数据分析工具。本章将重点介绍被誉为大数据处理的瑞士军刀——Spark。

本章主要涉及的知识点有:

- Hadoop及其生态系统:了解Hadoop的由来以及Hadoop生态系统。
- Spark的核心概念:掌握Spark的基本概念和架构。
- Spark基本操作:了解Spark的几种常见操作。
- SQL in Spark概述:了解Spark相关数据统计可以用SQL来操作。
- Spark与机器学习:了解Spark MLlib库中的几种机器学习算法。

2.1 Hadoop 与生态系统

Hadoop 不是一个简单的工具,它有自己的生态体系,这就是本节将要介绍的内容。

2.1.1 Hadoop 概述

如果读者之前听说过大数据,那么几乎都应该听过 Hadoop 这个词。在大数据领域,Hadoop 可以说是一个绕不开的话题。那么什么是 Hadoop 呢?

Hadoop 是一个开源的大数据软件框架,主要用于分布式数据存储和大数据集处理。Hadoop 在大数据领域使用广泛,其中一个重要的原因是开源,这就意味着使用 Hadoop 的成本很低,软件本身是免费的。另一方面,还可以研究其内部的实现原理,并根据自身的业务需求,进行代码层面的定制。

2003 年，谷歌公司推出了 Nutch 项目，用来处理数十亿次的网页搜索和用于数百万网页的索引。2003 年 10 月，谷歌公司公开发表了 GFS（Google File System）论文。2004 年，谷歌公司又公开发表了关于 MapReduce 细节的论文。2005 年，Nutch 项目使用 GFS 和 MapReduce 来执行操作，性能飙升。

2006年，计算机科学家 Doug Cutting 和 Mike Cafarella 共同开发出 Hadoop。2006 年 2 月，Doug Cutting 为了让 Hadoop 有更好的发展，加入雅虎。此时 Hadoop 在雅虎公司经过专业团队的打造，已经变成一个可在 Web 规模上运行的企业级大数据系统。2007 年，雅虎公司开始在 100 个节点的集群上使用 Hadoop。

到 2008 年 1 月，Hadoop 成为 Apache 顶级项目，并迎来了它的快速发展期，这无疑也证实了 Hadoop 的价值。此时，除了雅虎公司，世界上还有许多其他公司也使用 Hadoop 来构建大数据系统，如《纽约时报》和 Facebook。2008 年 4 月，Hadoop 打破了一项世界纪录，成为对 1T 数据进行排序的最快系统。这个排序系统运行在 910 个节点的集群上，在 209 秒内完成对 1TB 的数据的排序。此消息也让 Hadoop 名声大噪。

2011 年 12 月，Apache Hadoop 发布了 1.0 版本。2013 年 8 月，Apache Hadoop 发布了 2.0.6 版本，其中 Hadoop2.x 对 Hadoop1.x 重构较多。2017 年 6 月，Apache Hadoop3.0.0-alpha4 版本发布。截至到本书撰写时，最新的 Hadoop 版本为 3.2.1。

根据官方的介绍，Apache Hadoop 3.2.0 是 Hadoop 3.x 系列中最大的一个版本，带来了许多新功能和 1000 多个修改，通过 Hadoop 3.0.0 的云连接器的增强功能进一步丰富了平台，并服务于深度学习用例和长期运行的应用。

目前 Apache Hadoop 已经部署在很多大型公司的生产环境中，例如 Adobe、AWS、Apple、Cloudera、eBay、Facebook、Google、Hortonworks、IBM、Intel、LinkedIn、Microsoft、Netflix 和 Teradata 等企业。此外，Apache Hadoop 还促进了 Spark、HBase 和 Hive 等相关项目的发展。

经过大量企业的生产环境验证，Hadoop 可以在具有数千个节点的分布式系统上稳定运行。它的分布式文件系统不但提供了节点间进行数据快速传输的能力，还允许系统在个别节点出现故障时，保证整个系统可以继续运行。

> **注　意**
>
> 一般来说，在非高可用架构下，如果 Hadoop 集群中的 NameNode 节点出现故障，那么整个 Hadoop 系统将无法提供服务。

一般来说，Hadoop 的定义有狭义和广义之分。从狭义上来说，Hadoop 就是单独指代 Hadoop 这个软件。而从广义上来说，Hadoop 指代大数据的一个生态圈，包括很多其他的大数据软件，比如 HBase、Hive、Spark、Sqoop 和 Flume 等。

一般我们所说的 Hadoop，指的是 Hadoop 这个软件，即狭义的概念。当提到 Hadoop 生态系统或者生态圈的时候，往往指的是广义的 Hadoop 概念。

> **注　意**
>
> 目前而言，Hadoop 主要有三个发行版本：Apache Hadoop、Cloudera 版本（简称 CDH）和 Hortonworks 版本（简称 HDP）。

前面提到，Hadoop 当前最新版本为 3.2.1，其中 Hadoop2.x 和 Hadoop1.x 差异比较大，而 Hadoop3.x 和 Hadoop2.x 从架构上区别并不大，更多是性能的提升以及整合了许多重要的增强功能。

Hadoop1.x 作为第一个大版本，起初的设计并不完善，因此 Hadoop1.x 中的 HDFS 和 MapReduce 在高可用、扩展性等方面存在不足。如 NameNode 存在单点故障，且内存受限，影响扩展性，难以应用于在线场景。

另外，Hadoop1.x 难以支持除 MapReduce 之外的计算框架，如 Spark 等。Hadoop2.x 和 Hadoop1.x 在架构上的区别如图 2.1 所示。

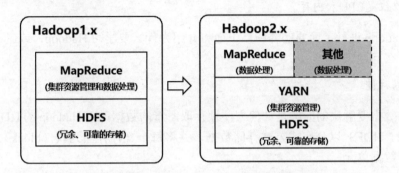

图 2.1 Hadoop2.x 和 Hadoop1.x 架构区别图

从图 2.1 中可以看出，Hadoop1.x 主要由 HDFS（Hadoop Distributed File System）和 MapReduce 两个组件组成，其中 MapReduce 组件除了负责数据处理外，还负责集群的资源管理。而 Hadoop2.x 由 HDFS、MapReduce 和 YARN 三个组件组成，MapReduce 只负责数据处理，且运行在 YARN 之上，YARN 负责集群资源调度。这样单独分离出来的 YARN 组件还可以作为其他数据处理框架的集群资源管理。

Hadoop2.x 的主要组件说明如下：

- HDFS：分布式文件系统，提供对应用程序数据的高吞吐量、高伸缩性、高容错性的访问。它是Hadoop体系中数据存储管理的基础，也是一个高度容错的系统，能检测和应对硬件故障，可在低配置的硬件上运行。
- YARN：用于任务调度和集群资源管理。
- MapReduce：基于YARN的大型数据集并行处理系统，是一种分布式计算模型，用于进行大数据量的分布式计算。

相对于之前的主要发布版本 Hadoop2.x，Apache Hadoop3.x 整合许多重要的增强功能。Hadoop3.x 是一个可用版本，提供了稳定性和高质量的 API，可以用于实际的产品开发。下面介绍 Hadoop3.x 的主要变化：

- 最低Java版本变为JDK 1.8：所有Hadoop的jar都是基于JDK 1.8进行编译的。
- HDFS支持纠删码：纠删码（erasure coding）是一种比副本存储更节省存储空间的数据持久化存储方法。
- YARN时间线服务增强：提高时间线服务的可扩展性、可靠性。

- 重写Shell脚本：修补了许多长期存在的bug，并增加了一些新的特性。
- 覆盖客户端的jar：将Hadoop的依赖隔离在单一jar包中，从而达到避免依赖渗透到应用程序的类路径中的问题，避免包冲突。
- MapReduce任务级本地优化：添加了映射输出收集器的本地化实现的支持，可以带来30%的性能提升。
- 支持2个以上的NameNode：通过多个NameNode来提供更高的容错性。
- 数据节点内置平衡器。
- YARN增强：YARN资源模型已经被一般化，可以支持用户自定义的可计算资源类型，而不仅仅是CPU和内存。

前面对Hadoop进行了简要的介绍，下面将介绍为什么要学习Hadoop，或者说Hadoop能解决大数据什么问题。

- 大数据存储

首先，大数据要解决的问题是如何方便地存取海量的数据，而Hadoop的HDFS组件可以解决这个问题。HDFS以分布式方式存储数据，并将每个文件存储为块（block）。块是文件系统中最小的数据单元。

假设有一个512MB大小的文件需要存储，由于HDFS默认创建数据块大小是128MB，因此HDFS将文件数据分成4个块（512/128=4），并将其存储在不同的数据节点上。同时为了保证可靠性，还会复制块数据到不同数据节点上。因此，Hadoop拆分数据的模式，可以胜任大数据的分布式存储。

- 可扩展性

其次，大数据需要解决的问题就是需要进行资源扩展，比如通过增加服务器节点来提升存储空间和计算资源。Hadoop采取主从架构，支持横向扩展的方式来扩展资源，当存储空间或者计算资源不够的情况下，用户可以向HDFS集群中添加额外的数据节点（服务器）来解决。

- 存储各种数据

再次，大数据需要解决存储各种数据的问题，大数据系统中很大一部分都是非结构化数据，结构化的数据可能只占很少的比例。HDFS可以存储所有类型的数据，包括结构化、半结构化和非结构化数据。Hadoop适合一次写入、多次读取的业务场景。

- 数据处理问题

大数据还有一个重要的问题就是如何对数据进行分布式计算。一般来说，传统的应用程序都是拉取数据，应用程序是固定的，将需要处理的数据从存储的地方移动到计算程序所在的计算机上，即移动数据。

大数据计算往往需要处理的数据量非常大，而程序一般比较小，因此在这种情况下，更好的解决办法是移动程序到各个数据节点上。Hadoop就是将计算移到数据节点上，而不是将数据移到计算程序所在的节点上。

Hadoop 的主要优势如下：

- 可扩展性：通过添加数据节点，可以扩展系统以处理更多数据。
- 灵活性：可以存储任意多的数据，且数据支持各种类型。
- 低成本：开源免费，且可以运行在低廉的硬件上。
- 容错机制：如果某个数据节点宕机，则作业将自动重定向到其他节点。
- 计算能力：数据节点越多，处理数据的能力就越强。

Hadoop 的缺点如下：

- 安全问题：Hadoop数据并没有加密，因此如果数据需要在互联网上传输，则存在数据泄漏的风险。
- 小文件问题：Hadoop缺乏有效支持随机读取小文件的能力，因此不适合小文件的存储。

> **注　意**
>
> 在生产环境中，Hadoop 在选择版本时，应该优先选择最新的稳定版本。

2.1.2　HDFS 体系结构

HDFS 支持跨多台服务器进行数据存储，且数据会自动复制到不同的数据节点上，以防止数据丢失。HDFS 采用主从（Master/Slave）架构。

一般来说，一个 HDFS 集群是由一个 NameNode 节点（主节点）和多个 DataNode 节点（从节点）组成。其中，NameNode 是一个中心服务器，负责管理文件系统的各种元数据（Metadata）和客户端对文件的访问。DataNode 在集群中一般负责管理节点上的数据读取和计算。Hadoop 的架构设计图如图 2.2 所示。

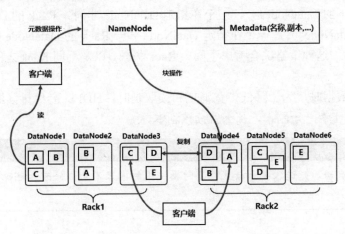

图 2.2　HDFS 架构图

- NameNode：存储文件系统的元数据，即文件名、文件块信息、块位置、权限等，也管理数据节点。

- DataNode：存储实际业务数据（文件块）的从节点，根据NameNode指令为客户端读/写请求提供服务。

NameNode 负责管理 block 的复制，它周期性地接收 HDFS 集群中所有 DataNode 的心跳数据包（heartbeats）和 block 报告。心跳包表示 DataNode 正常工作，block 报告描述了该 DataNode 上所有的 block 组成的列表，并根据需要更新 NameNode 上的状态信息。

当文件读取时，客户端向 NameNode 节点发起文件读取的请求。NameNode 返回文件存储的 block 块信息及其 block 块所在 DataNode 的信息。客户端根据这些信息，即可到具体的 DataNode 上进行文件读取。

由于数据流分散在 HDFS 集群中的所有 DataNode 节点上，且 NameNode 只响应块位置的请求（存储在内存中，速度很快），而无须响应数据请求，所以这种设计能适应大量的并发访问。

当文件写入时，客户端向 NameNode 节点发起文件写入的请求。NameNode 根据文件大小和文件块配置的情况，返回给客户端它所管理部分 DataNode 的信息。客户端将文件划分为多个 block 块，并根据 DataNode 的地址信息，按顺序写入到每一个 DataNode 块中。HDFS 中的文件默认规则是一次写、多次读，并且严格要求在任何时候只有一个写操作（writer）。

> **注 意**
>
> 除了最后一个 block，所有的 block 大小都是一样的（128MB）。当一个 1MB 的文件存储在一个 128MB 的 block 中时，文件只使用 1MB 的磁盘空间，而不是 128MB。

备份数据的存放是 HDFS 可靠性和性能的关键。HDFS 采用一种称为 Rack-Aware 的策略来决定备份数据的存放。通过 Rack Awareness 过程，NameNode 给每个 DataNode 分配 Rack Id。比如，DataNode1 属于 Rack1，DataNode4 属于 Rack2。

HDFS 在默认情况下，一个 block 会有 3 个备份，一个在 NameNode 指定的 DataNode 上（假如是 Rack1 下的 DataNode1），一个在指定 DataNode 非同一 Rack 的 DataNode 上（假如是 Rack2 下的 DataNode4），一个在指定 DataNode 同一 Rack 的 DataNode 上（假如是 Rack1 下的 DataNode2）。这种策略综合考虑了同一 Rack 失效，以及不同 Rack 之间数据复制的性能问题。

在读取副本数据时，为了降低带宽消耗和读取延时，HDFS 会尽量读取最近的副本。如果在同一个 Rack 上有一个副本，那么就读该副本。

> **注 意**
>
> Hadoop 服务启动后先进入安全模式，此时系统中的内容不允许修改和删除，直到安全模式结束。

2.1.3 Hadoop 生态系统

Hadoop 可以说是奠定了大数据开源解决方案的基础，因此，不少大数据工具都被纳入 Hadoop 生态系统。随着 Hadoop 与各种各样的 Apache 开源大数据项目的融合，Hadoop 生态系统也在不断地变化。

Hadoop 正在不断地将其核心组件 HDFS 和 YARN 扩展为一个更为复杂的开源大数据系统，也就是 Hadoop 生态系统。图 2.3 给出了 Hadoop 生态系统中的工具集，其中包含形成 Hadoop 生态系统的各种功能。

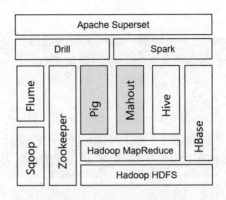

图 2.3　Hadoop 生态系统图

- Hadoop HDFS

HDFS 是一个容错、分布式、水平可扩展的存储系统，可跨多个服务器工作。它可以用作 Hadoop 集群的一部分，也可以用作独立的通用文件系统，它是很多大数据工具的默认数据存储系统，起到非常重要的作用。

另外，Hadoop 是开源的，这意味着一个组织可以运行这个文件系统来处理数 PB 级别的数据，而无须支付软件成本。

- Hadoop MapReduce

MapReduce 是一个分布式编程框架，它可以以并行方式处理 TB 级别的数据。因此非常适合处理离线的数据，而且非常稳定。

- Flume

Flume 是一个分布式的海量日志采集、聚合和传输的系统，它支持在日志系统中定制各类数据发送方，用于收集数据。同时，Flume 提供对数据进行简单处理，并具有写入各种数据存储系统的能力。

- Sqoop

Sqoop 支持 HDFS、Hive、HBase 与关系型数据库之间的批量数据双向传输(导入/导出)。与 Flume 不同，Sqoop 在结构化数据的传输上操作更加方便。

- Pig

Pig 是一个基于 Hadoop 的大数据分析平台，它提供的 SQL-like 语言叫 Pig Latin（其实并不好用），该语言的编译器会把类 SQL 的数据分析请求，转换为一系列经过优化处理的 MapReduce 运算。Pig 为复杂的海量数据并行计算提供了一个简单的操作和编程接口。

> **注　意**
> 目前 Pig 用得也比较少，更多的是通过 Hive SQL、Spark SQL 或者 Flink SQL 来编写数据分析任务。

- Mahout

Mahout 是在 MapReduce 之上实现的一套可扩展的机器学习库。不过当前随着 Spark 和 Flink 等软件的流行，Mahout 逐步被其他机器学习库所替代。

- Hive

Hive 是一个 SQL 翻译器，可以基于类似 SQL 语言的 HiveQL 来编写查询。Hive 可以将 HDFS 和 HBase 中的数据集映射到表上。虽然 Hive 对于一些复杂 SQL 还不能很好地支持，但是常用的数据查询任务基本都可以用 SQL 来解决，这让开发人员只需用 SQL 就可以完成 MapReduce 作业。

- HBase

HBase 是一个 NoSQL 分布式的面向列的数据库，它运行在 HDFS 之上，可以对 HDFS 执行随机读/写操作，它是 Google Big Table 的开源实现。HBase 能够近实时地存储和检索随机数据。这就很好地弥补了 Hadoop 在实时应用上的不足。

- ZooKeeper

ZooKeeper 是一个开源的分布式应用程序协调服务，是 Google Chubby 的一个开源实现。它是一个为分布式应用提供一致性服务的软件，提供的功能包括：配置维护、域名服务、分布式同步和组服务等。

- Spark

Spark 是专为大规模数据处理而设计的、快速的通用计算引擎。它目前已经可以对大数据中的批处理和流处理进行处理，且 Spark 计算速度比 Hadoop MapReduce 要更快。

- Drill

Drill 是一个用于 Hadoop 和 NoSQL 数据库的低延迟 SQL 查询引擎，它支持 Parquet、JSON 或 XML 等数据格式。Drill 响应速度可达到亚秒级，适合交互式数据分析。

- Apache Superset

Superset 是一个开源的可视化工具，可以接入多种数据源。开发人员或者业务人员可以借助它快速构建出美观的管理面板。

> **注　意**
> Hadoop 生态系统有不同的版本，是一个不断发展的工具集，并没有一个统一的标准。

2.2　Spark 与 Hadoop

在当前的大数据领域，Apache Spark 无疑占有重要的位置，特别是新版本的 Spark 在流处理方面的加强，使它可以适用实时数据分析的场景。

在 Spark 出现之前，想要在一个组织内同时完成多种大数据分析任务，必须部署多套大数据工具，比如离线分析用 Hadoop MapReduce，查询数据用 Hive，流数据处理用 Storm，而机器学习用 Mahout。

在这种情况下，一方面增加了大数据系统开发的难度，需要有不同技能的人员共同协作才能完成，这也会导致系统的运维变得复杂。另一方面，由于不同大数据工具之间需要互相传递数据，而对于数据的格式可能要求不同，因此需要在多个系统间进行数据格式转换和传输工作，这个过程既费时又费力。

Spark 软件是一个"One Stack to rule them all"的大数据计算框架，它的目标是用一个技术栈完美地解决大数据领域的各种计算任务。Spark 官方对 Spark 的定义是：通用的大数据快速处理引擎。

从某种程度上来说，Spark 和 Hadoop 软件的组合，是未来大数据领域性价比最高的组合，也是最有发展前景的组合。

2.2.1　Apache Spark 概述

2009 年，Spark 诞生于伯克利大学的 AMPLab 实验室，AMP 是 Algorithms、Machines 与 People 的缩写。一开始 Spark 只是一个学术上的实验性项目，代码量并不多，可以称得上是一个轻量级的框架。

2010 年，伯克利大学正式开源了 Spark 项目。2013 年，Spark 成为 Apache 基金会下的项目，进入高速发展期。同年，Apache Spark 的开发团队成立了 Databricks 公司。

2014 年，Spark 仅在一年左右的时间，就以非常快的速度成为 Apache 的顶级项目。从 2015 年开始，Spark 在国内大数据领域变得异常火爆，很多大型的公司开始使用 Spark 来替代 Hadoop MapReduce、Hive 和 Storm 等传统的大数据计算框架。

现在已经有很多公司在生产环境下使用 Apache Spark 作为大数据的计算框架，包括 eBay、雅虎、阿里、百度、腾讯、网易、京东、华为、优酷、搜狗和大众点评等。与此同时，Spark 也获得了多个世界级 IT 厂商的支持，其中包括 IBM 和 Intel 等。

可以说，Spark 用 Spark RDD、Spark SQL、Spark Streaming、Spark MLlib 和 Spark GraphX 成功解决了大数据领域中，离线批处理、交互式查询、实时流计算、机器学习与图计算等最常见的计算问题。

2.2.2 Spark 和 Hadoop 比较

1．实现语言不同

Apache Spark 框架是用 Scala 语言编写。Scala 是一门多范式（Multi-Paradigm）的编程语言，设计初衷是要集成面向对象编程和函数式编程的各种特性。Scala 运行在 Java 虚拟机上，并兼容现有的 Java 程序。Scala 源代码被编译成 Java 字节码，所以它可以运行在 JVM 之上，并可以调用现有的 Java 类库。

而 Hadoop 是由 Java 语言开发的。Java 是一门面向对象的编程语言，具有功能强大和简单易用的特征。Java 具有简单性、面向对象、分布式、健壮性、安全性、平台独立与可移植性、多线程等特点。可以说，作为一个大数据从业人员，Java 语言几乎是必会的一门语言。

2．数据计算方式不同

Apache Spark 最重要的特点是基于内存进行计算，因此计算的速度可以达到 Hadoop MapReduce 或 Hive 的数十倍，甚至上百倍。很多应用程序，为了提升程序的响应速度，常用的方法就是将数据在内存中进行缓存。一般来说，Apache Spark 对计算机的内存要求比较高。

通常来说，Apache Spark 中 RDD 存放在内存中，如果内存不够存放数据，会同时使用磁盘存储数据。因此，为了提升 Spark 对数据的计算速度，应该尽可能让计算机的内存足够大，这样可以防止数据缓存到磁盘上。

而 Hadoop MapReduce 是从 HDFS 中读取数据的，通过 MapReduce 将中间结果写入 HDFS，然后再重新从 HDFS 读取数据进行 MapReduce 操作，再回写到 HDFS 中，这个过程涉及多次磁盘 IO 操作，因此，计算速度相对来说比较慢。

3．使用场景不同

Apache Spark 只是一个计算分析框架，虽然可以在一套软件栈内完成各种大数据分析任务，但是它并没有提供分布式文件系统，因此必须和其他的分布式文件系统进行集成才能运作。

Spark 是专门用来对分布式数据进行计算处理，它本身并不能存储数据。可以说，Spark 是大数据处理的瑞士军刀，支持多种类型的数据文件，如 HDFS、HBase 和各种关系型数据库，可以同时支持批处理和流数据处理。

而 Hadoop 主要由 HDFS、MapReduce 和 YARN 构成。其中 HDFS 作为分布式数据存储，这也是离线数据存储的不二选择。另外，借助 MapReduce 可以很好地进行离线数据批处理，而且非常稳定，对于实时性要求不高的批处理任务，用 MapReduce 也是一个不错的选择。

4．实现原理不同

在 Apache Spark 中，用户提交的任务称为 Application，一个 Application 对应一个 SparkContext。一个 Application 中存在多个 Job，每触发一次 Action 操作就会产生一个 Job。这些 Job 可以并行或串行执行，每一个 Job 中有多个 Stage，每一个 Stage 里面有多个 Task，由 TaskScheduler 分发到各个 Executor 中执行。Executor 的生命周期和 Application 一样，即使没有 Job 运行也是存在的，所以 Task 可以快速启动读取内存进行计算。

另外，在 Spark 中每一个 Job 可以包含多个 RDD 转换算子，在调度时可以生成多个 Stage，借助 Spark 框架中提供的转换算子和 RDD 操作算子，可以实现很多复杂的数据计算操作，而这些复杂的操作在 Hadoop 中原生是不支持的。

在 Hadoop 中，一个作业称为一个 Job，Job 里面分为 Map Task 和 Reduce Task，每个 Task 都在自己的进程中运行，当 Task 结束时，进程也会随之结束。

> **注 意**
>
> Spark 虽然号称是通用的大数据快速处理引擎，但是目前还不能替换 Hadoop，因为 Spark 并没有提供分布式文件系统。

2.3 Spark 核心概念

2.3.1 Spark 软件栈

Apache Spark 是一个快速通用的分布式计算平台，Spark 支持更多的计算模式，包括交互式查询和流数据处理。在处理大规模数据集时，Spark 的一个核心优势是内存计算，因而处理速度更快。

Spark 在统一的框架下，一站式提供批处理、迭代计算、交互式查询、流数据处理、资源调度、机器学习以及图计算。Spark 支持多种编程语言，包括 Scala、Java、Python 和 R 等。图 2.4 给出了 Spark 的软件栈架构图。

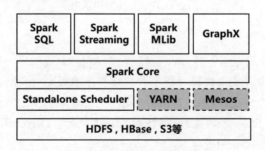

图 2.4　Spark 的软件栈架构图

Spark 软件栈核心组件如下：

- Spark Core：Spark Core 包含 Spark 的基本功能，包含任务调度、内存管理和容错机制等，内部定义了 RDD（弹性分布式数据集），提供了很多 API 来创建和操作这些 RDD，为其他组件提供底层的服务。
- Spark SQL：Spark SQL 可以处理结构化数据的查询分析，对于 HDFS、HBase 等多种数据源中的数据，可以用 Spark SQL 来进行数据分析。

- Spark Streaming：Spark Streaming是实时数据流处理组件，类似Storm。Spark Streaming提供了API来操作实时流数据。一般需要配合消息队列Kafka，来接收数据做实时统计分析。
- Spark Mllib：MLlib是一个包含通用机器学习功能的包，是Machine Learning Lib的缩写，主要包括分类、聚类和回归等算法，还包括模型评估和数据导入。MLlib提供的机器学习算法库，支持集群上的横向扩展。
- Spark GraphX：GraphX是专门处理图的库，如社交网络图的计算。与Spark Streaming和Spark SQL一样，也提供了RDD API。它提供了各种图的操作和常用的图算法。

Spark提供了一站式的软件栈，因此只要掌握Spark这一个工具，就可以编写不同场景的大数据处理应用程序。

2.3.2 Spark运行架构

Spark的架构示意图如图2.5所示，下面将分别介绍各核心组件。

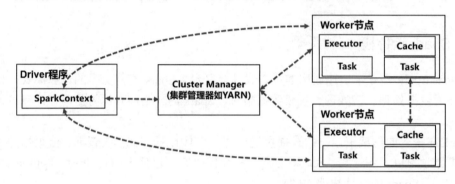

图2.5　Spark的架构示意图

Spark中的重要概念如下：

- Application：提交一个作业就是一个Application，一个Application只有一个SparkContext。由群集上的驱动程序和执行程序组成。
- Driver程序：一个Spark作业运行时会启动一个Driver进程，也是作业的主进程，负责作业的解析、生成Stage和调度Task到Executor上执行。Driver程序运行应用程序的main函数，并创建SparkContext进程。
- Cluster Manager：Cluster Manager是用于获取群集资源的外部服务（如Standalone、YARN或Mesos），在Standalone模式中即为Master（主节点）。Master是集群的领导者，负责管理集群的资源，接收Client提交上来的作业，以及向Worker节点发送命令。在YARN模式中为资源管理器。
- Worker：Worker节点是集群中的Worker，执行Master发送来的命令来具体分配资源，并在这些资源上执行任务Task。在YARN模式中为NodeManager，负责计算节点的控制。
- Executor：Executor是真正执行作业Task的地方。Executor分布在集群的Worker节点

上，每个Executor接收Driver命令来加载和运行Task。一个Executor可以执行一个到多个Task。多个Task之间可以互相通信。
- SparkContext：SparkContext是程序运行调度的核心，由调度器DAGScheduler划分程序的各个阶段，调度器TaskScheduler划分每个阶段的具体任务。SchedulerBankend管理整个集群中为正在运行的程序分配计算资源的Executor。SparkContext是Spark程序入口。
- DAGScheduler：负责高层调度，划分Stage，并生成程序运行的有向无环图。
- TaskScheduler：负责具体Stage内部的底层调度、具体Task的调度和容错等。
- Job：Job是工作单元，每个Action算子都会触发一次Job，一个Job可能包含一个或多个Stage。
- Stage：Stage用来计算中间结果的Tasksets。Tasksets中的Task逻辑对于同一RDD内的不同Partition都一样。Stage在Shuffle的时候产生，如果下一个Stage要用到上一个Stage的全部数据，则要等上一个Stage全部执行完才能开始。Stage有两种：ShuffleMapStage和ResultStage。除了最后一个Stage是ResultStage外，其他的Stage都是ShuffleMapStage。ShuffleMapStage会产生中间结果，以文件的方式保存在集群里，Stage经常被不同的Job共享，前提是这些Job重用了同一个RDD。
- Task：Task是任务执行的工作单位，每个Task会被发送到一个Worker节点上，每个Task对应RDD的一个Partition。
- Taskset：划分的Stage会转换成一组相关联的任务集。
- RDD：RDD指弹性分布数据集，它是不可变的、Lazy级别的、粗粒度的数据集合，包含一个或多个数据分片，即Partition。
- DAG：DAG(Directed Acyclic Graph)指有向无环图。Spark实现了DAG计算模型，DAG计算模型是指将一个计算任务按照计算规则分解为若干子任务，这些子任务之间根据逻辑关系构建成有向无环图。
- 算子：Spark中两种算子：Transformation和Action。Transformation算子会由DAGScheduler划分到pipeline中，是Lazy级别的，它不会触发任务的执行。而Action算子会触发Job来执行pipeline中的运算。
- 窄依赖：窄依赖（Narrow Dependency）指父RDD的分区只对应一个子RDD的分区。如果子RDD只有部分分区数据损坏或者丢失，只需要从对应的父RDD重新计算即可恢复。
- 宽依赖：宽依赖（Shuffle Dependency）指子RDD分区依赖父RDD的所有分区。如果子RDD部分分区甚至全部分区数据损坏或丢失，则需要从所有父RDD上重新进行计算。相对窄依赖而言，数据处理的成本更高，所以应尽量避免宽依赖的使用。
- Lineage：每个RDD都会记录自己依赖的父RDD信息，一旦出现数据损坏或者丢失，将从父RDD迅速重新恢复。

2.3.3 Spark 部署模式

Spark 有多种部署模式（Deploy Mode）。不同部署模式下，驱动程序 Driver 进程的运行位置是不同的。在 Cluster 模式下，在集群内部启动驱动程序。在 Client 模式下，在群集外部启动驱动程序。

1. Local模式

本地采用多线程的方式执行，主要用于开发测试。下面的语句则是用spark-submit命令提交jar包定义的任务，以Local模式执行：

```
./bin/spark-submit \
--class com.myspark.Job.WordCount \
--master local[*] \
/root/sparkjar/spark-demo-1.0.jar
```

本地提交时，本地文件路径前缀为 file:///。其中 local[*]表示启动与本地 Worker 机器的CPU 个数一样的线程数来运行 Spark 任务。

2．Spark on YARN模式

在 Spark on YARN 模式下，每个 Spark Executor 作为一个 YARN Container 在运行，同时支持多个任务在同一个 Container 中运行，极大地节省了任务的启动时间。Spark on YARN 有两种模式，分别为 yarn-client 和 yarn-cluster 模式。

yarn-cluster 模式下，Driver 运行在 Application Master 中，即运行在集群中的某个节点上，节点的选择由 YARN 进行调度，作业的日志在 YARN 的 Web UI 中查看，适合大数据量、非交互式的场景。

这种模式下，当用户提交作业之后，就可以关闭 Client 程序，作业会继续在 YARN 上运行。由于它的计算结果不会在 Client 端显示，因此这种模式不适合交互类型的作业。

下面的语句则是用 spark-submit 命令提交 jar 包定义的任务，以 yarn-cluster 模式执行：

```
./bin/spark-submit \
--class com.myspark.Job.WordCount \
--master yarn \
--deploy-mode cluster \
/root/sparkjar/spark-demo-1.0.jar
```

而 yarn-client 模式下，Driver 运行 Client 端，会和请求的 YARN Container 通信来调度它们工作，也就是说Client在计算期间不能关闭，且计算结果会返回到Client端，因此适合交互类型的作业。

下面的语句则是用 spark-submit 命令提交 jar 包定义的任务，以 yarn-client 模式执行：

```
./bin/spark-submit \
--class com.myspark.Job.WordCount \
--master yarn \
--deploy-mode client \
/root/sparkjar/spark-demo-1.0.jar
```

这两种提交方式的区别如下：

（1）yarn-cluster 的 Driver 是在集群的某一台 Node Manager 节点上运行，而 yarn-client

的 Driver 运行在 Client 上。

（2）yarn-cluster 在提交应用之后，可以关闭 client，而 yarn-client 则不可以。

（3）应用场景不同，yarn-cluster 适合生产环境，而 yarn-client 适合交互和调试。

3．Standalone模式

Standalone 模式和 Local 模式类似，但 Standalone 的分布式调度器是 Spark 提供的，如果一个集群是 Standalone 模式的话，那么需要在每台机器上部署 Spark。

下面的语句则是用 spark-submit 命令提交 jar 包定义的任务，以 Standalone 模式执行：

```
./bin/spark-submit \
--class com.myspark.Job.WordCount \
-master spark://192.168.1.71:7077 \
-executor-memory 16G \
-total-executor-cores 16 \
/root/sparkjar/spark-demo-1.0.jar
```

在 yarn-client 和 yarn-cluster 模式下提交作业时，可以不启动 Spark 集群，因为相关的 JVM 环境由 YARN 管理。而 Standalone 模式提交作业时，Spark 集群必须启动，因为它运行依赖的调度器来自 Spark 集群本身。

> **注　意**
>
> spark-submit 提交 jar 包到 YARN 上时，输入路径和输出路径都必须是 HDFS 的路径，即 hdfs://ip:port/，否则报错。

2.4　Spark 基本操作

Spark 对内存数据的抽象，即为 RDD。RDD 是一种分布式、多分区、只读的数组，Spark 相关操作都是基于 RDD 进行的。Spark 可以将 HDFS 块文件转换成 RDD，也可以由一个或多个 RDD 转换成新的 RDD。基于这些特性，RDD 在分布式环境下能够被高效地并行处理。

PySpark 是 Apache Spark 社区发布的一个工具，让熟悉 Python 的开发人员可以方便地使用 Spark 组件。PySpark 借助 Py4j 库，可以使用 Python 编程语言处理 RDD。

PySpark 的基本数据流架构如图 2.6 所示。

由图 2.6 可知，PySpark 首先利用 Python 创建 Spark Context 对象，然后用 Socket 与 JVM 上的 Spark Context 通信，当然，这个过程需要借助 Py4J 库。JVM 上的 Spark Context 负责与集群上的 Spark Worker 节点进行交互。

在 PySpark 中，对 RDD 提供了 Transformation 和 Action 两种操作类型。Transformation 操作非常丰富，采用延迟执行的方式，在逻辑上定义了 RDD 的依赖关系和计算逻辑，但并不会真正触发执行动作，只有等到 Action 操作才会触发真正执行操作。Action 操作常用于最终结果的输出。

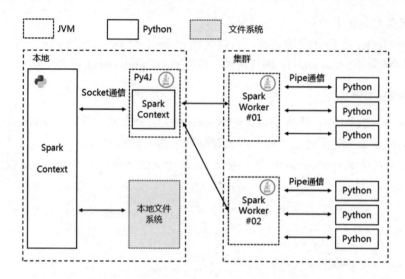

图 2.6 PySpark 的数据流架构示意图

常用的 Transformation 操作及其描述如下：

- map：map 接收一个处理函数并行处理源RDD中的每个元素，返回与源RDD元素一一对应的新RDD。
- filter：filter并行处理源RDD中的每个元素，接受一个函数，并根据定义的规则对RDD中的每个元素进行过滤处理，返回处理结果为true的元素重新组成新的RDD。
- flatMap：flatMap是map和flatten的组合操作，与map函数相似，不过map函数返回的新RDD包含的元素可能是嵌套类型。
- mapPartitions：与map函数应用于RDD中的每个元素不同，mapPartitions应用于RDD中的每个分区。mapPartitions函数接受的参数为一个函数，该函数的参数为每个分区的迭代器，返回值为每个分区元素处理之后组成的新的迭代器，该函数会作用于分区中的每一个元素。
- mapPartitionsWithIndex：作用与mapPartitions函数相同，只是接受的参数（一个函数）需要传入两个参数，分区的索引作为第一个参数传入，按照分区的索引对分区中元素进行处理。
- Union：将两个RDD进行合并，返回结果为RDD中元素（不去重）。
- Intersection：对两个RDD进行取交集运算，返回结果为RDD无重复元素。
- Distinct：对RDD中元素去重。
- groupByKey：在键值对（K-V）类型的RDD中按Key分组，将相同Key的元素聚集到同一个分区内，此函数不能接受函数作为参数，只接受一个可选参数，即任务数。
- reduceByKey：对K-V类型的RDD按Key分组，它接受两个参数，第一个参数为处理函数，第二个参数为可选参数，用于设置reduce的任务数。reduceByKey函数能够在RDD分区本地提前进行聚合运算，这有效减少了shuffle过程传输的数据量。相对于groupByKey函数更简洁高效。
- aggregateByKey：对K-V类型的RDD按Key分组进行reduce计算，可接受三个参数，第一个参数是初始化值，第二个参数是分区内处理函数，第三个参数是分区间处理函数。
- sortByKey：对K-V类型的RDD内部元素按照Key进行排序，排序过程会涉及Shuffle操作。
- join：对K-V类型的RDD进行关联操作，它只能处理两个RDD之间的关联，超过两个RDD关联需要多次使用join函数。另外，join操作只会关联出具有相同Key的元素，相当于SQL语句中的inner join。
- cogroup：对K-V类型的RDD进行关联，cogroup在处理多个RDD的关联上比join更加优雅，它可以同时传入多个RDD作为参数进行关联。
- coalesce：对RDD重新分区，将RDD中的分区数减小到参数numPartitions个，不会产生shuffle。在较大的数据集中使用filer等过滤操作后可能会产生多个大小不等的中间结果数据文件，重新分区并减小分区可以提高作业的执行效率，是Spark中常用的一种优化手段。
- repartition：对RDD重新分区，接受一个参数，即numPartitions分区数，它是coalesce函数设置shuffle为true的一种实现形式。

常用的Action操作及其描述如下：
- reduce：处理RDD两两之间元素的聚集操作。
- collect：返回RDD中所有数据元素。
- Count：返回RDD中元素个数。
- First：返回RDD中的第一个元素。
- Take：返回RDD中的前N个元素。
- saveAsTextFile：将RDD写入文本文件，保存至本地文件系统或者HDFS中。
- saveAsSequenceFile：将K-V类型的RDD写入Sequence File文件，保存至本地文件系统或者HDFS中。
- countByKey：返回K-V类型的RDD，这个RDD中数据为每个Key包含的元素个数。
- Foreach：遍历RDD中所有元素，接受参数为一个函数，常用操作是传入println函数打印所有元素。

从HDFS文件生成RDD，经过map、filter、join等多次Transformation操作，最终调用saveAsTextFile操作，将结果输出到HDFS中，并以文件形式保存。RDD操作的基本流程示意图如图2.7所示。

在PySpark中，RDD可以缓存到内存或者磁盘上，提供缓存的主要目的是减少同一数据集被多次使用的网络传输次数，提高PySpark的计算性能。PySpark提供对RDD的多种缓存级别，可以满足不同场景对RDD的使用需求。RDD的缓存具有容错性，如果有分区丢失，可以通过系统自动重新计算。

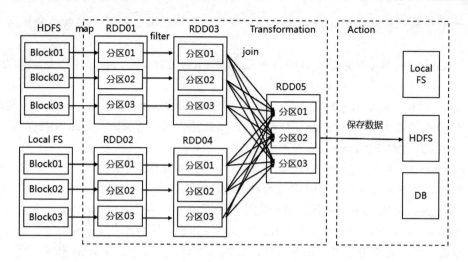

图 2.7　RDD 操作的基本流程示意图

在代码中可以使用 persist()方法或 cache()方法缓存 RDD。cache()方法默认将 RDD 缓存到内存中，cache()方法和 persist()方法都可以用 unpersist()方法来取消 RDD 缓存。具体如下所示：

```
rdd= sc.textFile("hdfs://data/hadoop/test.text")
rdd.cache() // 缓存 RDD 到内存
```

或者

```
rdd.persist(StorageLevel.MEMORY_ONLY)
rdd.unpersist() // 取消缓存
```

Spark 各缓存级别及其描述：

- MEMORY_ONLY：RDD仅缓存一份到内存，此为默认级别。
- MEMORY_ONLY_2：将RDD分别缓存在集群的两个节点上，RDD在集群内存中保存两份。
- MEMORY_ONLY_SER：将RDD以Java序列化对象的方式缓存到内存中，有效减少了RDD在内存中占用的空间，不过读取时会消耗更多的CPU资源。
- DISK_ONLY：RDD仅缓存一份到磁盘。
- MEMORY_AND_DISK：RDD仅缓存一份到内存，当内存中空间不足时，会将部分RDD分区缓存到磁盘。
- MEMORY_AND_DISK_2：将RDD分别缓存在集群的两个节点上，当内存中空间不足时，会将部分RDD分区缓存到磁盘，RDD在集群内存中保存两份。
- MEMORY_AND_DISK_SER：将RDD以Java序列化对象的方式缓存到内存中，当内存中空间不足时，会将部分RDD分区缓存到磁盘，有效减少了RDD在内存中占用的空间，不过读取时会消耗更多的CPU资源。
- OFF_HEAP：将RDD以序列化的方式缓存到JVM之外的存储空间中，与其他缓存模式相比，减少了JVM垃圾回收开销。

> **注 意**
>
> Spark 的操作还有很多，具体可以参考 Spark 官网的相关文档。这里只是给出了基本操作的语言描述，因此会比较难于理解，后续会详细通过示例来说明每个操作的具体用法。

2.5 SQL in Spark

Spark SQL 的前身是 Shark，即 Hive on Spark，本质上是通过 Hive 的 HQL 进行解析，把 HQL 翻译成 Spark 上对应的 RDD 操作，然后通过 Hive 的 Metadata 获取数据库里的表信息，最后获取相关数据并放到 Spark 上进行运算。

Spark SQL 支持大量不同的数据源，包括 Hive、JSON、Parquet、JDBC 等，允许开发人员直接用 SQL 来处理数据。它的一个重要特点是能够统一处理二维表和 RDD，这就使得开发人员可以使用 SQL 进行更复杂的数据分析。

Spark SQL 的特点如下：

- SchemaRDD：引入了新的 RDD 类型 SchemaRDD，可以像传统数据库定义表一样来定义 RDD。SchemaRDD 由列数据类型和行对象构成。它与 RDD 可以互相转换。
- 多数据源支持：可以混合使用不同类型的数据，包括 Hadoop、Hive、JSON、Parquet 和 JDBC 等。
- 内存列存储：Spark SQL 的表数据在内存中采用内存列存储（In-Memory Columnar Storage），这样计算的速度更快。
- 字节码生成技术：Spark 1.1.0 版本后在 Catalyst 模块的 Expressions 增加了 Codegen 模块，使用动态字节码生成技术，对匹配的表达式采用特定的代码动态编译。另外，对 SQL 表达式也做了优化。因此，效率进一步提升。

2.6 Spark 与机器学习

如何让计算机更加智能化，从计算机诞生之时，就是不少计算机科学家的梦想。在智能计算领域，先后提出人工智能（Artificial Intelligence）、数据挖掘（Data Mining）、机器学习（Machine Learning）和深度学习（Deep Learning），这几块都有各自的专有内容，同时也有交集。

根据百度百科上的定义，机器学习是一门多领域交叉学科，涉及概率论、统计学、逼近论、凸分析、算法复杂度理论等多门学科。专门研究计算机怎样模拟或实现人类的学习行为，以获取新的知识或技能，重新组织已有的知识结构，并不断改善自身的性能。

机器学习是人工智能的核心，是使计算机具有智能的根本途径。它是当前计算机领域的研究热点。最近，我国提出新型基础设施建设（新基建）主要包括 5G 基站建设、特高压、城际高速铁路和城市轨道交通、新能源汽车充电桩、大数据中心、人工智能、工业互联网七大领域，提供数字转型、智能升级、融合创新等服务的基础设施体系。

Spark 当中也专门提供了机器学习算法库 MLlib（Machine Learning Library）。MLlib 中已经包含了一些通用的学习算法，具体罗列如下：

- 分类（Classification）算法
  - Logistic regression
  - Decision tree classifier
  - Random forest classifier
  - Gradient-boosted tree classifier
  - Multilayer perceptron classifier
  - Linear Support Vector Machine
  - One-vs-Rest classifier
  - Naive Bayes
  - Factorization machines classifier
- 回归Regression算法
  - Linear regression
  - Generalized linear regression
  - Decision tree regression
  - Random forest regression
  - Gradient-boosted tree regression
  - Survival regression
  - Isotonic regression
  - Factorization machines regressor
- 聚类Clustering
  - K-means
  - Latent Dirichlet allocation (LDA)
  - Bisecting k-means
  - Gaussian Mixture Model (GMM)
  - Power Iteration Clustering (PIC)
- 协同过滤（Collaborative Filtering）
- 关联规则（Frequent Pattern Mining）
- 降维（Dimensionality Reduction）
  - Singular value decomposition (SVD)
  - Principal component analysis (PCA)

MLlib 算法库除了提供基本的机器学习算法外，还提供了如下工具：

- 特征化（Featurization）：特征提取、变换、降维和选择。
- 管道（Pipelines）：用于构建、评估和调整ML管道的工具。
- 持久性（Persistence）：保存和加载算法、模型和管道。

- 通用工具（Utilities）：线性代数、统计信息、数据处理等。

算法中有分类和回归之分，其实本质上分类模型和回归模型是一样的。分类模型是将回归模型的输出离散化，比如预测某个上市公司财务是否良好，用1代表好，用0代表不好。而回归模型用于处理连续的值，比如预测一个公司明年的产量。下面简要介绍常用的机器学习算法的基本概念以及用法。

机器学习应用于实际项目中，其一般的流程如图2.8所示。它强调将机器学习用来解决实际的商业问题，它是一个不断迭代的过程。

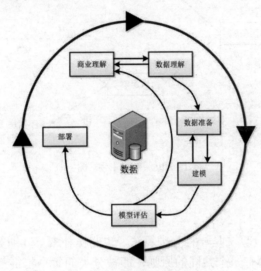

图 2.8　机器学习流程示意图

2.6.1　决策树算法

决策树（Decision Tree）充分利用了树形模型，根节点到一个叶节点是一条分类的路径规则，每个叶子节点象征一个判断类别。决策树有2类：

- 分类树：对离散变量做决策树。
- 回归树：对连续变量做决策树。

先将样本分成不同的子集，再进行分割递推，直至每个子集得到同类型的样本，从根节点开始测试，到子树再到叶子节点，即可得出预测类别。此方法的特点是结构简单、处理数据效率较高。

决策树优点如下：

- 速度快，计算量相对较小，且容易转化成分类规则。
- 准确性高，挖掘出来的分类规则准确性高，非常容易理解。
- 可以处理连续和分类数据。
- 不需要任何领域知识和参数假设。
- 适合高维数据。

决策树缺点如下:
- 容易产生过拟合的情况。
- 忽略属性之间的相关性。

下面给出一个决策树示意图,如图 2.9 所示。

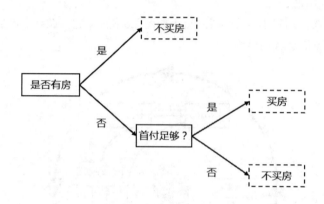

图 2.9 决策树示意图

2.6.2 贝叶斯算法

贝叶斯(Naive Bayes)算法是一种分类算法,也叫作朴素贝叶斯算法。它不是单一算法,而是一系列算法,它们都有一个共同的原则,即被分类的每个特征都与任何其他特征的值无关。

贝叶斯算法的优点如下:
- 计算过程简单、速度快。
- 适用多分类问题。
- 在分布独立这个假设成立的情况下,预测效果非常好,且需要的样本数据也更少。
- 可以处理连续和分类数据。

朴素贝叶斯分类器认为这些"特征"中的每一个都独立地贡献概率,而不管特征之间的任何相关性。然而,特征并不总是独立的,这通常被视为朴素贝叶斯算法的缺点。

2.6.3 支持向量机算法

支持向量机 SVM(Support Vector Machine)算法,首先利用一种变换将空间高维化,当然这种变换是非线性的,然后在新的复杂空间取最优线性分类面。

SVM 是统计学领域中一个代表性算法,它与传统的思维方法很不同,它输入空间数据、通过维度变换从而将问题简化,使问题归结为线性可分的经典问题。

SVM 算法优点如下:
- 可以向高维空间映射。

- 可以解决非线性的分类问题。
- 分类思想很简单，就是将样本与决策面的间隔最大化。
- 分类效果较好。

SVM 算法缺点如下：
- 在大规模样本上难以进行模型训练。
- 难于解决多分类问题。
- 对缺失数据敏感。
- 对参数和核函数的选择敏感。
- 模型类似一个黑盒，评估结果难以解释。

下面给出一个 SVM 的示意图，如图 2.10 所示。

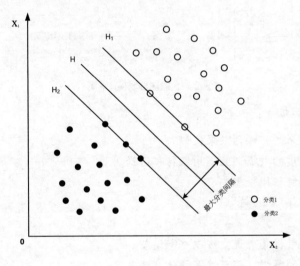

图 2.10　SVM 示意图

2.6.4　随机森林算法

由于传统的分类模型往往精度不高，且容易出现过拟合问题。因此，很多学者通过聚集多个模型来提高预测精度，这些方法称为组合或分类器组合方法。

这些方法的一个共同特征是：为第 k 棵决策树生成随机向量 Θ_k，且 Θ_k 独立同分布于前面的随机向量 $\Theta_1, \Theta_2, \cdots, \Theta_{k-1}$。利用训练集和随机向量 Θ_k 生成一棵决策树，得到分类模型 $h(\mathbf{X}, \Theta_k)$，其中 X 为输入变量（自变量）。在生成许多决策树后，通过投票方法或取平均值作为最后结果，我们称这种方法为随机森林方法。随机森林是一种非线性建模工具，是目前数据挖掘、生物信息学等领域最热门的前沿研究方法之一。

随机森林（Random Forest）分类是由很多决策树分类模型 $\{h(\mathbf{X}, \Theta_k), k=1,2,\cdots\}$ 组成的组合分类模型，且参数集 $\{\Theta_k\}$ 是独立同分布的随机向量，在给定自变量 $\mathbf{X}$ 下，每个决策树分类模型都有相应的投票权来选择最优的分类结果。

随机森林分类的基本思想是：首先利用 bootstrap 抽样从原始训练集抽取 k 个样本，且每个样本的样本容量都与原始训练集一样；其次对 k 个样本分别建立 k 个决策树模型，得到 k 种分类结果；最后根据 k 种分类结果，对每个记录进行投票决定其最终分类，其示意图如图 2.11 所示。

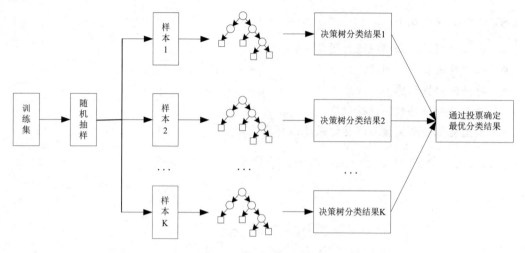

图 2.11　随机森林示意图

随机森林算法优点如下：

- 相对其他算法来说，评估效果良好。
- 能够处理高维度的数据，且不用做特征选择。
- 能够给出哪些特征比较重要。
- 模型泛化能力强。
- 训练速度快。
- 对于不平衡的数据集来说，可以平衡误差。
- 部分特征遗失的数据，仍可确保评估准确度。
- 能够解决分类与回归问题。

随机森林算法缺点如下：

- 小数据或者低维数据，评估效果可能比较差。
- 训练模型相对比较慢。
- 对参数选择敏感。
- 模型类似一个黑盒，评估结果难以解释。

2.6.5　人工神经网络算法

人工神经网络是由多个神经元互相连接而成，组成异常复杂的网络，形似一个网络。每个神经元有数值量的输入和输出，形式可以为实数或线性组合函数。

当网络判断错误时，通过学习使其减少犯同样错误的可能性。此方法有很强的泛化能力和非线性映射能力，可以对信息量少的数据进行模型处理。

人工神经网络算法优点如下：

- 非线性映射能力强，数学理论上证明三层的神经网络能够以任意精度逼近任何非线性连续函数。
- 自学习和自适应能力强。
- 模型泛化能力强。
- 模型具备一定的容错能力。

人工神经网络算法缺点如下：

- 局部极小化问题。
- 训练模型相对比较慢。
- 对网络结构选择敏感。
- 模型类似一个黑盒，评估结果难以解释。

下面给出一个神经网络模型示意图，如图 2.12 所示。

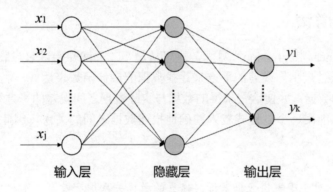

图 2.12　神经网络模型示意图

2.6.6　关联规则算法

关联规则是用规则去描述两个变量或多个变量之间的关系，是客观反映数据本身性质的方法。它是机器学习的一大类任务，可分为 2 个阶段，先从资料集中找到高频项目组，再去研究它们的关联规则。其得到的分析结果即是对变量间规律的总结。

其中经典的商业案例，就是啤酒和尿布的故事。经过对超市购物记录的统计分析，发现男士在购买尿布的时候，非常有可能会一同购买啤酒，虽然不知道具体原因，但是实际的统计结果肯定隐含着某种内在联系，因此可以优化货物摆放位置，将尿布和啤酒放一起进行摆放，后期发现二者的销量都有提升。关联规则示例如图 2.13 所示。

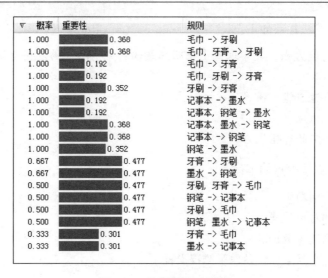

图 2.13 关联规则示例图

2.6.7 线性回归算法

线性回归（Linear Regression）算法，可以从最小二乘法开始讲起。最小二乘法是一种数学优化技术，它通过最小化误差的平方来寻找数据的最佳函数表达式。利用最小二乘法可以简便地求得未知的数据，并使这些求得的数据与实际数据之间误差的平方和最小。

线性回归算法能用一个方程式较为精确地描述数据之间的关系，因此可以非常方便地预测值。

它的优点如下：

- 算法简单，对于小规模数据来说，建立的数据关系很有效。
- 回归模型容易理解，结果具有很好的可解释性，有利于决策。
- 可用于分类和回归。

它的缺点如下：

- 对于非线性数据难以处理。
- 在高维度的数据上难以保证预测效果。

下面给出一个线性回归示意图，如图 2.14 所示。

2.6.8 KNN 算法

KNN（K-Nearest Neighbor）算法，即 K 最近邻算法，是机器学习分类算法中最简单的方法之一。所谓 K 最近邻，说的是每个样本都可以用它最接近的 K 个邻近值来代表。

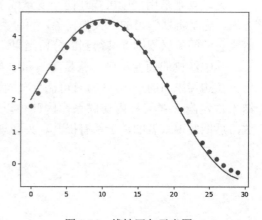

图 2.14 线性回归示意图

算法的描述如下：

（1）计算测试数据与各个训练数据之间的距离。
（2）按照距离的递增关系进行排序。
（3）选取距离最小的 K 个点。
（4）确定前 K 个点所在类别的出现频率。
（5）返回前 K 个点中出现频率最高的类别，作为测试数据的预测分类。

KNN 的主要优点有：

- 理论成熟，思想简单，既可以用来做分类，也可以用来做回归。
- 可用于非线性分类。
- 训练时间复杂度比支持向量机之类的算法低。
- 对数据没有假设，准确度高。
- 对异常点不敏感。

KNN 缺点如下：

- 参数K值需要预先设定，而不能自适应。

下面给出一个 KNN 算法示意图，如图 2.15 所示。

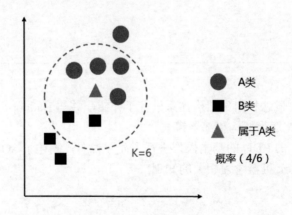

图 2.15 KNN 算法示意图

2.6.9 K-Means 算法

K-Means 算法，即 K 均值聚类算法，是一种迭代求解的聚类分析算法。其步骤是：预先将数据分为 K 组，则随机选取 K 个对象作为初始的聚类中心，然后计算每个对象与各个子聚类中心之间的距离，把每个对象分配给距离它最近的聚类中心。

聚类中心以及分配给它们的对象就代表一个聚类。每分配一个样本，聚类的聚类中心会根据聚类中现有的对象被重新计算。这个过程将不断重复，直到满足某个终止条件。

K-Means 的优点如下：

- 算法速度快。

- 算法简单，易于理解。

K-Means 的缺点如下：

- 分组K值需要给定。
- 对K值的选取比较敏感。

下面给出一个 K-Means 的算法示意图，如图 2.16 所示。

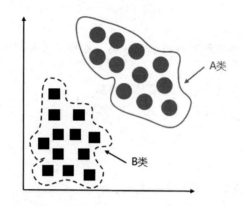

图 2.16　K-Means 的算法示意图

2.7　小结

本章对 Spark 相关概念和内部结构体系进行了介绍，并与 Hadoop 进行了对比。其中涉及 Spark 生态系统、Spark 运行架构和部署模式。

同时也对 Spark 中的 RDD 的基本操作进行了简要说明，阐述了 SQL 语句在 Spark 当中的支持，最后介绍了 Spark 机器学习相关的知识。

第 3 章

Spark 实战环境设定

俗话说,巧妇难为无米之炊。由于 PySpark 工具运行在 Apache Spark 组件之上,因此,用 PySpark 对数据进行处理,必须建立 Spark 实战环境。PySpark 可以让开发人员用 Python 对 Spark 中的 API 进行调用,因此可以大大降低 Spark 的学习成本。

本章重点介绍如何快速搭建 Spark 实战环境,这也是学习 PySpark 对大数据进行处理的前提,其中涉及 Hadoop、Hive 和 Spark 等软件的安装。

本章主要涉及的知识点有:

- 建立 Spark 环境的前提:需要提前在操作系统上安装 JDK 1.8+和 Python 3.7 等软件,并配置环境变量。
- 快速建立 Spark 环境:利用本地模式,将下载的 Spark 安装包解压到本地,稍作配置即可完成单机模式的 Spark 运行环境。
- Hadoop 集群搭建:由于生产环境下的大数据处理,往往都离不开 Hadoop 集群环境。因此掌握 Hadoop 集群环境的搭建至关重要。本章利用 VMware Workstation 软件创建 3 台虚拟机,用于搭建 Hadoop 集群。
- Spark 集群搭建:在 3 台虚拟机上搭建一个 Spark 集群,用于大数据的分布式处理。
- Hive 环境搭建:Hive 是离线数据仓库体系中一个重要组件,由于 Hive 提供 SQL 编程接口,因此可以利用 SQL 语句对 Hadoop 中存储的数据进行分布式查询。
- 交互式 Spark 环境搭建:基于上述步骤搭建的 Spark 环境,可以用 Jupyter Notebook 搭建一个基于 Web 的交互式 Spark 环境。

3.1 建立 Spark 环境前提

Apache Spark 是由 Scala 语言编写的,而 Scala 是运行在 JVM 之上的。换句话说,Spark

运行环境需要安装 JDK。而 PySpark 是基于 Python 编程语言的，因此也需要提前在操作系统上安装 Python 环境。本节重点说明在搭建 Spark 实战环境之前，需要在操作系统上安装哪些软件。

由于本章涉及 Hadoop 和 Spark 集群环境的搭建，因此这里用 VMware Workstation 软件创建多台虚拟机，用于充当集群上的服务器。VMware Workstation 是一款功能强大的桌面虚拟计算机软件，为用户提供可在单一操作系统上，运行不同操作系统，以及进行软件开发、测试与部署应用程序的最佳解决方案。

VMware Workstation 可在一部物理计算机上模拟完整的网络环境，以及可便于操作的虚拟机。在很多企业中，它是一个 IT 开发人员和系统管理人员经常使用的工具。

构建大数据集群，这里至少需要 3 台虚拟机，每台虚拟机的最低配置为：

- 最小内存：4GB。
- 可用磁盘空间：50GB。
- 最低处理器：i3 及以上，4 核。

每台虚拟机都必须是 64 位操作系统，由于宿主操作系统（Host OS）本身还需要一些资源（CPU、内存和磁盘空间等），因此宿主操作系统的内存至少是 16GB，建议是 32GB 及以上。CPU 核数至少为 16 核，建议是 32 核及以上。

> **注 意**
>
> 这里采用的 VMware Workstation Pro 版本是 15.5，它是收费的，但是可以试用。当然也可以使用开源免费的 VirtualBox 虚拟机软件。

这里罗列一下搭建 Spark 实战环境的宿主操作系统配置：

- 操作系统：Windows 7 64 位旗舰版。
- 处理器：英特尔 E5-2660，16 核。
- 内存：32GB。
- 固态硬盘：240GB。

3 台虚拟机配置为：

- 操作系统：CentOS 7 64 位。
- 处理器：4 核。
- 内存：4GB。
- 固态硬盘：50GB。

下面给出 Spark 实战环境需要的主要软件：

- Java 8 及以上，也就是需要安装 JDK 1.8+。
- Hadoop 2.7 及以上。
- Python 3.7。
- Pip 20 及以上。

- Spark 2.4.5。
- Hive 3.1.2。

3.1.1　CentOS 7 安装

CentOS 是 Community Enterprise Operating System 的缩写，是一个基于 RHEL（Red Hat Enterprise Linux）提供的、可自由使用源代码的企业级 Linux 发行版本，它是一个被广泛使用的 Linux 操作系统。每个版本的 CentOS 都会获得 10 年的支持。新版本的 CentOS 大约每 2 年发行 1 次，而每个版本的 CentOS 会定期更新 1 次，以便支持新的硬件。

CentOS 在 RHEL 的基础上修正了不少已知的 Bug，相对于其他 Linux 发行版，其稳定性相对较好。因此用 CentOS 建立一个安全、稳定、低成本的 Linux 环境，是一个非常不错的选择。

CentOS 镜像文件可以在官网进行下载，如果速度比较慢，建议用国内的阿里云镜像，这样速度会快很多。阿里云站点的网址为 http://mirrors.aliyun.com/centos/7/isos/x86_64/。

每个链接都包括了镜像文件的地址、类型及版本号等信息，如图 3.1 所示。

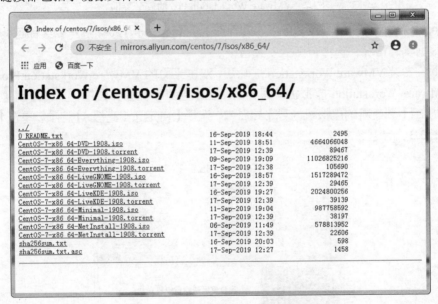

图 3.1　CentOS 阿里镜像文件信息显示

一般来说，选择 CentOS-7-x86_64-DVD-1908.iso 进行下载即可。由于 CentOS 7 镜像文件比较大，下载过程耗时会比较长，请耐心等待。

> **注　意**
>
> Linux 除了选用 CentOS 7 作为操作系统外，还可以选择 Ubuntu 或者国产的 Linux 操作系统。

下面给出如何在 Windows 7 宿主操作系统上安装 VMware Workstation，再安装 CentOS 的步骤。

步骤01 双击事先下载好的文件 VMware-workstation-full-15.5.1-15018445.exe，即可进入安装界面，如图 3.2 所示。

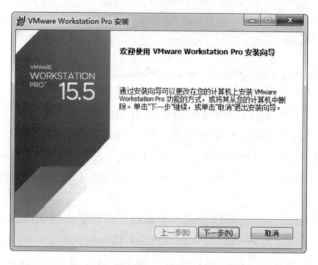

图 3.2　VMware Workstation Pro 的安装界面

步骤02 安装过程比较简单，单击安装界面上的【下一步】按钮进行安装即可，在此过程中，可以根据实际情况，选择合适的安装目录。

步骤03 安装 VMware Workstation 成功后，双击桌面的 VMware Workstation Pro 图标，即可打开 VMware Workstation 虚拟机管理界面，在【主页】标签界面中，单击【创建新的虚拟机】，在弹出的【创建新的虚拟机向导】界面中，选择【自定义（高级）】选项，单击【下一步】按钮，如图 3.3 所示。

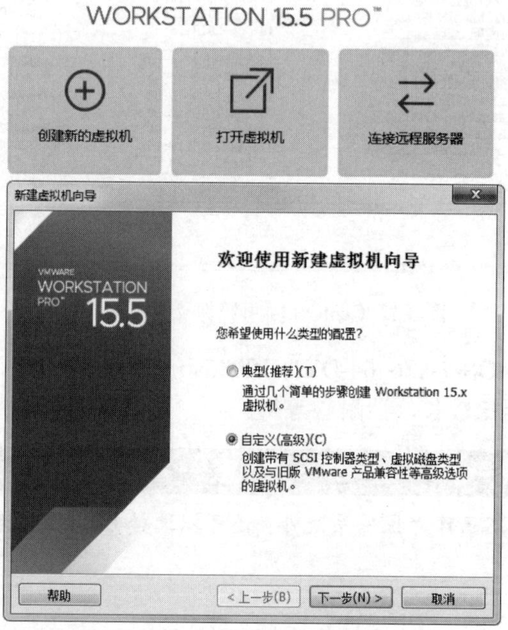

图 3.3　新建虚拟机向导界面

步骤04 在选择虚拟机硬件兼容性中,接受默认选项即可,单击【下一步】按钮,然后进入【安装客户机操作系统】界面,选择【安装程序光盘镜像文件(iso)】选项,并单击【浏览(R)...】按钮选择下载的 CentOS 7 镜像文件,然后单击【下一步】按钮,如图 3.4 所示。

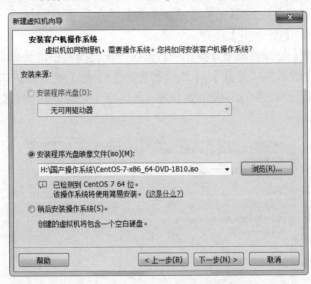

图 3.4　安装客户机操作系统界面

步骤05 在【简易安装信息】界面中,输入一些登录用户名的基本信息,如用户昵称、用户名和密码。CentOS 7 内置的根用户是 root,这里输入的用户名 hadoop 的密码也作为根用户 root 的密码。根用户 root 密码在生产环境下应该要足够复杂,且一定要牢记,如图 3.5 所示。

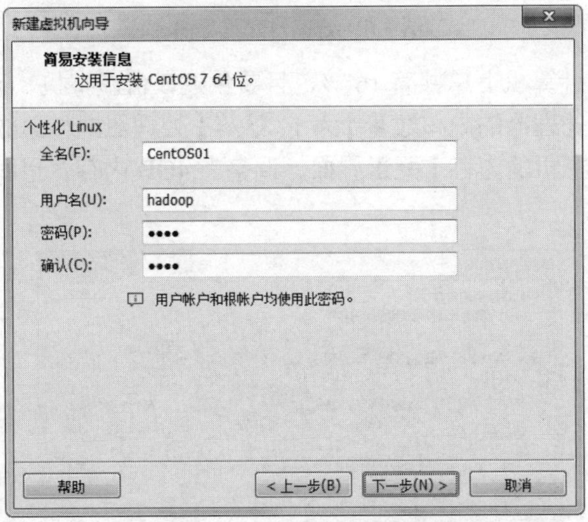

图 3.5　简易安装信息界面

> **注**
>
> 个性化 Linux 全名 CentOS01 相当于用户名的一个昵称,只是对用户名 hadoop 的一个备注,是用户登录时显示的名称。

Linux 操作系统对于权限控制得比较严格，很多操作，比如软件的安装都需要提升至 root 用户才能执行，以 root 用户执行操作时，会要求输入 root 密码。

在命名虚拟机时，给虚拟机起一个容易记住的名字，比如 CentOS01，同时指定虚拟机文件安装的位置，也就是目录，但事先要注意一下该目录的可用空间是否足够，比如是否超过 50GB。配置好后，单击【下一步】按钮。

步骤 06 在出现的【处理器配置】界面中，根据情况选择合适的处理器数量和每个处理器的内核数量。其中【处理器内核总数】=【处理器数量】*【每个处理器的内核数量】，配置【处理器数量】为 4，【每个处理器的内核数量】为 4，这样【处理器内核总数】为 16，如图 3.6 所示。

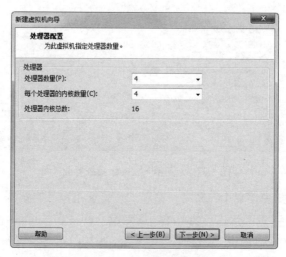

图 3.6 处理器配置界面

步骤 07 由于宿主计算机上总共有 16 核，且要创建 3 台虚拟机，因此这里最终配置【处理器数量】为 4，【每个处理器的内核数量】为 1，这样【处理器内核总数】为 4。然后单击【下一步】按钮，在【此虚拟机的内存】配置界面，调整为 4GB 内存，也即是 4096MB，如图 3.7 所示。

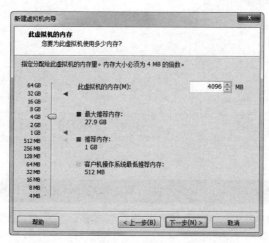

图 3.7 虚拟机内存配置界面

步骤08 然后单击【下一步】按钮，在【指定磁盘容量】配置界面，指定【最大磁盘大小（GB）】为 50，单击【下一步】按钮后，等待操作系统的安装。

在虚拟机中安装 CentOS 7 操作系统，一般耗时都比较长，请耐心等待。当操作系统安装完成后，即可登录。默认情况下，CentOS 7 操作系统会自带 OpenJDK 1.8 和 Python 2.7。这个可以在登录 CentOS 7 后，打开终端命令行，输入如下命令进行验证：

```
$ java -version
$ python -V
```

在终端命令行中输入 whoami，则输出当前用户名 hadoop，但是在用户信息中显示的昵称为 CentOS01，如图 3.8 所示。

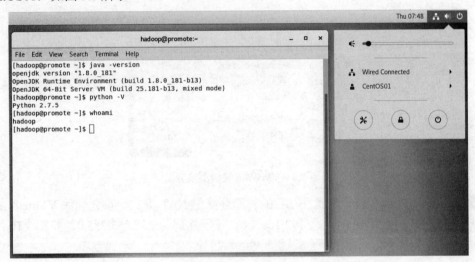

图 3.8　CentOS 7 界面

下面介绍 VMware 虚拟机的三种通信方式：

- Bridged（桥接模式）

在桥接模式下，VMware 虚拟机就像是局域网中的一台独立主机，可以访问网内任何一台机器，不过需要手工为虚拟机配置 IP 地址和子网掩码，而且还要和宿主机处于同一网段，这样虚拟机才能和宿主机进行通信。

- NAT（网络地址转换模式）

使用 NAT 模式，VMware 虚拟机可以直接访问互联网。此模式下，虚拟机的 TCP/IP 配置信息是由 VMnet8（NAT）虚拟网络的 DHCP 服务器提供的，无法进行手工修改，因此虚拟机无法和本局域网中的其他物理机进行通信，包括宿主主机。

采用 NAT 模式最大的优势是，虚拟机访问互联网非常简单，不需要进行任何配置，只需要宿主主机能访问互联网即可。这也是默认的网络适配器选项。

- Host-only（主机模式）

在某些特殊的调试环境中，要求将真实环境和虚拟环境进行隔离，此时就应该采用 Host-only 模式。在此模式中，所有的虚拟机都可以相互通信，但虚拟系统和真实的网络是隔离的。

在后续配置的 Hadoop 集群或者 Spark 集群中，都需要虚拟机有固定的 IP 地址，且有时还需要访问互联网进行一些资源的下载，因此需要选择 NAT 模式。但是这种模式下，虚拟机中的操作系统还不能与宿主主机通信，为了打破此限制，实现宿主主机可以访问虚拟机，那么需要在 VMWare 管理界面中进行虚拟网络配置。

步骤01 单击【编辑】菜单，然后在下拉菜单中选择【虚拟网络编辑器...】，如图 3.9 所示。

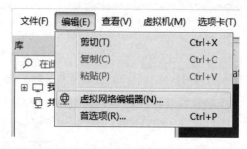

图 3.9 VMWare 编辑菜单界面

步骤02 查看网卡 VMnet8 属性，它的外部连接是 NAT 模式，首先确保 VMnet8 主机连接的状态是已连接。子网 IP 地址为 192.168.1.0，子网掩码为 255.255.255.0，如图 3.10 所示。

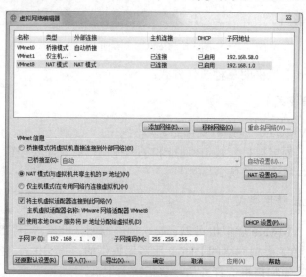

图 3.10 虚拟网络编辑器界面

步骤03 单击【NAT 设置...】，在弹出的界面中，查看到网关 IP 地址为 192.168.1.2，并记住此网关地址备用，如图 3.11 所示。

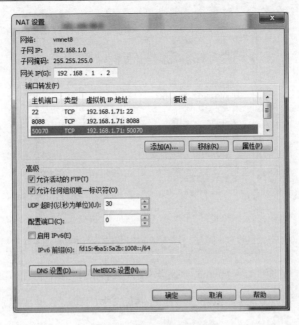

图 3.11　NAT 设置界面

步骤 04　打开宿主计算机上的【网络连接】(控制面板\网络和 Internet\网络连接),在【VMnet8】网络适配器上右击,在弹出的菜单中选择【属性】,如图 3.12 所示。

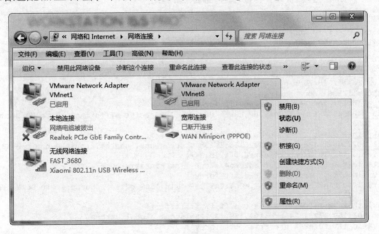

图 3.12　网络连接属性界面

步骤 05　在【VMware Virtual Ethernet Adapter for WMnet8 属性】界面中,双击 Internet 协议版本 4(TCP/IPv4),并按如图 3.13 所示的界面进行配置。其中的默认网关是 192.168.1.2。最后单击【确定】按钮完成配置。

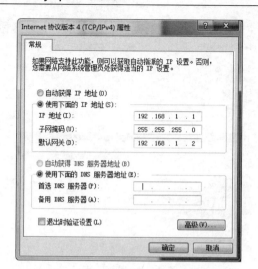

图 3.13 Internet 协议版本 4（TCP/Ipv4）属性界面

步骤 06 以 root 用户登录 CentOS 7，在终端命令行中输入：

```
[root@promote ~]# ip addr
```

CentOS 7 开始用 ip addr 命令查看 IP 地址，输出的信息如图 3.14 所示。

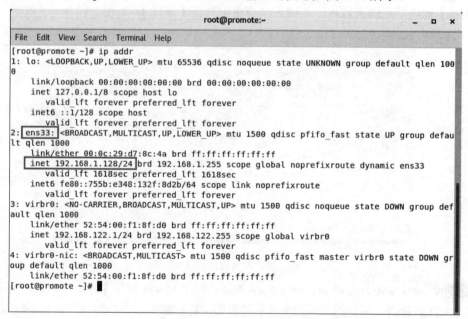

图 3.14 CentOS 7 查看 IP 地址界面

从图 3.14 中可以看出网卡名叫 ens33，IP 地址为 192.168.1.128，不过这个 IP 地址是 DHCP 动态分配的，并不是固定的 IP 地址。下面需要设定网卡的配置文件：

（1）切换到网卡配置文件目录：

```
[root@promote ~]# cd /etc/sysconfig/network-scripts/
```

（2）为了安全起见，首先对原有的配置文件进行备份：

```
[root@promote network-scripts]# cp ifcfg-ens33 ifcfg-ens33.bak
```

（3）用 vim 工具对配置文件进行修改：

```
[root@promote network-scripts]# vim ifcfg-ens33
```

在打开的 vim 编辑界面，默认是只读的，可以按键盘上的 I 字母键，进入 INSERT 模式（I 也就是 INSERT 的首字母），然后编辑网卡信息如下：

```
TYPE="Ethernet"
PROXY_METHOD="none"
BROWSER_ONLY="no"
BOOTPROTO="static"
DEFROUTE="yes"
IPV4_FAILURE_FATAL="no"
IPV6INIT="yes"
IPV6_AUTOCONF="yes"
IPV6_DEFROUTE="yes"
IPV6_FAILURE_FATAL="no"
IPV6_ADDR_GEN_MODE="stable-privacy"
NAME="ens33"
UUID="35896f24-23e8-4757-9eef-e08eb4514c4b"
DEVICE="ens33"
ONBOOT="yes"
IPADDR=192.168.1.70
NETMASK=255.255.255.0
GATEWAY=192.168.1.2
DNS1=192.168.1.2
NM_CONTROLLED="yes"
```

（4）退出 vim 编辑器，需要按 ESC 键，然后输入:wq 保存退出。

其中，BOOTPROTO="dhcp" 表示动态 IP，这里修改为 BOOTPROTO="static"，即表示静态 IP。IPADDR=192.168.1.70 表示固定 IP 地址为 192.168.1.70，NETMASK=255.255.255.0 表示子网掩码为 255.255.255.0，GATEWAY=192.168.1.2 表示网关地址为 192.168.1.2，而 DNS1=192.168.1.2 表示 DNS 服务器地址为 192.168.1.2，这两个 IP 地址都是 VMware 中 NAT 设置中的网关 IP 地址。

NM_CONTROLLED="yes"表示网卡允许用 Network Manager 程序管理。它可以降低网络配置使用难度，便于管理无线网络、虚拟专用网等网络连接，适合普通台式机和笔记本电脑使用。

NM_CONTROLLED="no"表示网卡使用传统方式管理，而不用 Network Manager。它的好处是修改网卡配置文件后直接重启网络就生效，不受 Network Manager 程序干扰。适合用以太网连接的服务器使用。

此时，配置文件保存后，重启网络服务，确保正常启用：

```
[root@promote network-scripts]# service network restart
```

最后,为了验证宿主计算机是否可以访问虚拟机,可以在宿主 cmd 命令窗体中输入 ping 命令进行验证,如图 3.15 所示。

图 3.15 宿主主机命令行 ping 界面

此时,在虚拟机中也可以访问互联网,在终端命令行中输入 ping www.baidu.com 命令进行验证,如图 3.16 所示。

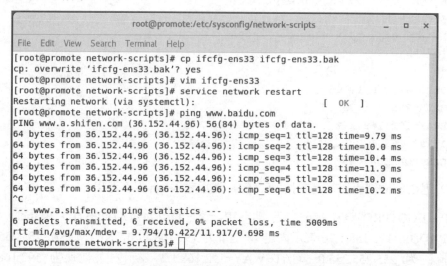

图 3.16 虚拟机中命令行 ping 界面

> **注**
>
> 如果虚拟机 ping 外网时,出现未知的主机名(Name or service not known)的错误,则需要检查网卡的配置信息,确认在配置文件中是否有 DNS1 的配置且地址是否正确。

在成功安装并配置好一台 CentOS 虚拟机后,先将虚拟机进行关机。关机模式如图 3.17 所示。后续建立虚拟机集群时,以此虚拟机为模板,通过副本快速构建虚拟机。

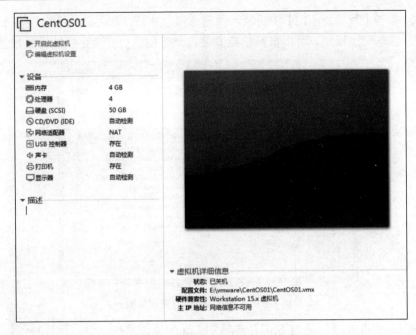

图 3.17　CentOS 虚拟机关机模式

3.1.2　FinalShell 安装

FinalShell 是一款功能强大的运维工具，采用 Java 语言编写，因此可以很好地在不同的操作系统上运行，支持 Windows、Linux 和 Mac OS X 等平台。它具备 SSH 客户端软件的功能，可以在 Windows 操作系统上远程管理 Linux 操作系统的文件。

FinalShell 同时支持多个标签，这样对于同时运维多个服务器更加方便。它不仅支持语法高亮显示，还支持多个主题（配色方案），可以根据个人喜好进行设置。对于 Windows 操作系统上的安装文件，可以从如下地址进行下载：

http://www.hostbuf.com/downloads/finalshell_install.exe

步骤 01　下载完成后，双击 finalshell_install.exe 文件进行安装，如图 3.18 所示。

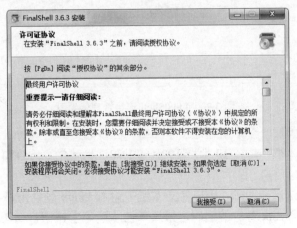

图 3.18　FinalShell 安装界面

步骤 02 单击【我接受(I)】按钮表示同意许可证协议。然后单击【下一步】按钮直至安装成功即可。在这个过程中，可以自行指定安装目录等信息。安装完成的界面如图3.19所示。

图 3.19　FinalShell 安装完成界面

步骤 03 FinalShell 可以通过 SSH，连接到 Linux 操作系统上进行远程操作，包括进行文件的 FTP 传输。双击桌面上的 FinalShell 程序快捷方式，可以打开程序主界面。单击主界面工具栏上的文件夹图标，打开【连接管理器】界面，再单击【SSH 连接（Linux）】菜单项，如图3.20所示。

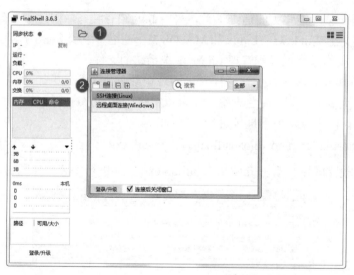

图 3.20　FinalShell 连接管理器界面

步骤 04 此时会弹出一个【新建连接】界面，在名称文本框中输入 centos01，用于连接的显示名称；在主机文本框中输入 IP 地址 192.168.1.70，也就是 CentOS01 虚拟机中的 IP 地址；端口文本框中输入 22。

步骤 05 认证方法选择密码，用户名文本框中输入 Linux 登录用户名 root，密码文本框中输入 Linux 登录用户名 root 对应的密码，最后单击【确定】按钮，如图3.21所示。

第 3 章　Spark 实战环境设定 | 57

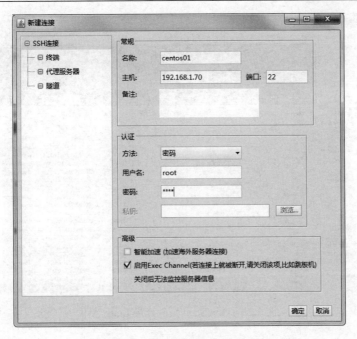

图 3.21　【新建连接】界面

步骤06 此时【连接管理器】界面中就会新增一条名为 centos01 的连接信息，在此记录上右击，在弹出的快捷菜单中单击【连接】即可与 Linux 操作系统进行连接，如图 3.22 所示。

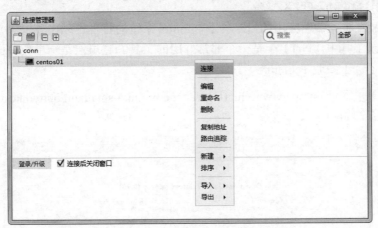

图 3.22　连接 Linux 界面

步骤07 连接时，【连接管理器】界面会自动关闭，并在 FinalShell 主界面上创建一个新的标签，标签名称为【centos01】。如果连接成功，会在命令行终端提示"连接成功"信息，并等待用户输入命令，同时在【文件】标签中，显示 Linux 根目录结构，如图 3.23 所示。

注　意

FinalShell 可以同时连接多个远程 Linux 服务器。

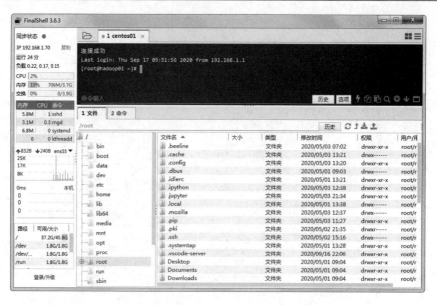

图 3.23　FinalShell 成功连接 Linux 界面

3.1.3　PuTTY 安装

PuTTY 是一个 Telnet、SSH、TCP 以及串行接口连接软件，其最新的版本支持 Windows 平台、Linux 平台和 Mac OS X 平台。

随着 Linux 在服务器端应用的日益普及，Linux 系统的管理也越来越依赖于远程的方式。在各种远程登录工具中，PuTTY 是一个非常好用的工具。它虽然是一个免费的工具，但是其功能却丝毫不逊色于商业 Telnet 类工具。

步骤01 单击网址 https://www.chiark.greenend.org.uk/~sgtatham/putty/latest.html 可以进行安装文件的下载，如图 3.24 所示。

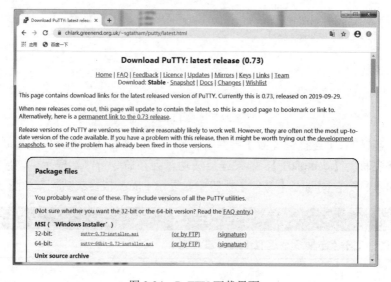

图 3.24　PuTTY 下载界面

步骤02 下载完成后，双击可执行安装文件，按照向导进行操作即可完成安装。安装成功后，双击桌面上的 PuTTY (64-bit)图标即可打开配置界面，如图 3.25 所示。

图 3.25　PuTTY 配置界面

步骤03 在配置界面上，首先输入要连接的远程服务器 IP 地址或者域名，这里输入 192.168.1.70，端口 Port 为 22，并在 Saved Sessions 下的文本框中输入此次连接服务器的别名，这里输入 centos01，单击【Save】按钮，即可保存配置文件。

步骤04 最后双击 centos01 配置文件项，即可打开终端界面并登录服务器，输入登录的用户名为 root，并输入用户密码，如图 3.26 所示。

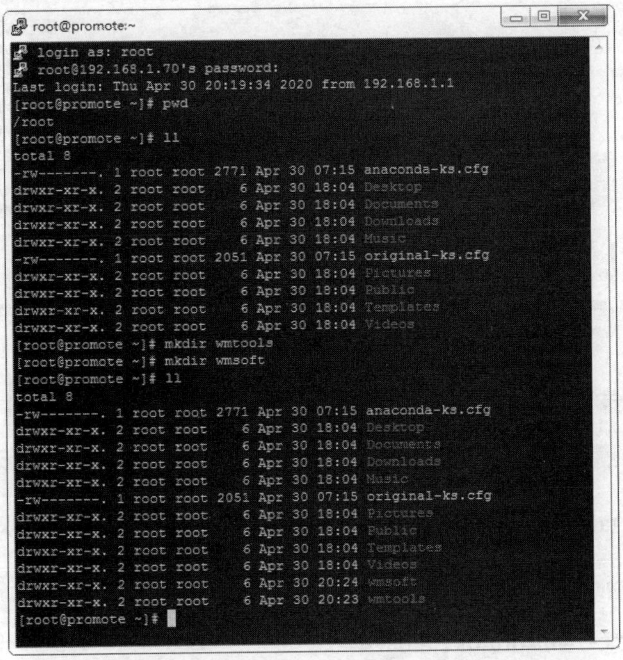

图 3.26　PuTTY 远程连接 CentOS 终端界面

步骤05 在终端命令行中,输入 pwd 可以查看当前的所在的路径。而 ll(小写的 LL)可以罗列出当前路径下的所有文件信息。我们用命令 mkdir 创建文件夹,用于存放相关的软件。

```
[root@promote ~]# mkdir wmtools
[root@promote ~]# mkdir wmsoft
```

至此,在/root 目录下创建了两个目录,分别为 wmtools 和 wmsoft。

3.1.4 JDK 安装

虽然 CentOS 7 自带了 OpenJDK,但是这里还是打算重新安装一个 Oracle JDK,用来讲解一下 JDK 的安装。

步骤01 从官网下载 Linux 操作系统上的 JDK 安装包 jdk-8u241-linux-x64.tar.gz,并通过 FinalShell 上传安装包到虚拟机/root/wmtools/目录中,如图 3.27 所示。

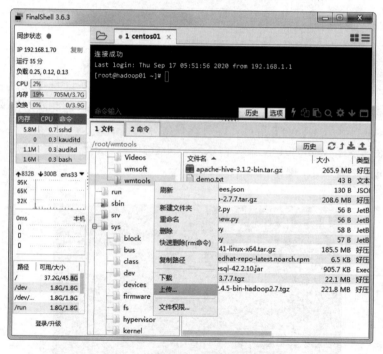

图 3.27 FinalShell 上传安装包界面

步骤02 切换目录到~/wmtools/,即/root/ wmtools。

```
[root@promote ~]# cd ~/wmtools/
```

步骤03 用命令 tar 解压压缩包到目录~/wmsoft/中。

```
[root@promote wmtools]# tar -zxvf jdk-8u241-linux-x64.tar.gz -C ~/wmsoft/
```

步骤04 进入目录~/wmsoft/jdk1.8.0_241/。

```
[root@promote wmtools]# cd ~/wmsoft/jdk1.8.0_241/
```

步骤 05 用 pwd 命令查询 JDK 的安装路径，之所以不手动进行路径的设置，是防止手工输入错误。借助 pwd 命令输出的路径，可以复制作为 JAVA_HOME 的路径。

```
[root@promote jdk1.8.0_241]# pwd
/root/wmsoft/jdk1.8.0_241
```

步骤 06 修改/etc/profile，添加环境变量配置信息。

```
[root@promote jdk1.8.0_241]# vim /etc/profile
```

在文件末尾添加如下的配置信息：

```
export JAVA_HOME=/root/wmsoft/jdk1.8.0_241
export PATH=$PATH:$JAVA_HOME/bin
export CLASSPATH=$:CLASSPATH:$JAVA_HOME/lib/
```

如图 3.28 所示。

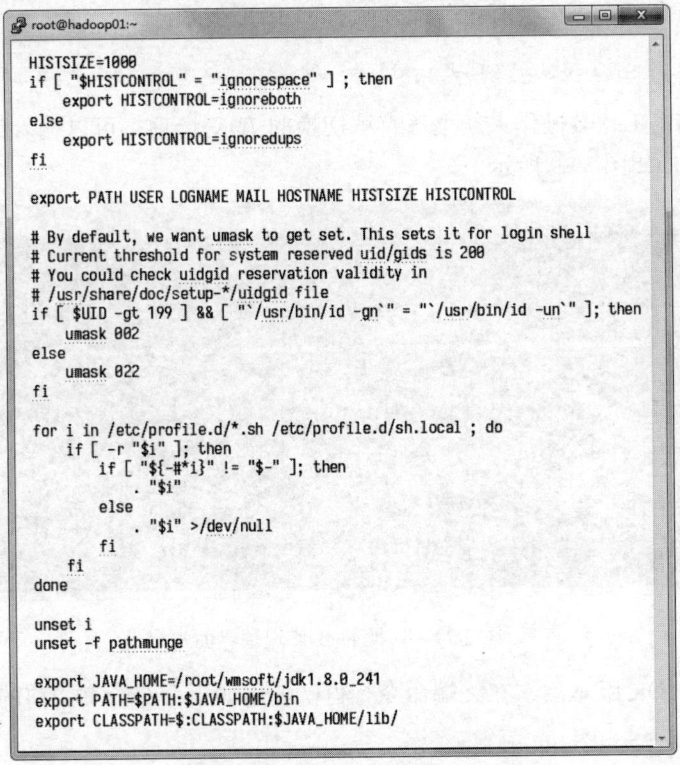

图 3.28　Java 环境变量配置界面

为了让环境变量配置生效，可执行 source /etc/profile，然后验证 JDK 版本信息，可执行 java –version 进行查看，如下所示：

```
[root@hadoop71 jdk1.8.0_241]# source /etc/profile
[root@hadoop71 jdk1.8.0_241]# java -version
openjdk version "1.8.0_181"
OpenJDK Runtime Environment (build 1.8.0_181-b13)
```

```
OpenJDK 64-Bit Server VM (build 25.181-b13, mixed mode)
```

从输出结果来看，显示的仍然是 OpenJDK，在 Linux 上安装的 JDK 版本，有时候会因为不同软件的需求安装不同版本的 JDK，如果不想删除之前配置好的 JDK 设置，可以使用 update-alternatives 这个命令实现按需切换 JDK 的目的。下面依次执行如下命令，安装可切换 JDK 相关版本信息：

```
update-alternatives --install /usr/bin/java java /root/wmsoft/jdk1.8.*/bin/java 1065
update-alternatives --install /usr/bin/javac javac /root/wmsoft/jdk1.8.*/bin/javac 1065
update-alternatives --install /usr/bin/jar jar /root/wmsoft/jdk1.8.*/bin/jar 1065
update-alternatives --install /usr/bin/javaws javaws /root/wmsoft/jdk1.8.*/bin/javaws 1065
```

成功后，执行如下命令来选择操作系统执行的 JDK 版本：

```
[root@promote jdk1.8.0_241]# update-alternatives --config java
```

此命令会罗列出 Linux 操作系统上所有可切换的 JDK 选项，可以输入相关的序号（这里选择 3）进行选择，如图 3.29 所示。

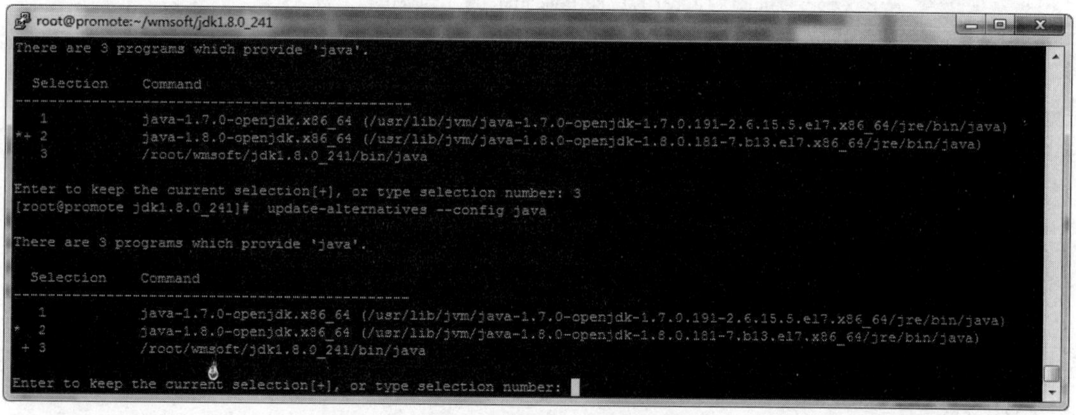

图 3.29 切换的 JDK 选项界面

切换为 Oracle JDK 版本后，在终端命令行再次使用如下命令查询当前的 JDK 版本信息：

```
[root@promote jdk1.8.0_241]# java -version
java version "1.8.0_241"
Java(TM) SE Runtime Environment (build 1.8.0_241-b07)
Java HotSpot(TM) 64-Bit Server VM (build 25.241-b07, mixed mode)
```

注 意

默认安装的 OpenJDK 并没有 jps 命令，但 Oracle JDK 是有的，它是 Java 提供的一个显示当前所有 Java 进程 pid 的命令。当然，OpenJDK 也能支持 Spark 等软件的运行。

3.1.5 Python 安装

Python 是一款被广泛使用的脚本语言，它当前主要有两个大版本，分别是 2.x 和 3.x。而且 Python 3.x 在设计的时候没有考虑兼容 2.x 版本。Python 2.6 作为一个过渡版本，基本使用了 Python 2.x 的语法和库，同时考虑了向 Python 3.0 的迁移，允许使用部分 Python 3.0 的语法与函数。

除非为了使用旧的 Python 2.x 项目代码或只支持 2.x 的第三方库，否则不推荐使用 2.x 进行编程。因此，目前都是建议使用 Python 3.x 版本。

另外，Python 3.x 中字符串是 Unicode（utf-8）编码，支持使用中文做标识符。而 Python 2.x 中字符串是 ASCII 编码，需要更改字符集才能正常支持中文。

由于 CentOS 7 自带的 Python 版本是 2.7.5，这里介绍如何安装 3.7 版本的 Python。由于官方在 Linux 操作系统上只提供源码文件，因此需要自行编译后再安装。而在 Windows 操作系统上提供了可执行安装文件，因此在 Windows 上安装 Python 要简单一些。下面介绍如何在 CentOS 7 操作系统上安装 Python 3.7。

步骤01 安装相应的编译工具，在命令行终端执行如下命令：

```
yum -y groupinstall "Development tools"
yum -y install zlib-devel bzip2-devel openssl-devel \
ncurses-devel sqlite-devel readline-devel tk-devel \
gdbm-devel db4-devel libpcap-devel xz-devel
yum install -y libffi-devel zlib1g-dev
yum install zlib* -y
```

步骤02 下载 Python 3.7 安装包：

```
wget https://www.python.org/ftp/python/3.7.7/Python-3.7.7.tgz
```

步骤03 解压 Python 3.7 压缩包：

```
[root@promote wmtools]# tar -zxvf Python-3.7.7.tgz -C ~/wmsoft/
```

步骤04 切换目录，并编译安装：

```
[root@promote wmtools]# cd ~/wmsoft/Python-3.7.7/
[root@promote Python-3.7.7]# ./configure --prefix=/usr/local/python3
--enable-optimizations --with-ssl
```

第一个 --prefix 指定安装的路径，不指定的话，安装过程中软件所需要的文件可能复制到其他目录中，这样在删除软件时会很不方便，复制软件也不方便。第二个 --enable-optimizations 开启优化选项，这样可以提高 Python 代码运行速度 10%~20%。第三个 --with-ssl 是为了支持 pip 安装软件需要用到 ssl。

```
[root@promote Python-3.7.7]# make && make install
```

这个过程比较耗时，会进行源码编译，并测试。

步骤05 创建软链接：

```
[root@promote Python-3.7.7]#ln -s /usr/local/python3/bin/python3 /usr/local/bin/python3
[root@promote Python-3.7.7]#ln -s /usr/local/python3/bin/pip3 /usr/local/bin/pip3
```

步骤06 验证安装：

```
[root@promote Python-3.7.7]#python3
```

如果出现如图 3.30 所示的界面，则说明安装成功。

图 3.30　Python3.x 交互环境界面

3.1.6　Visual Studio Code 安装

Visual Studio Code 是微软推出的一个开源免费的编辑器，功能非常强大。它可以运行于 Mac OS X、Windows 和 Linux 之上，是专门用于编写现代 Web 和云应用的跨平台源代码的编辑器。

该编辑器支持多种语言和文件格式的编写，已经能支持 37 种语言或文件：F#、Python、Java、PHP、Ruby、Rust、PowerShell、Groovy、R、HTML、JSON、TypeScript、Batch、Visual Basic、Swift、SQL、XML、Go、C++、C#、Objective-C、CSS、JavaScript 和 Perl 等。

在官网 https://code.visualstudio.com/ 中可以进行下载，下载完成后，双击安装文件进行安装即可。安装成功后，可以新建一个 hello.py 文件，如图 3.31 所示。

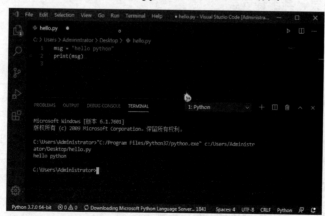

图 3.31　Visual Studio Code 界面

> **注　意**
>
> 需要安装插件 Python extension for Visual Studio Code 辅助 Python 的编程，这样可以达到语法高亮和代码自动提示等目的。

3.1.7 PyCharm 安装

除了 Visual Studio Code 之外，PyCharm 是另外一个被广泛使用的 Python IDE，它带有一整套可以帮助开发人员提高 Python 编程效率的组件，如调试、语法高亮、代码管理、代码跳转、智能提示、自动完成、单元测试和版本控制等。此外，PyCharm 还提供了一些高级功能，如支持 Python 语言编写的 Web 框架 Django 的辅助开发。

在官网网址 https://www.jetbrains.com/pycharm/download/ 中可以进行下载，这里需要注意，PyCharm 有专业版和社区版之分，社区版是免费使用的，因此这里下载 PyCharm Community 即可，如图 3.32 所示。

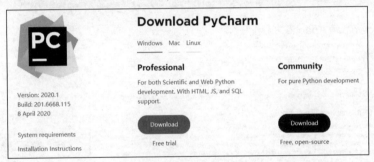

图 3.32　PyCharm 下载界面

下载完成后，双击安装可执行文件即可安装。按照向导安装完成后，即可创建一个 Python 项目，并在项目中添加 Python 源码文件，最后调试运行，如图 3.33 所示。

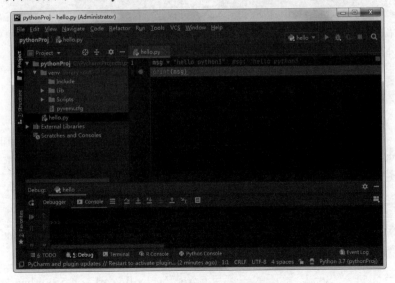

图 3.33　PyCharm Python 编程界面

3.2 一分钟建立 Spark 环境

在上述基础软件安装完成后,就可以正式设置 Spark 运行环境。首先从官网 http://spark.apache.org/downloads.html/ 上下载 Spark 安装包,选择版本为 Spark 2.4.5,选择的包类型为 Pre-build for Apache Hadoop 2.7,如图 3.34 所示。

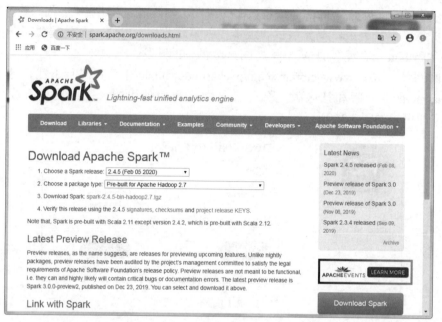

图 3.34　Spark 2.4.5 安装文件下载界面

> **注　意**
>
> 目前最新版本的是 Spark 3.0 预览版(Preview release),可能不稳定或者存在其他潜在问题,因此生产环境下还是建议使用 Spark 2.x。

3.2.1　Linux 搭建 Spark 环境

下载的安装包名为 spark-2.4.5-bin-hadoop2.7.tgz,将其通过 FinalShell 工具上传到虚拟机的 /root/ wmtools/ 目录中,用 PuTTY 进行远程登录,并切换当前目录为 /root/wmtools/。在终端执行如下命令进行解压:

```
[root@promote wmtools]# tar -zxvf spark-2.4.5-bin-hadoop2.7.tgz -C ~/wmsoft/
```

解压完成后,一个单机的 Spark 环境基本就完成了,此时还需要进行验证,来确定一下 Spark 环境是否可以正常工作。

步骤01 首先进入 Spark 解压的安装目录 /root/wmsoft/spark-2.4.5-bin-hadoop2.7/bin,用

spark-submit 命令提交任务：

```
[root@promote bin]# cd /root/wmsoft/spark-2.4.5-bin-hadoop2.7/bin
[root@promote bin]# ./spark-submit ../examples/src/main/python/pi.py
```

步骤 02 spark-submit 命令可以提交任务到 Spark 集群上执行，也可以提交到 Hadoop 的 YARN 集群上执行。Spark 的安装目录下有一个 examples 目录，其中有一些示例可供参考。这里运行 examples 目录中的 Python 语言编写的程序：求 Pi 的值，运行结果如图 3.35 所示。

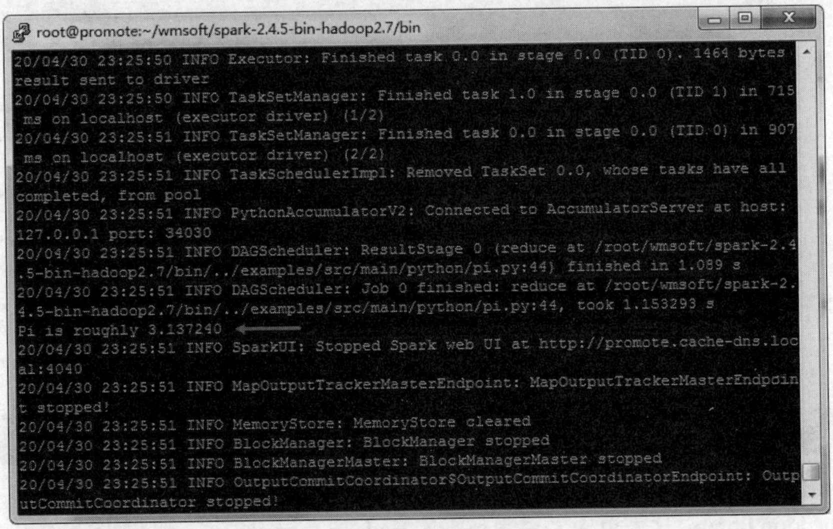

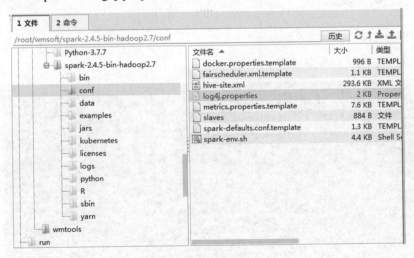

图 3.35 spark-submit 提交求 PI 任务界面

步骤 03 此处默认的输出信息太多，这里配置一下日志文件，在目录 conf 下，重命名 log4j.properties.template 为 log4j.properties，如图 3.36 所示。

图 3.36 Spark 日志目录界面

将 log4j.properties 文件中的：

```
log4j.rootCategory=INFO, console
```

改成：

```
log4j.rootCategory=ERROR,console
```

步骤 04 再次运行如下命令：

```
[root@promote bin]# ./spark-submit ../examples/src/main/python/pi.py
```

则输出信息非常少，很容易定位到 Pi is roughly 3.148980 的输出结果，如图 3.37 所示。

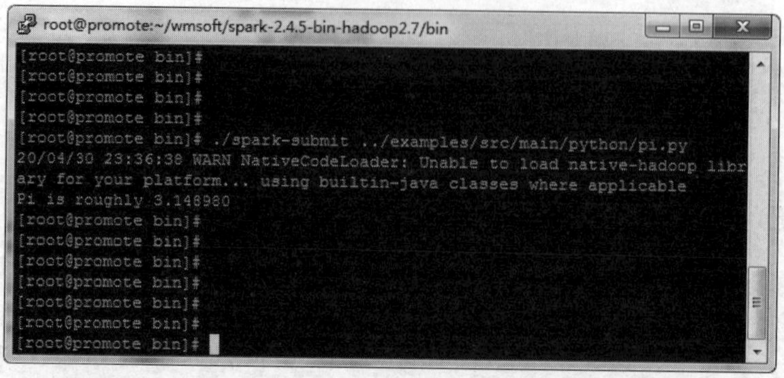

图 3.37　spark-submit 提交求 Pi 任务界面（日志级别 ERROR）

> **注　意**
>
> Spark 在运行时，如果提示了一个警告信息 WARN NativeCodeLoader: Unable to load native-hadoop library，这是由于未安装和配置 Hadoop 导致的。但一般来说，并不影响 Spark 的使用。

步骤 05 另外，在 bin 目录下，还有 pyspark 命令，可以用来打开 PySpark 的交互界面，在终端命令行中输入如下命令：

```
[root@promote bin]# ./pyspark
```

打开 PySpark 的交互界面如图 3.38 所示。

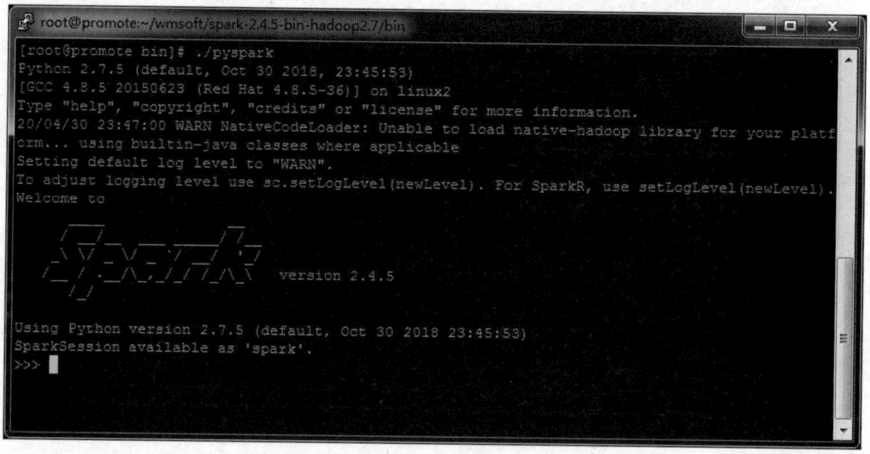

图 3.38　PySpark 的交互界面

步骤 06 虽然安装了 Python 3.7，但是 Spark 启动后加载的还是 Python 2.7.5。为了切换 Python 的运行版本至 3.7，需要进行一些配置。在目录 conf 下，重命名 spark-env.sh.template 为 spark-env.sh。然后在 spark-env.sh 中配置：

```
PYSPARK_PYTHON=/usr/local/bin/python3
```

此时再次运行 pyspark，则输出如下结果，如图 3.39 所示。

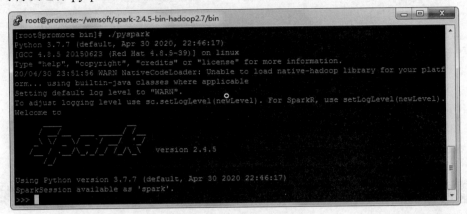

图 3.39　PySpark 交互界面（Python 3.7）

至此，一个基于 CentOS 7 版本的 Spark 环境基本搭建完成。只要前期做好基础工作，如操作系统上成功安装 JDK 1.8，同时具备 Python 3.x 或者 Python 2.x 的环境，那么只要将 Spark 安装包进行解压和简单设置一下配置文件，即可完成单机 Spark 环境的搭建。

> **注　意**
>
> Spark 2.4.5 与 Python 3.8 还不太兼容，因此目前不建议安装 Python 3.8。

3.2.2　Windows 搭建 Spark 环境

虽然大数据工具很多都是为 Linux 操作系统而设计的，对 Windows 操作系统的支持并不友好，但是考虑到国内很多开发人员的计算机上安装的都是 Windows 操作系统，因此，在 Spark 开发环境搭建环节，除了介绍如何在 Linux 操作系统上搭建 Spark 环境外，还介绍如何在 Windows 7 操作系统上搭建 Spark 环境。

Window 7 操作系统上搭建 Spark 环境更多的是方便程序的开发或学习，而 Linux 操作系统上搭建 Spark 环境更多的是构建 Spark 集群环境，更加接近于生产环境。

1．安装 JDK 1.8

步骤 01 访问官网 https://www.oracle.com/java/technologies/javase/javase-jdk8-downloads.html，可以下载 JDK 1.8 相关版本，如图 3.40 所示。

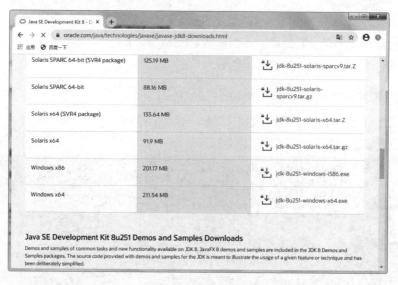

图 3.40　JDK 1.8 安装文件下载界面

> **注　意**
>
> 下载 Oracle JDK 1.8 时，需要进行登录后才能下载，请先注册一个用户。

步骤 02　选择 Windows x64 版本对应的 JDK 安装包进行下载，在下载之前需要接受相关协议。这里安装的 JDK 版本是之前下载的 jdk-8u191-windows-x64.exe 文件。JDK 只要大版本是 8 即可。在 Windows 操作系统上安装软件相对比较容易，双击可执行安装文件即可，基本按照向导一直点击【下一步】按钮即可完成安装，如图 3.41 所示。

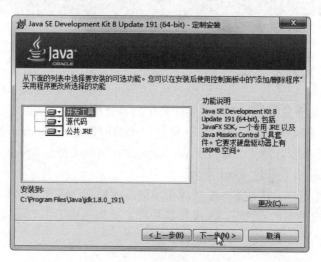

图 3.41　JDK 1.8 安装界面

步骤 03　成功安装 JDK 后，需要配置环境变量。右击桌面上的【计算机】图标，在弹出的菜单中选择【属性】，并依次单击【高级系统设置】→【环境变量】，在系统变量中进行配置，单击【新建】按钮，在变量名文本框中输入 JAVA_HOME，变量值文本框中输入 JDK 的安装路径，如 C:\Program Files\Java\jdk1.8.0_191，单击【确定】按钮，如图 3.42 所示。

图 3.42　JAVA_HOME 环境变量配置

步骤 04　同样地，继续单击【新建】按钮，配置 CLASSPATH。变量名为 CLASSPATH，变量值为.;%JAVA_HOME%\lib;%JAVA_HOME%\lib\tools.jar（注意：第一个分号前有一个点），如图 3.43 所示。

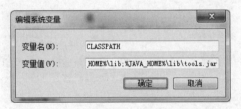

图 3.43　CLASSPATH 环境变量配置

步骤 05　配置 Path 系统变量。打开 Path 变量，在变量值最前面加入如下路径，并单击【确定】按钮。

```
%JAVA_HOME%\bin;%JAVA_HOME%\jre\bin;
```

如图 3.44 所示。

图 3.44　PATH 环境变量配置

步骤 06　运行 cmd 打开命令窗口，输入 java –version 和 javac 命令，若显示 Java 版本信息，则说明安装成功，如图 3.45 所示。

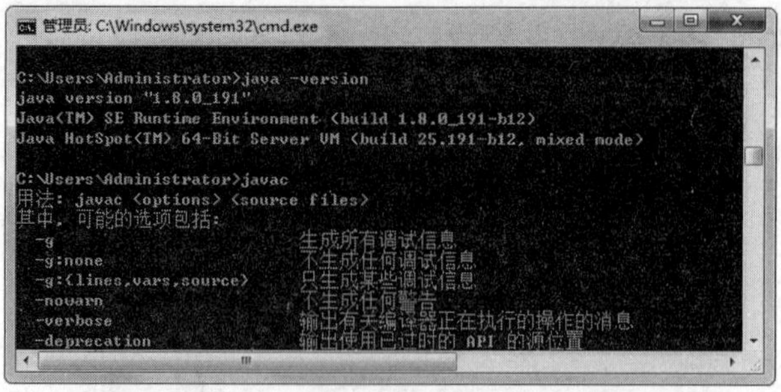

图 3.45 cmd 命令行验证 java 版本界面

> **注　意**
>
> Windows cmd 命令在环境变量变化时，可能需要重新打开进行验证，否则已打开的命令行无法加载新的配置。

2. 安装Python 3.7

在官网 https://www.python.org/downloads/ 上下载 Python 安装包，如图 3.46 所示。

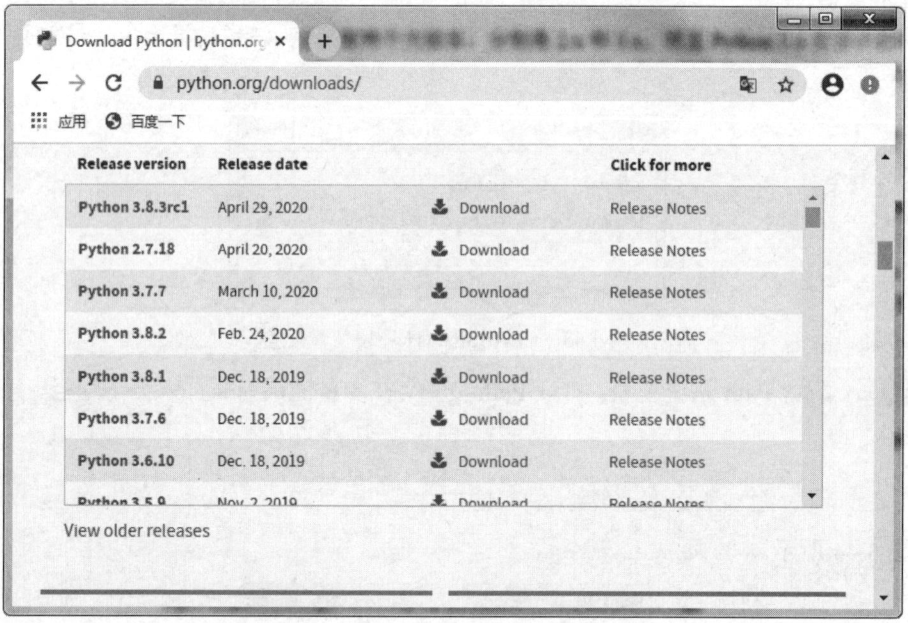

图 3.46 Python 3.7 安装文件下载界面

选择合适的版本，由于 Spark 2.4.5 的 pyspark 与 Python 3.8 不兼容，因此选择 Python 3.7 版本进行下载。这里选择 Python 3.7.7，下载的安装包为 python-3.7.7-amd64.exe。双击它进行安装即可，如图 3.47 所示。

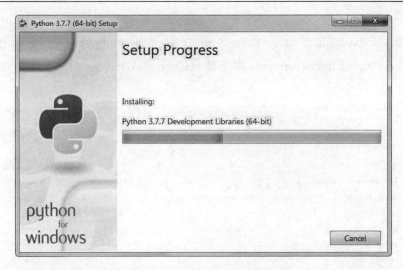

图 3.47　Python 3.7 安装界面

安装成功后，打开新的命令行，输入 python 命令进行验证，出现版本 3.7.7 信息，则说明安装成功，如图 3.48 所示。

图 3.48　Python3.7 交互界面

3．安装 Hadoop 2.7

可以从 https://mirrors.tuna.tsinghua.edu.cn/apache/hadoop/common/hadoop-2.7.7/ 上下载 Hadoop 2.7 版本，选择 hadoop-2.7.7.tar.gz 进行下载，如图 3.49 所示。

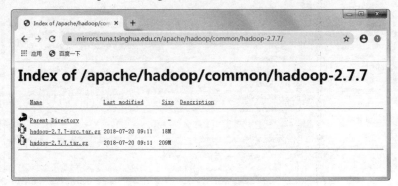

图 3.49　hadoop 2.7 下载界面

步骤01 下载完成后,将 hadoop-2.7.7.tar.gz 进行解压,这里解压到 E:\wmsoft\hadoop-2.7.7,由于 Hadoop 在 Windows 操作系统上默认运行是有问题的,这里需要到网站 https://github.com/steveloughran/winutils 中下载 Hadoop 在 Windows 下的支持文件 winutils,如图 3.50 所示。

图 3.50 winutils 下载界面

步骤02 这里由于安装的是 Hadoop 2.7.7,因此选择 hadoop-2.7.1 下的 bin,将其覆盖到 E:\wmsoft\hadoop-2.7.7\bin 目录中,在此之前,建议先将之前的 bin 改名为 bin_bak,如图 3.51 所示。

图 3.51 winutils 替换 bin 界面

步骤 03 修改 E:\wmsoft\hadoop-2.7.7\etc\hadoop 下的 hadoop-env.cmd 文件，将原来的配置：

```
set JAVA_HOME= %JAVA_HOME%
```

修改为：

```
set JAVA_HOME= C:\Program Files\Java\jdk1.8.0_191
```

步骤 04 在路径 E:\wmsoft\hadoop-2.7.7\bin 中打开 cmd 命令行，并输入 hadoop 命令，此时很可能会显示 JAVA_HOME 参数设置错误的提示，如图 3.52 所示。

图 3.52 Hadoop 在 Windows 上 JAVA_HOME 设置错误提示界面

步骤 05 Windows 上的 Hadoop 加载 JAVA_HOME 可以说是存在 Bug 的，出现这样的情况，是因为 JDK 安装在 C:盘下，如果是非 C:盘，一般不会出现这样的情况。因此，将 C:\Program Files\Java 目录复制到其他磁盘，如 D:盘下，并设置：

```
set JAVA_HOME=D:\Java\jdk1.8.0_191
```

步骤 06 此时重新运行 hadoop 命令，分别输入 hadoop 和 hadoop version，若提示如下信息，则说明安装成功，如图 3.53 所示。

步骤 07 为了可以在命令行中的任何目录执行 hadoop 相关命令，这里需要新建一个名为 HADOOP_HOME 的环境变量，变量值为 E:\wmsoft\hadoop-2.7.7，如图 3.54 所示。

步骤 08 然后编辑 Path 环境变量，添加变量值%HADOOP_HOME%\bin;；此后就可以在命令行 cmd 中直接运行 hadoop 相关命令了，而无须切换到 bin 目录下。

图 3.53　Hadoop 在 Windows 系统上运行成功界面

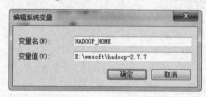

图 3.54　环境变量 HADOOP_HOME 设置界面

4．安装Spark 2.4.5

将压缩包 spark-2.4.5-bin-hadoop2.7.tgz 解压到 E:\wmsoft\spark-2.4.5-bin-hadoop2.7，如图 3.55 所示。

图 3.55　Spark 在 Windows 系统上安装界面

此时新建环境变量名为 SPARK_HOME，变量值为 E:\wmsoft\spark-2.4.5-bin-hadoop2.7，如图 3.56 所示。

图 3.56　SPARK_HOME 环境变量配置界面

编辑 Path 环境变量，添加变量值为%SPARK_HOME%\bin;，如图 3.57 所示。

图 3.57　Spark 配置到 Path 环境变量界面

至此，可以测试 Spark 在 Windows 操作系统上安装是否成功，打开新的命令行窗口，输入 pyspark，若出现如下界面，则说明安装成功，如图 3.58 所示。

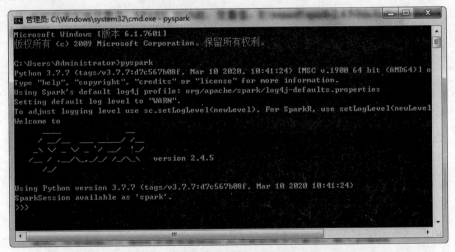

图 3.58　Windows 系统下 PySpark 交互界面

在上述界面中输入 quit()命令，则可以退出 pyspark 交互环境。同样地，在 Windows 操作系统上，可以用 spark-submit 命令提交任务来计算 Pi 的值，在 cmd 命令行中执行如下命令：

```
spark-submit %SPARK_HOME%/examples/src/main/python/pi.py
```

成功执行的话，会看到 Pi is roughly 3.135380 的信息，如图 3.59 所示。

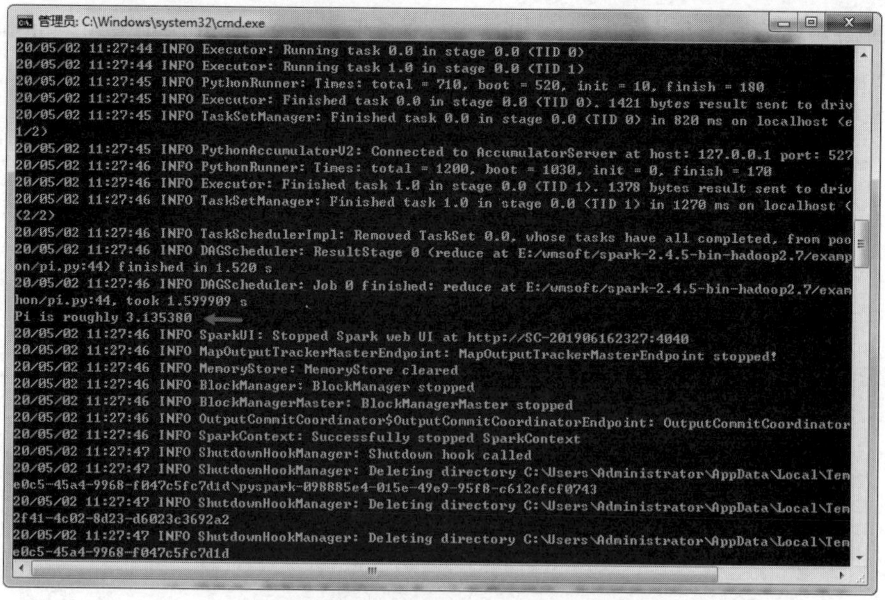

图 3.59 Windows 系统下 spark-submit 提交任务界面

将目录 E:\wmsoft\spark-2.4.5-bin-hadoop2.7\conf 中的 log4j.properties.template 文件改名为 log4j.properties，并调整日志级别：

```
log4j.rootCategory=INFO, console
```

改成：

```
log4j.rootCategory=ERROR,console
```

再次运行，如图 3.60 所示。

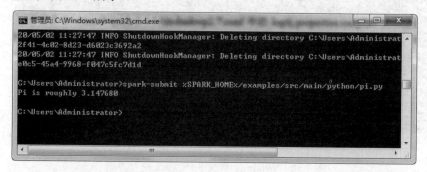

图 3.60 Windows 系统下 spark-submit 提交任务界面（日志级别 ERROR）

> **注　意**
>
> 生产环境不建议在 Windows 操作系统上进行 Hadoop 和 Spark 环境搭建，但是 Windows 操作系统上搭建 Hadoop 和 Spark 开发环境，可以避免安装虚拟机，同时对电脑配置要求也低一点，因此适合用于编程或学习。后续很多 PySpark 的操作都是在 Windows 操作系统上的 Spark 环境上运行的，请读者注意。

3.3　建立 Hadoop 集群

Hadoop 在大数据技术体系中的地位至关重要，它是大数据技术存储的基础，Spark 处理的数据往往分布式存储在 Hadoop 集群之上。Hadoop 软件的安装部署有以下三种模式：

- 本地模式：Hadoop本地模式只是用于本地开发调试，或者快速安装体验Hadoop。本地模式是最简单的模式，所有模块都运行于一个JVM进程中。它使用的是本地文件系统，而不是HDFS。下载Hadoop安装包后几乎不用任何的设置，默认的就是本地模式。
- 伪分布模式：学习Hadoop一般是在伪分布式模式下进行的，这种模式下的操作方式接近于完全分布式模式，它是在一台机器的各个进程上运行Hadoop的各个模块。伪分布模式下虽然各个模块是在各个进程上分开运行的，但是都运行在同一个操作系统上，因此它并不是真正的分布式。
- 完全分布模式：在生产环境中，往往都是几十台或者几百台机器构成一个集群，此时必须采用Hadoop完全分布模式才能发挥集群的价值。Hadoop运行在服务器集群上，生产环境一般都会做高可用（HA），以提高服务的可用性。

Hadoop 集群环境的搭建可以基于伪分布模式，然后通过分发文件进行搭建。因此，下面将重点介绍单台机器上如何搭建 Hadoop 伪分布模式环境，然后通过网络将单机上的配置分发到集群中的其他电脑上，修改配置后形成完全分布模式。

> **注　意**
> 生产环境上尽量不用 root 用户安装软件，而是建立单独的 hadoop 用户进行软件的部署。

3.3.1　CentOS 配置

这里安装Hadoop 集群，一般来说需要给主节点或者从节点所在的计算机，配置使用主机名来代替 IP，这样可以在修改主机 IP 地址后，无须重新进行配置。下面对 CentOS 7 中的主机名和 hosts 文件进行配置。

步骤01 用 uname –n 查看一下当前的主机名：

```
[root@promote ~]# uname -n
promote.cache-dns.local
```

步骤02 用 vim 编辑文件/etc/hostname，执行如下命令：

```
[root@promote ~]# vim /etc/hostname
```

在文件中修改为 hadoop01，保存退出。

步骤03 再次用 uname –n 查看，发现主机名配置未生效：

```
[root@promote ~]# uname -n
promote.cache-dns.local
```

步骤 04 用 reboot 命令重启：

```
[root@promote ~]# reboot
```

步骤 05 再次用 PuTTY 工具远程登录 CentOS 7 虚拟机，此时再用 uname -n 命令可以发现主机名已经修改成功。另外用 ping hadoop01 可以成功 ping 通，如图 3.61 所示。

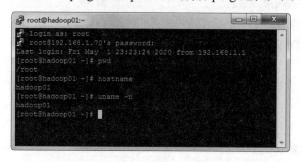

图 3.61　PuTTY 重新登录后，查看主机名界面

步骤 06 下面再修改/ect/hosts 文件，配置 IP 地址和主机名的映射关系：

```
192.168.1.70    hadoop01
192.168.1.80    hadoop02
192.168.1.90    hadoop03
```

具体配置如图 3.62 所示。

> **注　意**
>
> 先是 IP，然后是主机名，不要将顺序搞错。

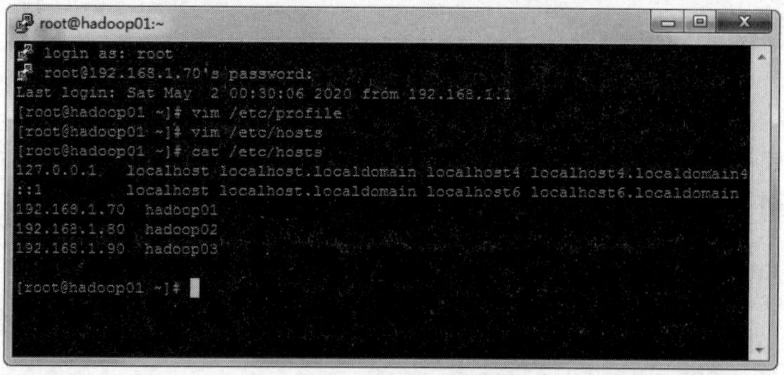

图 3.62　/ect/hosts 配置界面

步骤 07 配置 ssh 免密码登录，在这里先实现免密码登录本机。首先保证在/root 目录下，然后执行如下命令：

```
[root@hadoop01 ~]# ssh-keygen -t rsa
```

在这个过程中，会进入交互界面，一直按回车键即可，如图 3.63 所示。

图 3.63　SSH 免密配置界面

步骤 08　向本机复制公钥，执行如下命令：

```
[root@hadoop01 ~]# cat ~/.ssh/id_rsa.pub >> ~/.ssh/authorized_keys
```

步骤 09　执行 ssh 命令验证免密码登录是否配置成功，第一次验证的时候会提示输入 yes 或 no，直接输入 yes 即可，如果输入了 yes 之后按回车键可以进入，就表示免密码登录配置成功了。具体命令如下：

```
[root@hadoop01 ~]# ssh hadoop01
Last login: Fri May 1 23:50:23 2020 from 192.168.1.1
```

3.3.2　Hadoop 伪分布模式安装

这里为了简便，安装 Hadoop 集群都使用 root 用户。首先用 root 用户登录 CentOS 7 虚拟机，将下载的 Hadoop 2.7 安装包 hadoop-2.7.7.tar.gz 上传到 CentOS 7 虚拟机中，其目录为 /root/wmtools，如图 3.64 所示。

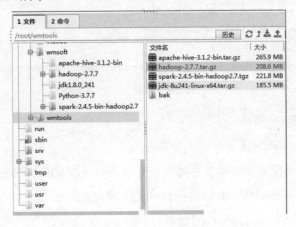

图 3.64　Hadoop2.7 安装包上传界面

之前在 CentOS 7 虚拟机中，已经成功安装了 JDK 1.8 和 Python 3.7，并且设置了环境变量。此时只需要将 hadoop-2.7.7.tar.gz 解压到/root/wmsoft 目录下即可，命令如下：

```
[root@promote wmtools]# tar -zxvf hadoop-2.7.7.tar.gz  -C ~/wmsoft/
```

成功解压后，需要设置一下 Hadoop 的相关环境变量，编辑/etc/profile 文件，在终端命令行输入：

```
[root@promote wmtools]# vim /etc/profile
```

添加如下内容：

```
export HADOOP_HOME=/root/wmsoft/hadoop-2.7.7
export PATH=$PATH:$HADOOP_HOME/bin:$HADOOP_HOME/sbin
```

其中主要就是设置 HADOOP_HOME 环境变量，同时向 PATH 变量中追加 Hadoop 相关 bin 和 sbin 的目录信息，如图 3.65 所示。

图 3.65　Hadoop 环境变量配置界面

执行 source /etc/profile 让修改生效：

```
[root@promote wmtools]# source /etc/profile
```

下面对 Hadoop 相关配置文件进行修改，首先进入$HADOOP_HOME/etc/hadoop 目录，即/root/wmsoft/hadoop-2.7.7/etc/hadoop 目录，执行如下命令：

```
[root@promote hadoop]# cd /root/wmsoft/hadoop-2.7.7/etc/hadoop
```

(1) 修改 core-site.xml 文件，注意 fs.defaultFS 属性中的主机名需要和你配置的主机名保持一致，如果外网需要访问，可能需要配置为 0.0.0.0:9000。具体配置示例如代码 3-1 所示。

代码 3-1　core-site.xml 示例：ch03/hdconf/core-site.xml

```
01  <configuration>
02      <property>
03          <name>fs.defaultFS</name>
04          <value>hdfs://hadoop01:9000</value>
05      </property>
06      <property>
07          <name>hadoop.tmp.dir</name>
08          <value>/data/hadoop/tmp</value>
09      </property>
10  </configuration>
```

其中，hdfs://hadoop01:9000 中的 hadoop01 是主节点的域名。

(2) 修改 hdfs-site.xml 文件，因为现在伪分布集群只有一个节点，则把 HDFS 中文件副本的数量设置为 1，具体如示例代码 3-2 所示。

代码 3-2　hdfs-site.xml 示例：ch03/hdconf/hdfs-site.xml

```
01  <configuration>
02      <property>
03          <name>dfs.namenode.name.dir</name>
04          <value>file:/data/hadoop/dfs/name</value>
05      </property>
06      <property>
07          <name>dfs.datanode.data.dir</name>
08          <value>file:/data/hadoop/dfs/data</value>
09      </property>
10      <property>
11          <name>dfs.replication</name>
12          <value>1</value>
13      </property>
14      <property>
15          <name>dfs.namenode.secondary.http-address</name>
16          <value>hadoop01:9001</value>
17      </property>
18      <property>
19          <name>dfs.webhdfs.enabled</name>
20          <value>true</value>
21      </property>
22  </configuration>
```

(3) 用命令 mv mapred-site.xml.template mapred-site.xml 将文件 mapred-site.xml.template 改名为 mapred-site.xml，并配置资源调度框架为 YARN。具体如示例代码 3-3 所示。

代码 3-3　mapred-site.xml 示例：ch03/hdconf/mapred-site.xml

```
01  <configuration>
02    <property>
03      <name>mapreduce.framework.name</name>
04      <value>yarn</value>
05    </property>
06  </configuration>
```

（4）修改 yarn-site.xml，设置 yarn.resourcemanager.hostname 为本机的主机名。具体如示例代码 3-4 所示。

代码 3-4　yarn-site.xml 示例：ch03/hdconf/yarn-site.xml

```
01  <configuration>
02    <property>
03      <name>yarn.nodemanager.aux-services</name>
04      <value>mapreduce_shuffle</value>
05    </property>
06    <property>
07      <name>yarn.resourcemanager.hostname</name>
08      <value>hadoop01</value>
09    </property>
10  </configuration>
```

（5）修改 slaves 文件，将默认的 localhost 修改为 hadoop01。

（6）修改 yarn-env.sh 文件，在文本开头添加如下语句：

```
export JAVA_HOME=/root/wmsoft/jdk1.8.0_241
```

（7）格式化 HDFS，此步骤可以看作一个磁盘第一次使用的时候，需要进行格式化，HDFS 文件系统也是需要格式化的。

```
[root@hadoop01 sbin]# hdfs namenode -format
```

如果中间没有出现错误，提示关键语句"has been successfully formatted"，则说明安装成功，如图 3.66 所示。

> **注　意**
>
> 如果格式化失败，可以尝试重新格式化，或者删除存储目录（比如/data/hadoop/）下的相关目录，再次格式化。

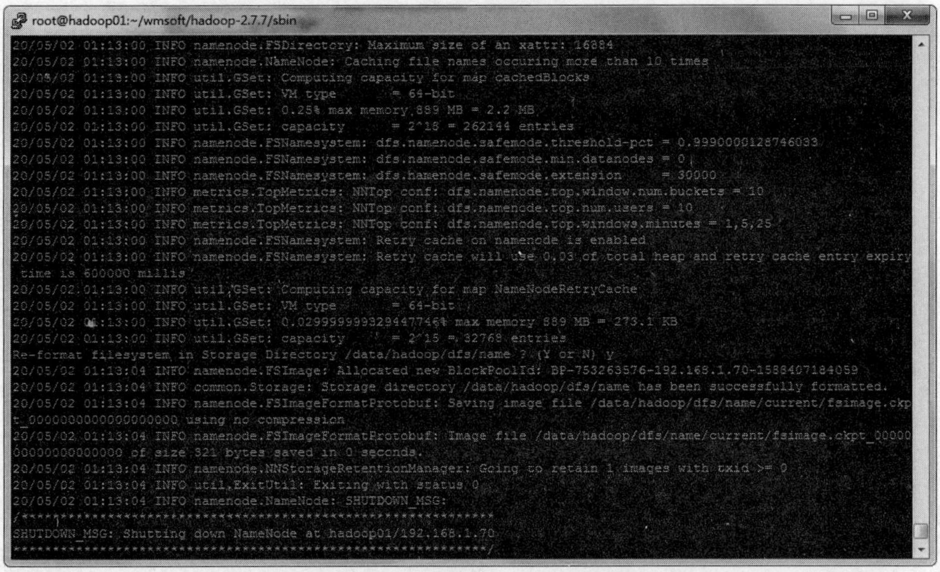

图 3.66　hdfs 格式化文件系统界面

（8）启动 Hadoop，切换到/root/wmsoft/hadoop-2.7.7/sbin，目录中有一个 start-all.sh 文件，执行即可。

```
[root@hadoop01 sbin]# ./start-all.sh
```

> **注　意**
>
> 与 start-all.sh 同样的还有一个 start-dfs.sh。但 start-dfs.sh 只启动 NameNode 和 DataNode 进程，而 start-all.sh 还会启动 YARN 的 ResourceManager 和 NodeManager。

启动后，可以用 jps 命令查看，如果显示如下信息，则说明 Hadoop 相关服务启动成功。

```
[root@hadoop01 sbin]# jps
19698 NameNode
20594 Jps
19845 DataNode
20022 SecondaryNameNode
20298 NodeManager
20189 ResourceManager
```

如果中途修改配置文件信息，再启动 Hadoop 过程中出现错误，比如出现 java.io.IOException: Incompatible clusterIDs in /data/hadoop/dfs/data，那么可能需要重新格式化，但还是启动失败的话，可以尝试删除目录/data/hadoop/下已有的文件，再重新格式化。

此时在宿主计算机上打开浏览器，输入网址 http://192.168.1.70:50070，则显示如图 3.67 所示界面。

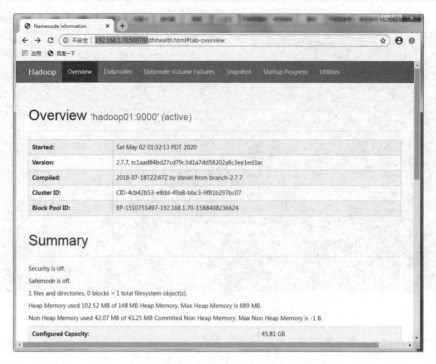

图 3.67 hadoop webui 界面

当 Hadoop 伪分布式模型安装成功后，下面简单介绍如何对数据进行操作。首先需要创建目录，执行如下命令：

```
[root@hadoop01 sbin]# hdfs dfs -mkdir -p /mydata/txt
```

上传文件到 hdfs，执行如下命令：

```
[root@hadoop01 sbin]# hdfs dfs -put ~/wmtools/demo.txt /mydata/txt/
```

查看目录，执行如下命令：

```
[root@hadoop01 sbin]# hdfs dfs -ls /mydata/txt
```

删除文件，执行如下命令：

```
[root@hadoop01 sbin]# hdfs dfs -rm /mydata/txt/yarn-root-nodemanager-hadoop01.out
```

下载文件到当前目录，执行如下命令：

```
[root@hadoop01 sbin]# hdfs dfs -get /mydata/txt
```

具体如图 3.68 所示。

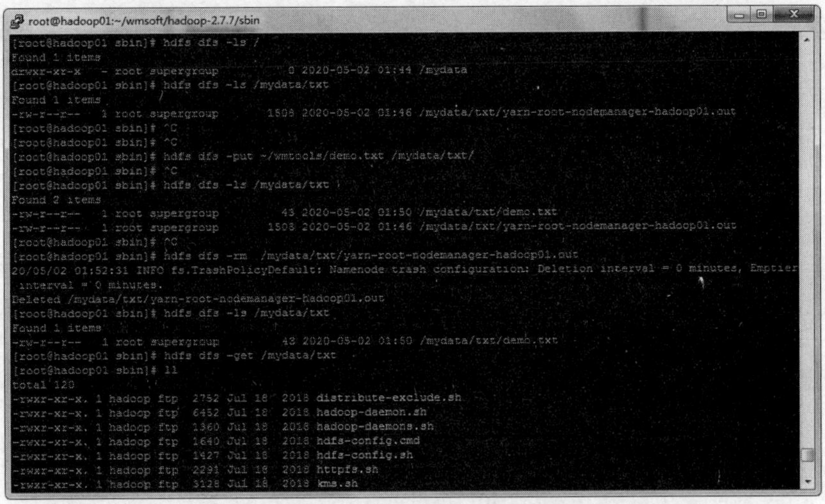

图 3.68　Hadoop 相关命令界面

3.3.3　Hadoop 完全分布模式安装

基于 Hadoop 伪分布式环境，可以稍加修改，来进行 Hadoop 完全分布模式安装。首先，利用 VMware 工具对伪分布式所在的 CentOS 虚拟机进行克隆，快速构建 3 台虚拟机。

> **注　意**
>
> 需要先关闭虚拟主机，然后才能进行克隆。

步骤01　选中需要克隆的虚拟机，然后从右键菜单中选择【管理】，再选择【克隆】，如图 3.69 所示。

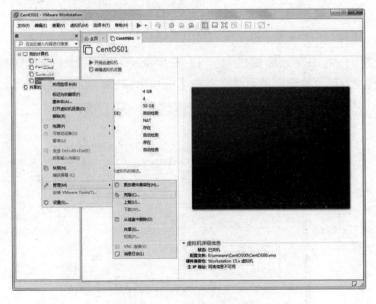

图 3.69　虚拟机克隆界面

步骤02 在弹出的【克隆虚拟机向导】界面，选择默认设置，单击【下一步】按钮，如图 3.70 所示。

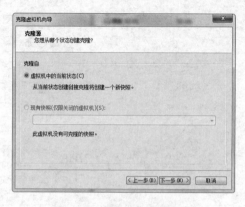

图 3.70　虚拟机克隆源界面

步骤03 在弹出的【克隆虚拟机向导】【克隆类型】界面中，选择【创建完整克隆】选项，单击【下一步】按钮，如图 3.71 所示。

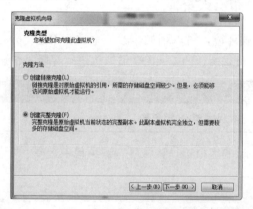

图 3.71　虚拟机克隆类型界面

步骤04 在弹出的【克隆虚拟机向导】【新虚拟机名称】界面中，虚拟机名称中输入 hadoop01，并将位置设置为适当的目录，单击【完成】按钮，如图 3.72 所示。

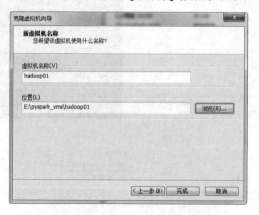

图 3.72　新建虚拟机配置界面

同样的操作，克隆另外 2 台虚拟机，分别命名为 hadoop02 和 hadoop03。由于克隆的虚拟机其主机名和 IP 地址配置都是和原有的 CentOS01 一样。因此，需要依次启动 hadoop02 和 hadoop03，然后 PuTTY 远程连接 192.168.1.70，并修改主机名和 IP 地址。

这里 hadoop01 主机名和 IP 地址保持不变，登录 hadoop02，用 hostnamectl 命令修改主机名为 hadoop02，执行如下命令：

```
[root@hadoop01 ~]# hostnamectl set-hostname hadoop02
[root@hadoop01 ~]# cd /etc/sysconfig/network-scripts/
```

然后，用 vim 工具对配置文件进行修改，执行如下命令：

```
[root@hadoop01 network-scripts]# vim ifcfg-ens33
```

在打开的 vim 编辑界面，默认是只读的，可以按键盘上的 I 字母键，进入 INSERT 模式（I 也就是 INSERT 的首字母），然后编辑网卡信息如下：

```
TYPE="Ethernet"
PROXY_METHOD="none"
BROWSER_ONLY="no"
BOOTPROTO="static"
DEFROUTE="yes"
IPV4_FAILURE_FATAL="no"
IPV6INIT="yes"
IPV6_AUTOCONF="yes"
IPV6_DEFROUTE="yes"
IPV6_FAILURE_FATAL="no"
IPV6_ADDR_GEN_MODE="stable-privacy"
NAME="ens33"
UUID="35896f24-23e8-4757-9eef-e08eb4514c4b"
DEVICE="ens33"
ONBOOT="yes"
IPADDR=192.168.1.80
NETMASK=255.255.255.0
GATEWAY=192.168.1.2
DNS1=192.168.1.2
NM_CONTROLLED="yes"
```

主要就是修改 IPADDR=192.168.1.80，修改完成后重启 reboot，此时 IP 地址和 hadoop02 主机名就会生效。

同样地，登录 hadoop03，用 hostnamectl 命令修改主机名为 hadoop03：

```
[root@hadoop01 ~]# hostnamectl set-hostname hadoop03
[root@hadoop01 ~]# cd /etc/sysconfig/network-scripts/
```

然后，用 vim 工具对配置文件进行修改：

```
[root@hadoop01 network-scripts]# vim ifcfg-ens33
```

在打开的 vim 编辑界面，默认是只读的，可以按键盘上的 I 字母键，进入 INSERT 模式，然后编辑网卡信息如下：

```
TYPE="Ethernet"
PROXY_METHOD="none"
BROWSER_ONLY="no"
BOOTPROTO="static"
DEFROUTE="yes"
IPV4_FAILURE_FATAL="no"
IPV6INIT="yes"
IPV6_AUTOCONF="yes"
IPV6_DEFROUTE="yes"
IPV6_FAILURE_FATAL="no"
IPV6_ADDR_GEN_MODE="stable-privacy"
NAME="ens33"
UUID="35896f24-23e8-4757-9eef-e08eb4514c4b"
DEVICE="ens33"
ONBOOT="yes"
IPADDR=192.168.1.90
NETMASK=255.255.255.0
GATEWAY=192.168.1.2
DNS1=192.168.1.2
NM_CONTROLLED="yes"
```

主要就是修改 IPADDR=192.168.1.90，修改完成后重启 reboot，此时 IP 地址和 hadoop03 主机名就会生效。

此时需要修改 hadoop 安装目录 etc/hadoop 下的配置文件，主要就是修改 slaves 文件，添加从节点信息：

```
hadoop02
hadoop03
```

并将 3 台虚拟机上的 hdfs-site.xml 文件进行修改，即把 dfs.replication 的值修改为 3，即为 3 个副本：

```
<property>
    <name>dfs.replication</name>
    <value>3</value>
</property>
```

这个修改要同时修改 hadoop01、hadoop02 和 hadoop03。由于 Hadoop 从伪分布式提升为完全分布式，配置文件已经发生变化，之前的 namenode –format 格式化要重新执行，为了防止之前生成的文件影响，先在 3 台机器上，依次执行如下命令并将原有文件删除掉：

```
[root@hadoop01 ~]# cd /data/hadoop/
[root@hadoop01 hadoop]# rm -rf *
[root@hadoop01 hadoop]# ll
```

```
drwxr-xr-x. 3 root root 18 May  2 03:18 dfs
drwxr-xr-x. 3 root root 17 May  2 04:00 tmp
[root@hadoop01 hadoop]# rm -rf *
```

在正式格式化之前，需要在 hadoop01 上执行 ssh 命令，来实现 hadoop01 免密码登录 hadoop02 和 hadoop03。此时需要同时启动 3 台虚拟机，并在 hadoop01 上执行如下命令：

```
[root@hadoop01 ~]# ping hadoop02
[root@hadoop01 ~]# ping hadoop03
[root@hadoop01 ~]# ssh hadoop02
[root@hadoop01 ~]# ssh hadoop03
```

此过程界面如图 3.73 所示。

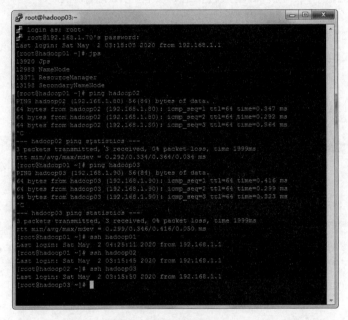

图 3.73　免密码登录 hadoop02 和 hadoop03 界面

在 hadoop01 上先执行格式化操作：

```
[root@hadoop01 sbin]# hdfs namenode -format
```

然后格式化成功后，在 hadoop01 上输入 jps 查看启动进程信息，如图 3.74 所示。

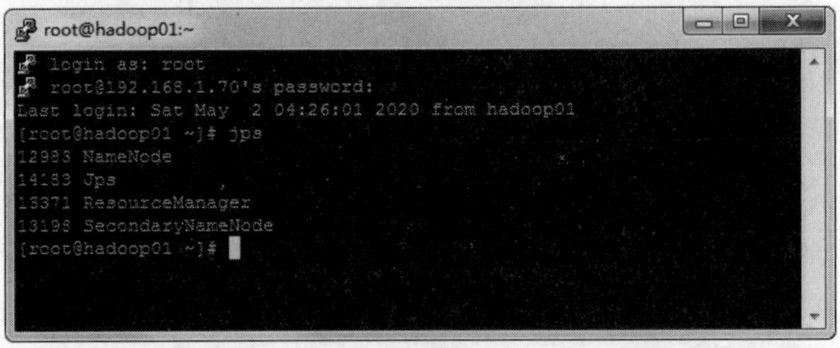

图 3.74　hadoop01 jps 查看启动进程界面

在 hadoop02 上输入 jps 查看启动进程信息，如图 3.75 所示。

图 3.75　hadoop02 jps 查看启动进程界面

在 hadoop03 上输入 jps 查看启动进程信息，如图 3.76 所示。

图 3.76　hadoop03 jps 查看启动进程界面

在宿主计算上，打开浏览器并输入 http://192.168.1.70:50070 后显示如图 3.77 所示界面。

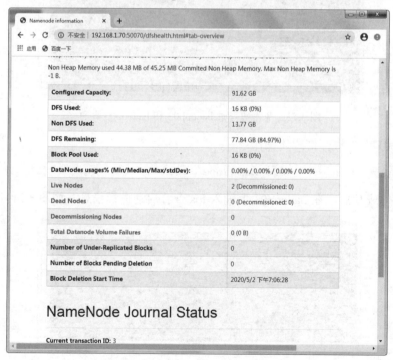

图 3.77　hadoop 分布式 webui 界面

说明 DataNode 是 2 个，总的可用空间也变为 91.62GB。如果在格式化期间出现错误，那么尝试在 hadoop02 和 hadoop03 上分别执行格式化操作，命令如下：

```
[root@hadoop02 sbin]# hdfs namenode -format
[root@hadoop03 sbin]# hdfs namenode -format
```

至此，一个分布式 Hadoop 集群就搭建完成了。

> **注　意**
>
> 这个分布式集群并不是高可用的，关于高可用 Hadoop 集群的搭建，读者可自行查找相关文档学习。

3.4　安装与配置 Spark 集群

Spark 集群的配置，是在之前单机 Spark 环境和 Hadoop 集群搭建完成的基础上进行的。首先登录 hadoop01 虚拟机，然后将当前目录切换到 spark-2.4.5-bin-hadoop2.7/conf 目录下，修改配置文件 spark-env.sh，如果没有此文件，可将 spark-env.sh.template 重命名为 spark-env.sh，如图 3.78 所示。

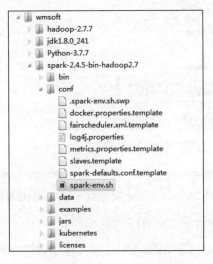

图 3.78　spark-env.sh 目录界面

修改配置内容如下：

```
PYSPARK_PYTHON=/usr/local/bin/python3
export JAVA_HOME=/root/wmsoft/jdk1.8.0_241
export HADOOP_HOME=/root/wmsoft/hadoop-2.7.7
export HADOOP_CONF_DIR=$HADOOP_HOME/etc/hadoop
SPARK_MASTER_IP=hadoop01
SPARK_LOCAL_DIRS=/root/wmsoft/spark-2.4.5-bin-hadoop2.7
```

将 slaves.template 重命名为 slaves，修改内容如下：

```
hadoop02
hadoop03
```

最后配置环境变量：

```
[root@hadoop01 ~]# vim /etc/profile
```

追加如下内容：

```
export SPARK_HOME=/root/wmsoft/spark-2.4.5-bin-hadoop2.7
export PATH=$PATH:$SPARK_HOME/bin:$SPARK_HOME/sbin
```

具体如图 3.79 所示。

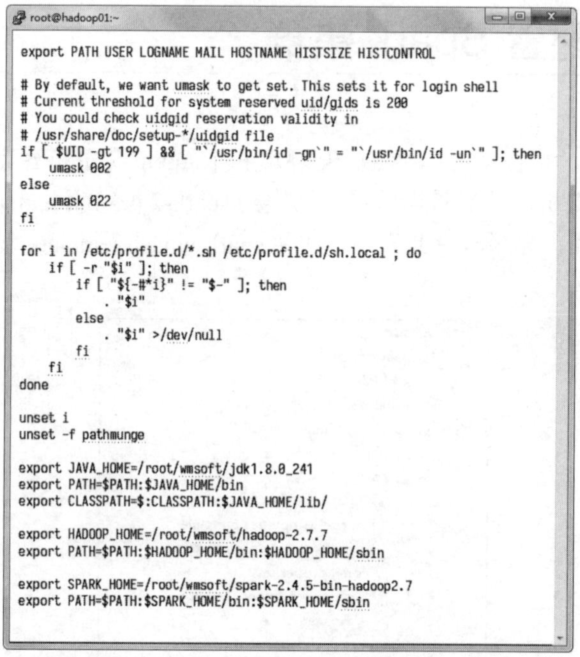

图 3.79　/etc/profile 配置 SPARK_HOME 界面

```
[root@hadoop01 ~]# source /etc/profile
```

同样地，分别登录 hadoop02 和 hadoop03，按上述步骤进行修改。

先启动 Hadoop，然后启动 Spark：

```
[root@hadoop01 ~] cd $SPARK_HOME/sbin/
[root@hadoop01 sbin]# start-master.sh
[root@hadoop01 sbin]# start-slaves.sh
```

> **注　意**
>
> 先启动 Hadoop，然后启动 Spark。

启动后，可以分别在 hadoop01、hadoop02 和 hadoop03 上用 jps 命令查看进程情况。首先在 hadoop01 上查看，如图 3.80 所示。

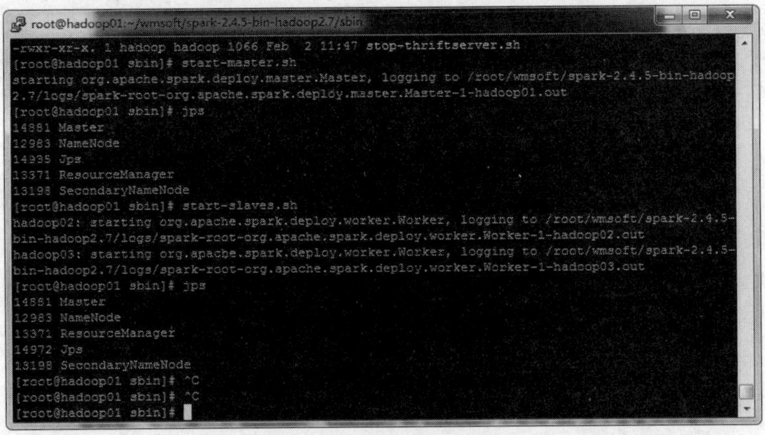

图 3.80　启动 Spark 后 jps 查看进程界面

其中有一个 Master 进程，说明 Spark Master 服务启动成功。在 hadoop02 上执行 jps 命令查看，如图 3.81 所示。

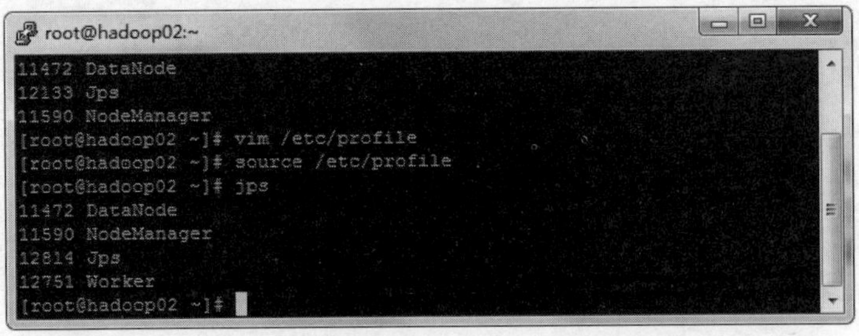

图 3.81　hadoop02 上 jps 查看进程界面

其中有一个 Worker 进程，说明在 hadoop02 虚拟机上的 Spark Worker 服务启动成功。同样地，在 hadoop03 上用命令 jps 查看，如图 3.82 所示。

图 3.82　hadoop03 上 jps 查看进程界面

有一个 Worker 进程，说明在 hadoop03 虚拟机上的 Spark Worker 服务启动成功。在宿主计算机上，打开浏览器，输入网址 http://192.168.1.70:8080 即可查看 Spark 相关信息，如图 3.83 所示。

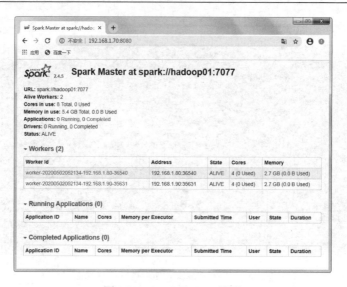

图 3.83　Spark WebUI 界面

Standalone 集群模式提交任务，执行如下命令：

```
[root@hadoop01 bin]# spark-submit --master=spark://hadoop01:7077
$SPARK_HOME/examples/src/main/python/pi.py
```

成功执行后，会输出如下结果：

```
20/05/02 05:43:17 WARN NativeCodeLoader: Unable to load native-hadoop library
for your platform... using builtin-java classes where applicable
    Pi is roughly 3.140560
```

此时重新打开网址 http://192.168.1.70:8080，则可以看到一个已完成的应用记录，如图 3.84 所示。

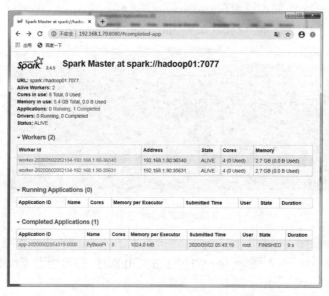

图 3.84　Spark WebUI 查看已完成的应用界面

Spark 除了可以在 Standalone 集群模式下提交任务，还可以在 YARN 集群下提交任务，执行如下命令：

```
spark-submit --master yarn  --deploy-mode client \
$SPARK_HOME/examples/src/main/python/pi.py
```

此时可能会出现错误，提示如下信息，则说明资源不足：

```
Diagnostics: Container [pid=13174,containerID=container_1588417605698_0001_02_000001] is running beyond virtual memory limits. Current usage: 272.3 MB of 1 GB physical memory used; 2.3 GB of 2.1 GB virtual memory used. Killing container.
```

此时，需要修改/etc/hadoop/yarn-site.xml 文件，具体如下所示：

```xml
<configuration>
    <property>
        <name>yarn.nodemanager.aux-services</name>
        <value>mapreduce_shuffle</value>
    </property>
    <property>
        <name>yarn.resourcemanager.hostname</name>
        <value>hadoop01</value>
    </property>
    <property>
      <name>yarn.nodemanager.vmem-check-enabled</name>
      <value>false</value>
      <description>Whether virtual memory limits will be enforced for containers</description>
    </property>
    <property>
        <name>yarn.nodemanager.vmem-pmem-ratio</name>
        <value>4</value>
        <description>Ratio between virtual memory to physical memory when setting memory limits for containers</description>
    </property>
</configuration>
```

同步到所有的 NodeManager，然后用如下命令重启 YARN，并再次执行提交命令：

```
[root@hadoop01 sbin]# stop-yarn.sh
[root@hadoop01 sbin]# start-yarn.sh
[root@hadoop01 bin]# spark-submit --master yarn  --deploy-mode client $SPARK_HOME/examples/src/main/python/pi.py
```

这个过程如图 3.85 所示。

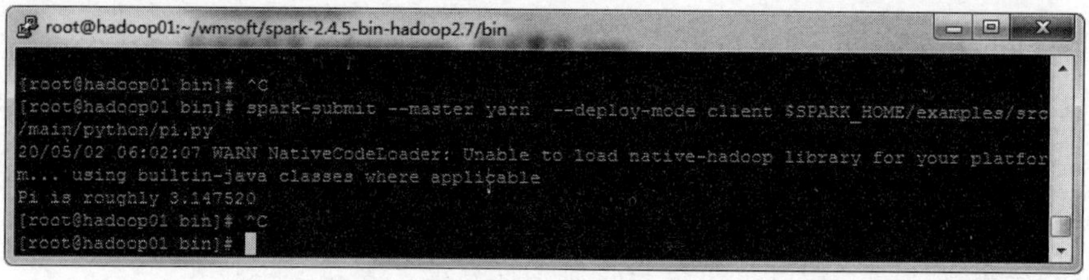

图 3.85　Spark 在 Yarn 集群下 client 模式提交任务界面

在 hadoop01 上打开浏览器，输入 http://192.168.1.70:8088/cluster/apps/FINISHED 即可以查看到一个应用类型（Application Type）是 SPARK 的记录，状态是 SUCCEEDED，说明执行成功，如图 3.86 所示。

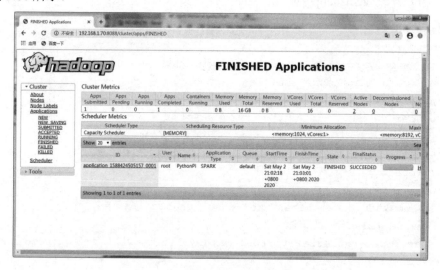

图 3.86　Spark 在 YARN 集群下提交任务 WebUI 界面

上述是 Spark on YARN 模型下的 client 模式，还有一个 cluster 模式，下面给出其使用方式：

[root@hadoop01 bin]# spark-submit --master yarn --deploy-mode cluster $SPARK_HOME/examples/src/main/python/pi.py

此时结果如图 3.87 所示。

图 3.87　Spark 在 Yarn 集群下 cluster 模式提交任务界面

从图 3.87 中可以看出，这种方式的计算过程和结果不会在客户端显示，而是会在服务器端进行记录。Spark on YARN 的 client 与 cluster 模式区别如下：

- yarn-client模式：Driver运行在client端，client请求Container完成作业调度执行，client不

能退出。日志在控制台输出，方便查看。
- yarn-cluster模式：Driver运行在Application Master，client一旦提交作业就可以关掉，因为作业已经运行在YARN上，因此日志在客户端看不到，在服务器端通过yarn logs -applicationIdapplication_id 可查看日志信息。

另外，可以用本地模式提交 Spark 任务，执行如下命令：

```
[root@hadoop01 bin]# spark-submit --master local[*] $SPARK_HOME/examples/src/main/python/pi.py
```

此时，输出结果如图 3.88 所示。

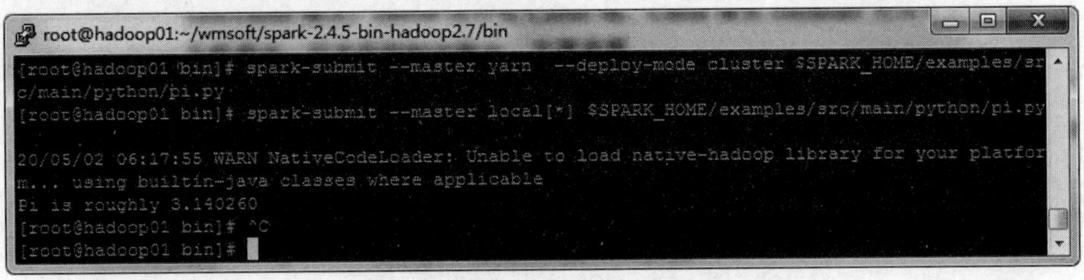

图 3.88 Spark 在 local 模式提交任务界面

3.5 安装与配置 Hive

Hive 是基于 Hadoop 的一个数据仓库工具，用来进行数据的提取、转化和加载。Hive 能将结构化的数据文件映射为一张数据库表，并提供 SQL 查询功能，能将 SQL 语句转变成 MapReduce 任务来执行。

Hive 的优点是学习成本低，可以通过类似 SQL 语句快速实现 MapReduce 计算，这就让使用 Hadoop 批处理变得更加简单，而不必开发专门的 MapReduce 应用程序。

下面介绍如何安装 Hive，具体说明如下。

3.5.1 Hive 安装

首先下载 Apache Hive 安装包，从网址 https://mirrors.tuna.tsinghua.edu.cn/apache/hive/ 上可以下载对应的安装文件，如图 3.89 所示。

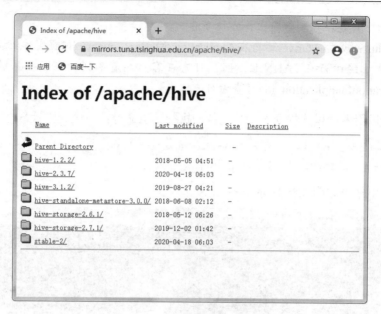

图 3.89 Hive 安装文件下载界面

选择所需版本 3.1.2，下载得到压缩包 apache-hive-3.1.2-bin.tar.gz，将压缩包解压到指定的目录~/wmsoft/中，执行如下命令：

```
[root@hadoop01 wmtools]#    cd /root/wmtools
[root@hadoop01 wmtools]# tar -zxvf apache-hive-3.1.2-bin.tar.gz  -C ~/wmsoft/
```

然后，需要设置环境变量，在 hadoop01 虚拟机上编辑/etc/profile 文件，并追加如下内容：

```
export HIVE_HOME=/root/wmsoft/apache-hive-3.1.2-bin
export PATH=$HIVE_HOME/bin:$PATH
[root@hadoop01 wmtools]# vim /etc/profile
```

此过程如图 3.90 所示。

图 3.90 Hive 环境变量配置界面

为了让配置生效，执行如下命令：

```
[root@hadoop01 wmtools]# source /etc/profile
```

由于Hive运行需要有元数据的支持，因此还需要创建metastore库。一般来说，可以使用PostgreSQL或MySQL作为Hive的metastore数据库，创建对应用户并授权。

这里选择PostgreSQL作为metastore库的数据库引擎。首先需要下载对应的安装包，可以从网址 https://download.postgresql.org/pub/repos/yum/reporpms/EL-7-x86_64/ 上下载 rpm 文件 pgdg-redhat-repo-latest.noarch.rpm 并上传到 wmtools 目录中，如图 3.91 所示。

图 3.91　pgdg repo 文件上传目录界面

然后执行如下命令进行安装：

```
[root@hadoop01 wmtools]#yum install
[root@hadoop01 wmtools]#yum install postgresql11
[root@hadoop01 wmtools]#yum install postgresql11-server
Optionally initialize the database and enable automatic start:
[root@hadoop01 wmtools]#/usr/pgsql-11/bin/postgresql-11-setup initdb
[root@hadoop01 wmtools]#systemctl enable postgresql-11
[root@hadoop01 wmtools]#systemctl start postgresql-11
```

在执行完 initdb 命令后，会创建/var/lib/pgsql/db_version 目录，里面有 data 目录和 initdb.log。如果想重新初始化数据库，则必须删除 db_version 目录后再执行 initdb 命令，否则会报 Data directory is not empty!的错误。

需要注意的是，在配置 pg_hba.conf 时，如果允许所有 ip 都可通过密码连接，则应添加如下内容：

```
host    all    all    0.0.0.0/0    md5
```

其中 password，要求客户端提供一个未加密的口令进行认证，有安全风险。而 md5，要求客户端提供一个双重 MD5 散列的口令进行认证。建议使用这个选项。

启用远程访问 PostgreSQL，执行如下命令并配置：

```
[root@hadoop01 wmtools]# vi /var/lib/pgsql/11/data/postgresql.conf
```

修改 listen_addresses = '*'，具体如图 3.92 所示。

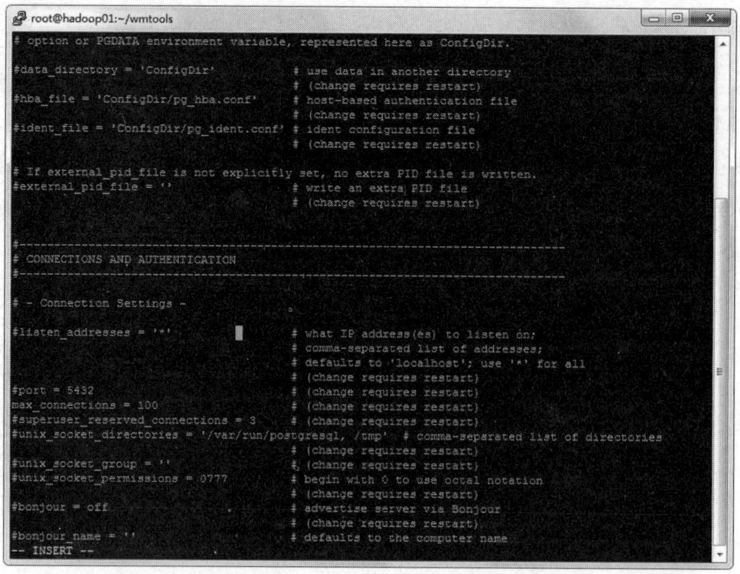

图 3.92 启用远程访问 PostgreSQL 界面

修改 pg_hba.conf 配置文件，具体名称如下：

```
[root@hadoop01 wmtools]# vim /var/lib/pgsql/11/data/pg_hba.conf
```

进入编辑模式，修改成如下内容：

```
host    all    all    127.0.0.1/32    md5
local   all    all                    trust
host    all    all    0.0.0.0/0       trust
```

具体如图 3.93 所示。

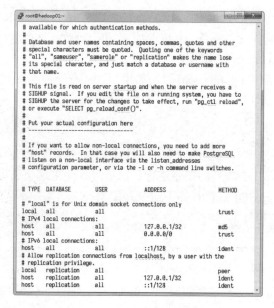

图 3.93 pg_hba.conf 配置界面

配置完成后，用如下命令进行重启服务：

```
[root@hadoop01 wmtools]# systemctl restart postgresql-11
```

成功重启服务后，设置 PostgreSQL 管理员用户的密码，具体操作如下：

```
[root@hadoop01 wmtools]# su - postgres
-bash-4.2$ psql
psql (11.7)
Type "help" for help.
postgres=# create user root with password 'root';
CREATE ROLE
postgres=# create database hive_db_meta owner root;
CREATE DATABASE
postgres=# GRANT ALL PRIVILEGES ON DATABASE hive_db_meta TO root;
GRANT
postgres=# \q
-bash-4.2$ exit
logout
```

另外，Hive 连接到 PostgreSQL 数据库上，还需要依赖于 JDBC 驱动库。在官网下载 JDBC 驱动 postgresql-42.2.10.jar，将其放到$HIVE_HOME/lib 目录下。由于 Hive 存储的数据也是依赖于 Hadoop 的，因此需要在 Hadoop 上创建 Hive 对应的目录。用 hdfs 命令创建 Hive 数据存储所在的目录并授权，具体命令如下：

```
[root@hadoop01 wmtools]# hdfs dfs -mkdir -p /user/hive/warehouse
[root@hadoop01 wmtools]#hdfs dfs -chmod -R 777 /user/hive/warehouse
[root@hadoop01 wmtools]#hdfs dfs -mkdir -p /user/hive/tmp
[root@hadoop01 wmtools]#hdfs dfs -chmod -R 777 /user/hive/tmp
```

进入$HIVE_HOME/conf 目录，复制默认的配置文件并改名，具体命令如下：

```
[root@hadoop01 conf]#cp hive-env.sh.template hive-env.sh
[root@hadoop01 conf]#cp hive-default.xml.template hive-site.xml
```

修改 hive-env.sh 文件，添加如下内容：

```
export JAVA_HOME=/root/wmsoft/jdk1.8.0_241
export HADOOP_HOME=/root/wmsoft/hadoop-2.7.7
export HIVE_HOME=/root/wmsoft/apache-hive-3.1.2-bin
export HIVE_CONF_DIR=/root/wmsoft/apache-hive-3.1.2-bin/conf
export HIVE_AUX_JARS_PATH=/root/wmsoft/apache-hive-3.1.2-bin/lib
```

修改 hive-site.xml 文件，具体内容如下：

```
<configuration>
    <property>
        <name>hive.exec.scratchdir</name>
        <value> /tmp/hive </value>
    </property>
```

```xml
    <property>
        <name>hive.metastore.warehouse.dir</name>
        <value>/user/hive/warehouse</value>
    </property>
    <property>
        <name>javax.jdo.option.ConnectionURL</name>
        <value>jdbc:postgresql://localhost:5432/hive_db_meta?createDatabaseIfNotExist=true</value>
    </property>
    <property>
        <name>javax.jdo.option.ConnectionDriverName</name>
        <value>org.postgresql.Driver</value>
    </property>
    <property>
        <name>javax.jdo.option.ConnectionUserName</name>
        <value>root</value>
    </property>
    <property>
        <name>javax.jdo.option.ConnectionPassword</name>
        <value>root</value>
    </property>
    <property>
     <name>hive.druid.metadata.db.type</name>
     <value>postgresql</value>
     <description>
       Expects one of the pattern in [mysql, postgresql, derby].
       Type of the metadata database.
     </description>
   </property>
</configuration>
```

另外，可能需要修改一个特殊字符，否则会报错误：lineNumber: 3215; columnNumber: 97; Character reference "&#8" is an invalid XML character.，由于此特殊字符是描述信息，则将此特殊字符删除即可。

至此，可以用 schematool 工具初始化元数据数据库，具体命令如下：

```
[root@hadoop01 bin]# schematool -dbType postgres -initSchema -verbose
```

成功初始化数据库后，输出信息如图 3.94 所示。

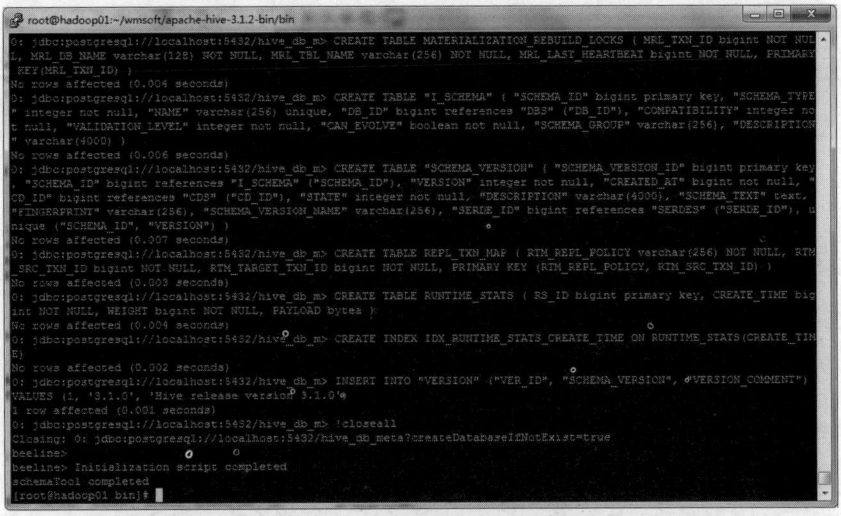

图 3.94 hive 元数据数据库初始化界面

此时，可以先尝试一下能否成功启动 Hive，先启动 Hadoop，在命令行输入命令：

```
[root@hadoop01 bin]# hive
```

但可能会出现如下提示：IllegalArgumentException: java.net.URISyntaxException: Relative path in absolute URI: ${system:java.io.tmpdir%7D/$%7Bsystem:user.name%7D。

此时，还需要在 hive-site.xml 末尾追加如下内容：

```
<property>
    <name>system:java.io.tmpdir</name>
    <value>/user/hive/tmp</value>
</property>
<property>
    <name>system:user.name</name>
    <value>root</value>
</property>
```

接下来，再次在命令行输入命令 hive，如图 3.95 所示。

首先切换到/root/wmsoft/apache-hive-3.1.2-bin/examples/files，其中 examples 目录中有很多示例文件。然后执行如下命令，将文件上传到 hdfs 相应目录中：

```
[root@hadoop01 files]# hdfs dfs -mkdir -p /mydata
[root@hadoop01 files]# hdfs dfs -put 3col_data.txt /mydata/
[root@hadoop01 files]# hdfs dfs -ls /mydata
Found 1 items
-rw-r--r--   2 root supergroup         94 2020-05-02 17:13 /mydata/3col_data.txt
```

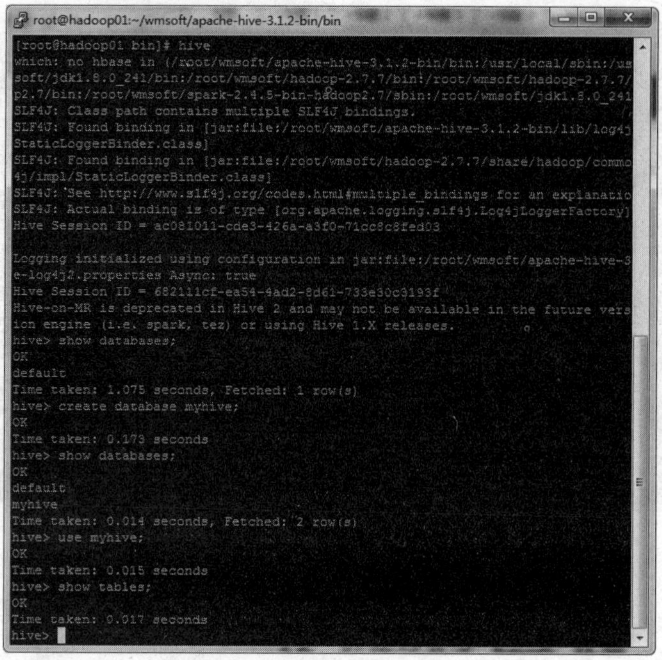

图 3.95　hive 相关操作界面

查看一下该数据的内容：

```
[root@hadoop01 files]# hdfs dfs -cat /mydata/3col_data.txt
1 abc 10.5
2 def 11.5
3 ajss 90.23232
4 djns 89.02002
5 random 2.99
6 data 3.002
7 ne 71.9084
```

创建表，字段用空格分割，行分割采用默认值\n，执行如下命令：

```
hive> CREATE TABLE IF NOT EXISTS `demo01` (
`id` int,
`name` string,
`amount` double)
row format delimited
fields terminated by ' ';
```

从 hadfs 加载数据，执行如下命令：

```
hive> LOAD DATA INPATH '/mydata/3col_data.txt' OVERWRITE INTO TABLE demo01;
```

SQL 查询数据，执行如下命令：

```
hive> select * from demo01;
```

操作过程界面如图 3.96 所示。

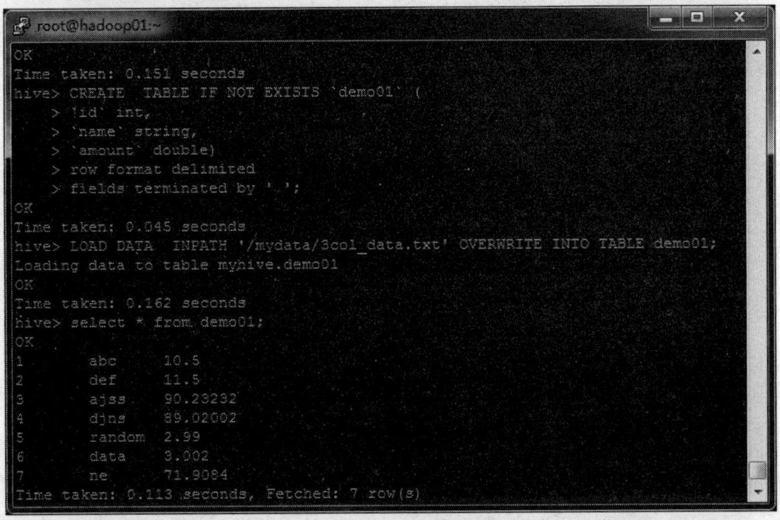

图 3.96 hive 数据操作界面

> **注 意**
>
> 这种方式加载完成后，hadfs 上的文件/mydata/3col_data.txt 就会消失，移动到 Hive 对应的目录中。

Hive 除了可以从 HDFS 上加载文件，还可以从本地文件系统中加载数据，下面给出从本地文件系统中加载数据的示例。

```
hive>CREATE TABLE IF NOT EXISTS kv1 (key INT, value STRING);
hive>LOAD DATA LOCAL INPATH
'/root/wmsoft/apache-hive-3.1.2-bin/examples/files/kv1.txt' INTO TABLE kv1;
```

然后执行 SQL 进行数据查询：

```
hive> select * from kv1;
hive> select count(*) from kv1;
```

输出结果如图 3.97 所示。

> **注 意**
>
> 500 条数据的计数统计，MapReduce 非常慢，共消耗了 78.828 秒。为了提高速度，可以用 Spark 作为计算引擎，以提升速度。

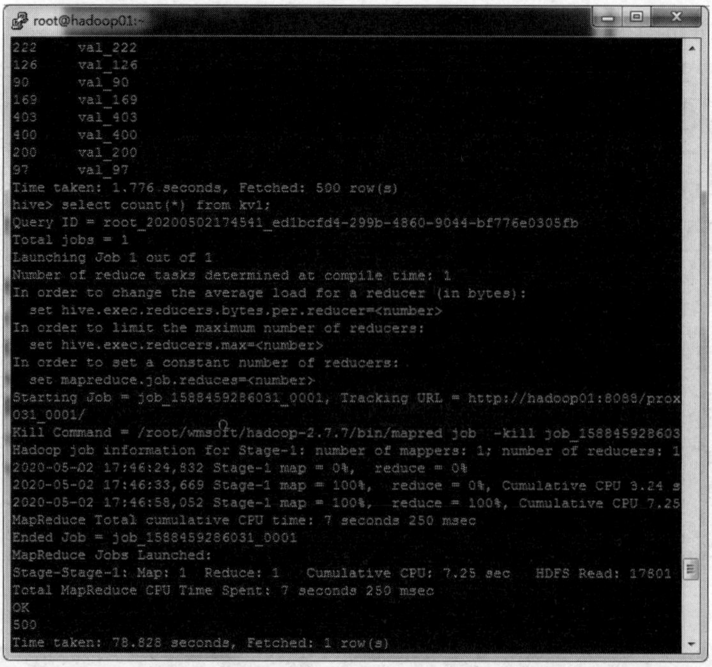

图 3.97 hive 数据操作界面

3.5.2 Hive 与 Spark 集成

由于 Hive 默认采用 MapReduce 引擎作为计算引擎，因此单独使用 Hive 的话，查询数据的速度太慢，此时可以切换计算引擎到 Spark，以提高数据计算速度。使用 Spark 的 ThriftServer 可以对外提供 JDBC 相关的服务。根据相关报道，在某些情况下，Hive on Spark 比 Hive on YARN 快 100 倍。

下面介绍如何将 Hive 和 Spark 进行整合，首先将 Hive 的配置文件 hive-site.xml 复制到 spark conf 目录，同时添加 metastore 的 URL 配置。具体命令如下：

```
[root@hadoop01 ~]# cd $HIVE_HOME/conf
[root@hadoop01 conf]# cp hive-site.xml /root/wmsoft/spark-2.4.5-bin-hadoop2.7/conf/
```

同样分发到其他电脑上，具体命令如下：

```
[root@hadoop01 sbin]# scp -rq $HIVE_HOME/conf/hive-site.xml hadoop02:/root/wmsoft/spark-2.4.5-bin-hadoop2.7/conf/
[root@hadoop01 sbin]# scp -rq $HIVE_HOME/conf/hive-site.xml hadoop03:/root/wmsoft/spark-2.4.5-bin-hadoop2.7/conf/
[root@hadoop01 sbin]# scp /root/wmsoft/apache-hive-3.1.2-bin/lib/HikariCP-2.6.1.jar hadoop02:/root/wmsoft/spark-2.4.5-bin-hadoop2.7/jars
[root@hadoop01 sbin]# scp /root/wmsoft/apache-hive-3.1.2-bin/lib/HikariCP-2.6.1.jar
```

```
hadoop03:/root/wmsoft/spark-2.4.5-bin-hadoop2.7/jars
```

然后需要将 PostgreSQL 驱动 postgresql-42.2.10.jar 上传到各个 Spark 节点的安装目录 jars 目录下。具体命令如下：

```
[root@hadoop01 sbin]# scp /root/wmtools/postgresql-42.2.10.jar
hadoop02:/root/wmsoft/spark-2.4.5-bin-hadoop2.7/jars
[root@hadoop01 sbin]# scp /root/wmtools/postgresql-42.2.10.jar
hadoop03:/root/wmsoft/spark-2.4.5-bin-hadoop2.7/jars
```

其次，由于 Hadoop 引入了一个安全伪装机制，使得 Hadoop 不允许上层系统直接将实际用户传递到 Hadoop 层，而是将实际用户传递给一个超级代理，由此代理在 Hadoop 上执行操作。因此，还需要修改 etc/hadoop/core-site.xml 文件：

```
<property>
      <name>hadoop.proxyuser.root.hosts</name>
      <value>*</value>
</property>
<property>
      <name>hadoop.proxyuser.root.groups</name>
      <value>*</value>
</property>
```

来解决 User: root is not allowed to impersonate root 的错误。

> **注　意**
>
> hadoop.proxyuser.root.hosts 是用户 root 的代理配置，如果是其他用户则需要调整，比如如果是用户 myuser，那么需要修改为 hadoop.proxyuser.myuser.hosts。

这个时候需要将 Hadoop 集群进行重启，先执行 stop-all.sh 再执行 start-all.sh。最后，启动 Hive 相关服务，执行命令如下：

```
nohup hive --service metastore >> log.out 2>&1 &
nohup hive --service hiveserver2 >> log.out 2>&1 &
```

可以用 jps 查看某一个进程是否启动，如下命令可查询是否启动一个 Hive 相关的服务：

```
jps -ml | grep Hive
```

如果想查看 10000 端口是否启动，则执行如下命令：

```
lsof -i:10000
```

此外，还需要完成如下的配置，对 hive-site.xml 进行修改：

```
<property>
    <name>hive.metastore.schema.verification</name>
    <value>false</value>
</property>
```

此配置可以修复类似 Hive Schema version 1.2.0 does not match metastore's schema version 3.1.0 Metastore is not upgraded or corrupt)的错误。

hive-site.xml 默认配置的数据库连接方式就是 hikaricp，这里直接修改成 dbcp，具体如下所示：

```xml
<property>
    <name>datanucleus.connectionPoolingType</name>
    <value>dbcp</value>
    <description>
      Expects one of [bonecp, dbcp, hikaricp, none].
      Specify connection pool library for datanucleus
    </description>
</property>
```

修改完成后，可以在命令行终端输入 spark-sql 命令进行验证，具体如图 3.98 所示。

图 3.98　spark-sql 相关操作界面

从图 3.95 中可知，同样是 500 条记录的计数，这里消耗时间为 2.368 秒，比 Hive 使用 MapReduce 作为计算引擎要快很多。

> **注　意**
>
> 一般来说，数据量少的情况下，Hive SQL 统计数据的速度并不快，甚至比关系型数据库要慢很多。

3.6　打造交互式 Spark 环境

Spark 软件自带多种交互式环境。一般来说，所谓的交互式环境，是指操作人员和系统之间存在交互的信息处理方式。操作人员通过终端设备输入信息和操作命令，系统接到后立即处理，并通过终端设备显示处理结果。操作人员可以根据处理结果进一步输入信息和操作命令。简单地说，交互式环境就是能进行人机对话的环境。

3.6.1 Spark Shell

Spark Shell 作为一个强大的交互式数据分析工具，提供了一个简单的方式学习 API。它默认使用 Scala 语言进行交互。位于/root/wmsoft/spark-2.4.5-bin-hadoop2.7/bin 目录下，使用方式非常简单，直接在终端输入 spark-shell 即可：

```
val file = sc.textFile("file:///root/wmtools/demo.txt")
file.count()
var map = file.flatMap(line => line.split(" ")).map(word => (word,1))
map.collect()
var counts = map.reduceByKey(_ + _);
counts.collect()
```

操作界面如图 3.99 所示。

图 3.99　spark-shell 交互界面

> **注　意**
>
> spark-shell 是使用 Scala 语言的交互环境，因此使用此交互环境，需要掌握 Scala 语言。

3.6.2 PySpark

对于熟悉 Python 语言的开发人员来说，使用 PySpark 是一个非常好的交互环境。它是 Spark 为 Python 开发者提供的 API，位于/root/wmsoft/spark-2.4.5-bin-hadoop2.7/bin 目录下，其依赖于 Py4J。

使用 PySpark 方式也非常简单，直接在终端输入 pyspark 命令即可：

```
file = sc.textFile("file:///root/wmtools/demo.txt")
file.count()
map = file.flatMap(lambda line : line.split(" ")).map(lambda word : (word,1))
map.collect()
counts = map.reduceByKey(lambda a, b: a+b)
counts.collect()
```

操作界面如图 3.100 所示。

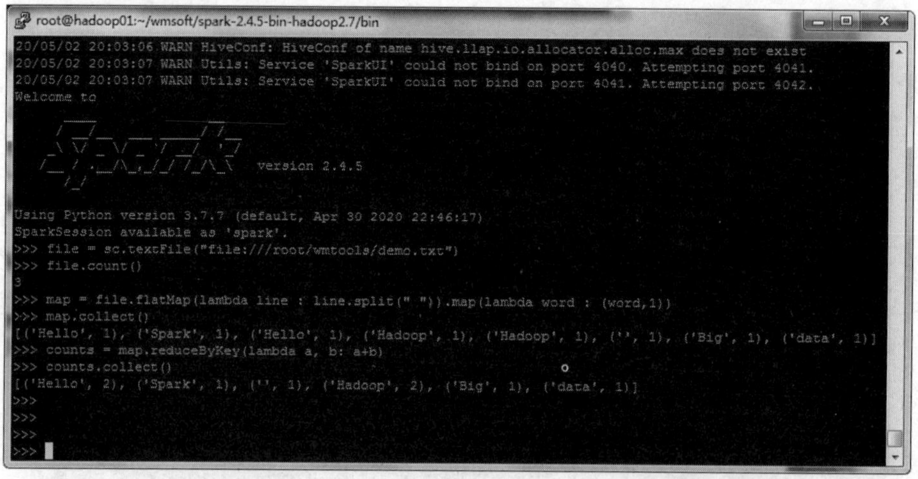

图 3.100　PySpark 交互界面

3.6.3　Jupyter Notebook 安装

Jupyter Notebook 是一个开源 Web 应用程序，允许创建和共享包含实时代码、公式、可视化图形和文本描述的文档工具。它用途非常广泛，可以用来数据清理和转换、数值模拟、统计建模、数据可视化和机器学习等。

它是一个交互式的笔记本，支持超过 40 种编程语言，可以通过网页的形式进行编程，即在网页中直接编写代码和运行代码，代码的运行结果也会直接在代码块下面进行显示，使用起来非常方便。

如果在编程过程中需要编写说明文档，可以使用 Markdown 直接进行编写，便于对代码做及时的说明和解释。

下面介绍如何安装 Jupyter Notebook，这里采用 pip 进行安装，命令如下：

```
[root@hadoop01 ~]# pip3 install jupyter
```

默认情况下，pip3 安装软件的镜像是国外，可能会非常慢，因此建议更换默认的镜像，例如在 CentOS 7 下更换 python pip3 源为阿里源，具体操作说明如下。

创建 .pip 文件夹：

```
[root@hadoop01 ~]# mkdir ~/.pip
```

创建 pip.conf 配置文件：

```
[root@hadoop01 ~]# touch ~/.pip/pip.conf
```

修改 pip.conf 配置文件：

```
[root@hadoop01 ~]# vim ~/.pip/pip.conf
```

修改文件内容为：

```
[global]
index-url=http://mirrors.aliyun.com/pypi/simple
[install]
trusted-host=mirrors.aliyun.com
```

具体操作界面，如图 3.101 所示。

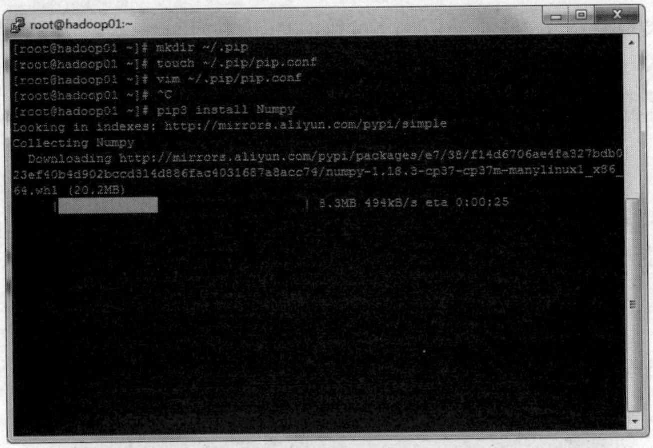

图 3.101　pip 修改镜像源界面

Python 是数据处理常用的一门语言，而且语法简洁，特别在数值计算方面，有大量的开源库可以选择。Python 具有较高的开发效率和可维护性，还具有较强的通用性和跨平台性。

Python 经常用于数据分析和机器学习，但只依赖 Python 本身自带的库进行数据分析还远远不够，因此需要安装第三方扩展库来增强数据分析能力。Python 数据分析需要安装的第三方扩展库有：

- NumPy：NumPy 是一种开源的数值计算库。它可用来存储和处理大型矩阵（Matrix）的计算，比 Python 自身的嵌套列表结构要高效得多，支持大量的维度数组与矩阵运算，此外也针对数组运算提供大量的数学函数库。
- Pandas：Pandas 是基于 NumPy 的一种工具，该工具为了解决数据分析而创建。它纳入了大量的库和一些标准的数据模型，提供了高效的操作大型数据集所需的组件，能快速、便捷地处理数据。
- SciPy：SciPy是一个开源科学计算库，偏重于符号计算。自2001年首次发布以来，SciPy已经成为Python语言中科学算法的行业标准。该项目拥有数以千计的相关开发包和超过150,000个依赖存储库。
- Matplotlib：Matplotlib是一个2D绘图库，它可以用跨平台的交互式环境生成高质量的图形。开发者仅需要几行代码，便可以生成绘图，比如直方图、功率谱图、条形图、错误图和散点图等，而且生成的图形非常美观。
- Scikit-Learn：Scikit-Learn是基于Python语言的机器学习工具，建立在NumPy、SciPy和Matplotlib工具之上，它是一款简单高效的数据挖掘和数据分析工具。它的基本功能主要分为6大部分：分类、回归、聚类、数据降维、模型选择和数据预处理。
- Keras：Keras是一个由Python编写的开源人工神经网络库，可以作为TensorFlow、Microsoft-CNTK和Theano的高阶应用程序接口，进行深度学习模型的设计、调试、评估、应用和可视化。
- Gensim：Gensim是一个用于从文档中自动提取语义主题的Python库，主要用于自然语言处理中。它可以处理纯文本，它提供的若干算法可以通过在语料库的训练下检验词的模式来发现文档的语义结构。

在 Jupyter Notebook 中，如果要访问 Spark，还需要进行一些额外的配置，首先需要安装一个 findspark 的库，执行如下命令即可：

```
[root@hadoop01 ~]# pip3 install findspark
```

成功安装后，切换到/usr/local/python3/bin 目录中，有 jupyter 命令工具，由于此目录并不在环境变量中，因此无法直接用 Jupyter Notebook 进行启动。如果不清楚 jupyter 工具安装在何处，则可以用 find 命令进行查找，如下所示：

```
[root@hadoop01 ~]# find / -name \jupyter
```

输出界面如图 3.102 所示。

图 3.102　find jupyter 界面

用如下命令启动 Jupyter Notebook：

```
[root@hadoop01 bin]# ./jupyter notebook --allow-root
```

在打开的 Web 页面上，新建一个 Python 记事本，然后输入如下脚本：

```
import findspark
```

```
findspark.init()
import pyspark
import random
sc = pyspark.SparkContext(appName="Pi")
num_samples = 100000000
def inside(p):
  x, y = random.random(), random.random()
  return x*x + y*y < 1
count = sc.parallelize(range(0, num_samples)).filter(inside).count()
pi = 4 * count / num_samples
print(pi)
sc.stop()
```

单击工具条上的运行按钮图标，即可运行。运行结果如图 3.103 所示。

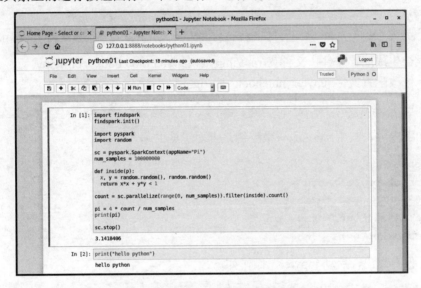

图 3.103　Jupyter Notebook 示例界面

Jupyter Notebook 中每个步骤执行的代码以及结果都可以用文件的形式进行保存，这样下次可以不用重复输入命令，只要重新执行即可。将上述示例保存文件夹为 python01，则文件名为 python01.ipynb。

对于很多操作而言，可以首先建立文件夹用于分组，然后在每个文件夹中创建文件来进行相关代码的编程。

此外，可以用如下命令进行扩展配置：

```
[root@hadoop01 bin]#pip3 install jupyter_nbextensions_configurator
[root@hadoop01 bin]#./jupyter nbextensions_configurator enable –user
```

至此，还存在一个问题，就是不能在其他电脑上进行访问，下面给出配置远程访问 Jupyter Notebook 的过程。

首先，输入 ipython 生成秘钥，设定一个密码（用于后续登录 Jupyter Notebook），会生成一个 sha1 的秘钥，如图 3.104 所示。

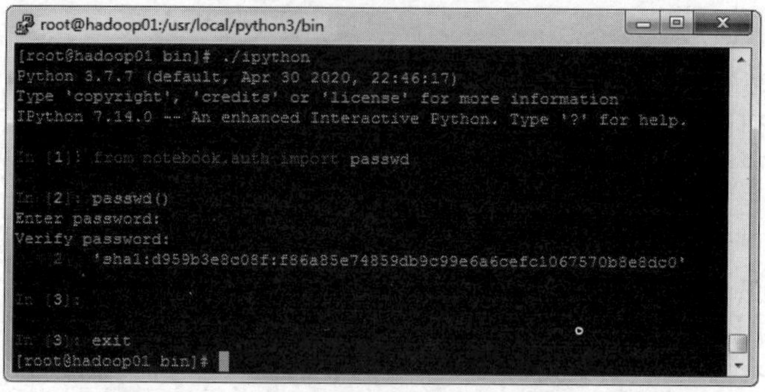

图 3.104 ipython 生成秘钥界面

复制生成的密钥'sha1:d959b3e8c08f:f86a85e74859db9c99e6a6cefc1067570b8e8dc0'备用。
其次，生成 jupyter 的 config 文件，执行如下命令：

```
[root@hadoop01 bin]# ./jupyter notebook --generate-config
Writing default config to: /root/.jupyter/jupyter_notebook_config.py
```

这时候会生成配置文件，文件为/root/.jupyter/jupyter_notebook_config.py。
再次，修改配置文件 jupyter_notebook_config.py，具体操作如下：

```
[root@hadoop01 bin]# vim /root/.jupyter/jupyter_notebook_config.py
```

加入如下内容，其中 sha1 那一串秘钥是上面生成的那一串：

```
c.NotebookApp.ip='*'
c.NotebookApp.password =
u'sha1:f9030dd55bce:75fd7bbaba41be6ff5ac2e811b62354ab55b1f63'
c.NotebookApp.open_browser = False
c.NotebookApp.port =8888
```

最后，保存退出，启动 jupyter，操作如下：

```
[root@hadoop01 bin]# ./jupyter notebook --allow-root
```

此过程如图 3.105 所示。

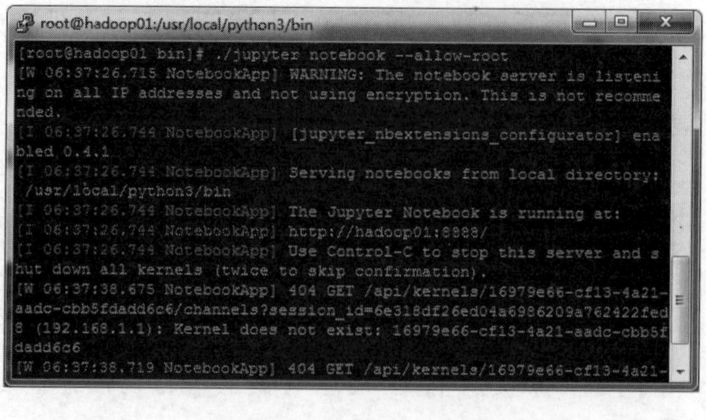

图 3.105 jupyter 启动界面

成功启动后，在宿主计算机上，用 http://hadoop01:8888/或者 http://192.168.1.70:8888/进行

访问即可，如图 3.106 所示。

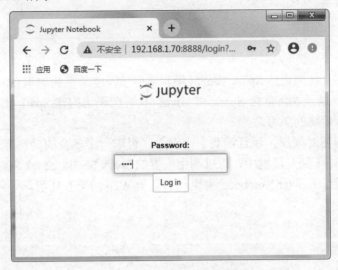

图 3.106　jupyter web 登录界面

首先登录，密码为上述步骤设置的密码，然后单击【Log in】登录即可。登录成功后，可以再次单击 python01.ipynb 进入，具体如图 3.107 所示。

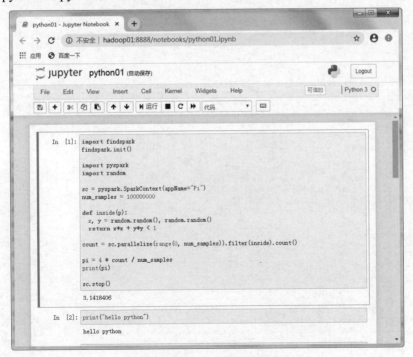

图 3.107　python01.ipynb 编辑界面

3.7 小结

本章详细介绍了如何搭建 Spark 实战环境。其中涉及非常多的知识点，比如 Hadoop 集群搭建、Hive 搭建，以及如何整合 Spark 和 Hive。只有在正确构建 Spark 实战环境的基础上，才可以更好地进行后续的学习。

整个安装过程相对烦琐，而且需要非常细心，否则一个多余的字符都可能会导致安装出现异常错误。在 Spark 交互环境中，可以利用内置的 Spark Shell、Spark SQL、PySpark 作为交互环境，也可以通过 Jupyter Notebook 实现一个基于 Web 的交互环境。

第 4 章

活用 PySpark

Python 是一种跨平台的计算机程序设计语言。它也是一个结合了解释性、编译性、互动性和面向对象的脚本语言,最初被设计用于编写自动化脚本(shell)。随着版本的不断更新和语言新功能的日益强大,特别是随着机器学习的火爆,Python 目前经常出现在大数据相关的应用中。

PySpark 则是 Python 和 Spark 的有机集合,可以让熟悉 Python 语言的开发人员很容易上手 Spark 相关编程,从而降低了学习门槛。另外,由于 Python 是一个解释性语言,不像 Java 或者 Scala 那样,需要事先编译后才能提交 Spark 进行计算,因此,Python 进行大数据处理,任务的提交往往只是一个文件,可以随时进行修改并再次提交。

本章主要涉及的知识点有:

- Python语法复习:掌握Python语言基本的语法。
- PySpark的使用:掌握PySpark的基本使用方式。
- RDD相关操作:掌握如何用PySpark创建RDD,以及RDD的相关操作。
- 提交Spark程序:掌握如何提交Spark任务。

4.1 Python 语法复习

Python 是一种解释型、面向对象、动态数据类型的高级程序设计语言。由 Guido van Rossum 于 1989 年底发明,于 1991 年正式发布第一个公开版本。Python 2 于 2000 年 10 月 16 日发布,稳定版本是 Python 2.7。Python 3 于 2008 年 12 月 3 日发布,不完全兼容 Python 2。

毫无疑问,Python 目前已经成为最受欢迎的程序设计语言之一。由于 Python 语言的简洁性、易读性以及可扩展性,在国外用 Python 做科学计算的研究机构日益增多,一些知名大学已经采用 Python 来教授程序设计课程。

众多开源的科学计算软件包都提供了 Python 的调用接口,如著名的计算机视觉库 OpenCV、三维可视化库 VTK、医学图像处理库 ITK。而 Python 专用的科学计算扩展库则功能非常强大,如 NumPy、SciPy,它们分别为 Python 提供了快速数值计算和符号运算的功能。

正是由于这些基础的数学软件包,让很多机器学习算法库都提供了 Python 接口,Python 语言及其众多的扩展库所构成的生态环境也非常适合工程技术、科研人员处理实验数据、制作图表,甚至开发科学计算应用程序。

Python 2.7 被确定为最后一个 Python 2.x 版本。官方宣布,2020 年 1 月 1 日,停止 Python 2.x 的更新。Python 是一种解释型脚本语言,可以应用于以下领域:

- Web开发
- 科学计算和统计
- 人工智能
- 机器学习
- 数据挖掘
- 数据分析
- 桌面界面开发
- 软件开发
- 后端开发
- 网络爬虫
- 服务器运维

4.1.1 Python 基础语法

初次接触 Python 语法,比较简单的做法是使用 Python 交互式环境进行编程,每行 Python 语句通过 Python 解释器进行编译和执行,并将结果及时输出到界面上。在安装 Python 环境的计算机上,配置好环境变量,只需要在命令行中输入 python 命令即可启动交互式编程,具体如图 4.1 所示。

图 4.1 Python 交互式界面截图

由图 4.1 可知,Python 交互环境启动后,会显示当前的版本信息,这里安装的是 Python

3.7.7。Python 定义变量比较简单，而且不是强类型的，无须指定变量类型，例如 a= "hello world"语句就创建了一个字符串变量 a；而 print(a)则将变量 a 打印到控制台。

除了在 Python 交互式环境中进行编程外，还可以通过命令调用 Python 解释器来执行脚本，这也是比较常用的一种方式，因为通过脚本的方式可以重复进行脚本调用，而交互式环境当交互窗体关闭后，所有变量和语句都将失效。

下面写一个简单的Python脚本程序，所有Python文件的扩展名为.py。根据惯例，编程语言的第一个例子往往都是 hello world，这里写一个 hello.py 脚本文件，如代码 4-1 所示。

代码 4-1　Hello 示例：ch04/hello.py

```
01    #python脚本示例
02    msg = "hello python"
03    print(msg)
```

代码 4-1 非常简单，01 行是一个注释；02 行声明了一个字符串类型的变量 msg，值为 "hello python"；03 行用 print 函数打印变量 msg 的值，输出到控制台。

在 hello.py 文件所在的目录下，打开命令行，输入 python hello.py，按回车键执行，结果如图 4.2 所示。

图 4.2　python 执行脚本界面

此外，还有另一种方式来执行 Python 脚本（这种方式一般用于 Linux 操作系统），假定 Python 解释器在/usr/local/bin 目录中，那么编写脚本 hello2.py，具体内容如代码 4-2 所示。

代码 4-2　可执行脚本 Hello 示例：ch04/hello2.py

```
01    #!/usr/local/bin/python3
02    msg = "hello python"
03    print(msg)
```

将 hello2.py 文件放于/root/wmtools 目录下，在 Linux 环境下，执行脚本一般需要有相应的权限，首先添加可执行权限，然后才能执行脚本，具体命令如下所示：

```
[root@hadoop01 wmtools]# chmod +x hello2.py
[root@hadoop01 wmtools]# ./hello2.py
```

> **注　意**
>
> 在 Windows 上编写的.py 脚本文件，可能在每行的末尾有不可见字符^M。因此在 Windows 上编写的代码，直接放到 Linux 上执行可能就会出错。

在 Linux 操作系统上，可以用命令替换^M 符号，重新生成一个文件，具体命令如下：

```
cat -v hello2.py | sed -e '1,$s/\^M$//g' > hello2_new.py
```

此过程如图 4.3 所示。

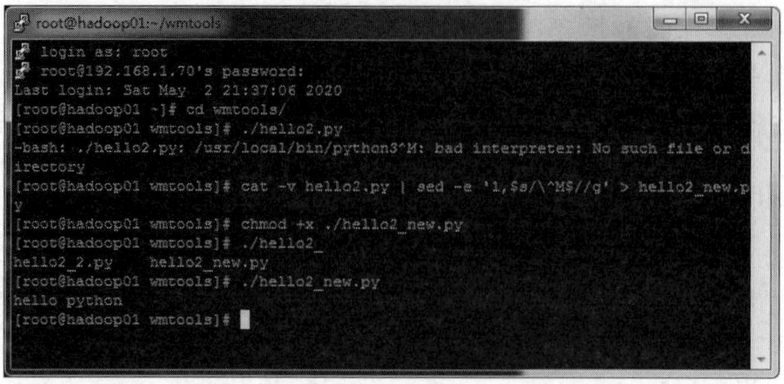

图 4.3 替换文件中^M 符号界面

在 Python 里，标识符由字母、数字、下划线组成。所有标识符可以包括英文、数字以及下划线_，但不能以数字开头。

Python 中的标识符区分大小写。一般来说，以下划线开头的标识符具有特殊的意义。例如，以单下划线开头（_var）的变量代表不能直接访问的类属性，而是需要通过类提供的接口进行访问，且不能用 from moduleA import * 来导入。

以双下划线开头的（__var）的变量代表类的私有成员，以双下划线开头和结尾的（__var__）变量代表 Python 里特殊的方法。

但是要注意，Python 利用下划线定义变量的方式不是真正的私有，在使用 from moduleA import *导入模块的情况下，不能导入或使用私有属性和方法。而在使用 import moduleA 导入模块的情况下，能导入并使用私有属性和方法。

一般来说，为了阅读起来方便，Python 每行只有一个语句，此时行末无须使用分号（;）进行分隔。但是 Python 也可以在同一行显示多条语句，此时必须用分号（;）进行分隔。下面给出一个一行显示多条语句的示例，如代码 4-3 所示。

代码 4-3 一行显示多条语句示例：ch04/demo01.py

```
01    myName = "JackWang"
02    my_age = 32
03    print(myName);print(my_age);
```

Python 和其他语言一样，内置了很多关键字，这些关键字都有特殊的含义，因此，一般来说，它们不用于定义变量或者函数。下面将关键字罗列如下：

exec	and	not
assert	finally	or
break	for	pass
class	from	print
continue	global	raise
def	if	return

del	import	try
elif	while	in
with	else	is
except	lambda	yield

> **注　意**
>
> 所有 Python 的关键字只包含小写字母，这些关键字不能用作常量或变量，或任何其他标识符名称（函数名或者方法名）。

Python 语言与其他语言最大的区别就是，Python 的代码块不使用大括号{}来定义函数以及其他逻辑判断的边界，而是通过缩进的方式，这也可以说是 Python 语言最具特色，但也最受诟病的地方。

缩进的空白数量是可变的，但是所有代码块语句必须包含相同的缩进空白数量，例如四个空格或单个制表符，这个必须严格执行。下面给出一个包含若干 Python 基础语法的示例，如代码 4-4 所示。

代码 4-4　基础语法示例：ch04/demo02.py

```
01    #单行注释
02    '''
03    这是多行注释
04    这是多行注释
05    '''
06    str1 = 'Jack'
07    str2 = "你好\n"
08    str3 = """hello python
09    hello spark"""
10    #\符号将一行的语句分为多行显示
11    total = str1 + \
12            str2 + \
13            str3
14    #语句中包含 [], {} 或 () 可以直接多行显示
15    nums = [1, 2, '3',
16            '4', '5']
17    #缩进一致
18    if True:
19        print(total)
20        print(nums)
```

代码 4-4 中包含了 Python 的基本语法元素，其中 01 行的#符号代表单行注释，02~05 行的''' '''包裹的多行文本可用于多行注释，06~09 行用不同的方式定义了一个字符串变量，定义字符串可以用单引号，也可以用双引号或三个双引号。11~13 行可以将一条语句通过\符号分为多行显示，这个在一行语句特别长的时候非常有用，可以让代码更具可读性。

一般来说，Python 语句中包含[]、{}或()符号的操作，为了代码的可读性，可以根据需要

多行显示，而无须用符号\。19~20 行前面有相同的缩进空白数量，表示都属于 if 这个判断语句所属的作用域。

将当前目录切换到源码 ch04 目录中，在 Visual Studio Code 的命令行用 python demo02.py 执行此脚本，输出如图 4.4 所示。

```
E:\pyspark_book\src\ch04>python demo02.py
Jack你好
hello python
hello spark
[1, 2, '3', '4', '5']
```

图 4.4 demo02.py 运行结果

另外，Python 编程按照约定，函数之间或类的方法之间用空行分隔，表示一段新代码的开始。类和函数入口之间也用一行空行分隔，以突出函数入口的开始。

空行与代码缩进不同，空行并不是 Python 语法的一部分。空行的作用在于分隔两段不同功能的代码，让代码更加具有可读性，这样也便于日后代码的维护工作。

> **注 意**
>
> 代码虽然是让计算机来执行的，但是代码是写给人看的，因此代码可读性非常重要。不要追求写一些"高深"的语句，让人看不懂代码的意图。

4.1.2 Python 变量类型

任何一门程序设计语言，都离不开变量，正因为有了变量，才使得程序更加具有通用性，写一个函数可以处理不同的输入。不同的编程语言在内部变量实现上是不同的，因此也具有不同的特点。如 Java 语言是强类型语言，每个变量都具有类型，这样 Java 编译器就可以根据变量的类型，更好地进行内存的分配和管理工作，同时也更容易在编码阶段，检查出潜在的语法错误，从而降低程序 Bug 的出现概率。

但强类型语言的一个副作用是，由于每个变量都需要提前明确变量的类型，且不同的类型一般来说不能混用，因此写出的代码量往往比较多。

而 Python 语言是一种动态类型的语言，属于弱类型语言，同一个变量可以存储不同类型的值，代码也是解释执行的，无须提前编译打包。因此，Python 代码富有表现力，完成相同的功能，代码量比 Java 等其他强类型语言要少得多。这里说一下，Python 灵活的特征带来一个副作用就是相比于 Java 等强类型语言，运行效率要低一些，但是在很多场景下，效率低一些也是无妨的，重要的是方便、好用。

所谓的变量是编程语言对存储单元的抽象，可以快速从内存中存取值。一般来说，变量包含多个属性信息：如变量名、变量类型、变量值。在声明变量时，编译器会根据声明变量的类型，在内存中开辟一个和变量类型匹配大小的空间。基于变量的数据类型，解释器会分配指定内存，并决定什么数据可以被存储在内存中。因此，不同类型的变量，在内存中占用的空间大小也可能不同。

Python 是弱类型语言，在变量赋值时，不需要提前进行变量类型声明。同样地，Python

中每个变量在内存中创建，都包括变量的名称、类型和变量值这些信息。但 Python 变量的类型是通过变量值来推断的，因此每个变量在使用前都必须赋值，变量赋值以后该变量才会被创建。

Python 3 支持如下几种数据类型：

- 字符串
- 数值
- 布尔
- 列表
- 元组
- 字典
- 集合

从 Python 2.3 开始，Python 中添加了布尔类型。布尔类型有两种：即 True 和 False。对于数字 0、空字符串、None、空集（空列表、空元组、空字典等）来说，在 Python 中的布尔类型都是 False，即 bool(0)、bool("")、bool([])、bool({})、bool(())和 bool(None)都是 False。下面给出一个 Python 变量类型的示例，如代码 4-5 所示。

代码 4-5　变量类型示例：ch04/demo03.py

```
01    #字符串
02    var01 = "my name is jack"
03    print(var01)
04    #id 获取内存地址
05    print(id(var01))
06    #整型
07    var01 = 32
08    #id 获取内存地址
09    print(id(var01))
10    print(var01)
11    #浮点型
12    var01 = 32.89
13    print(var01)
14    #列表
15    var01 = [1,2,3,4,5,6]
16    print(var01)
17    #元组
18    var01 =(1,1,2,3)
19    print(var01)
20    #字典
21    var01 ={"name":"jack","age":32}
22    print(var01)
23    #多个变量赋值
24    a, b, c = 7, 3.14, "jack"
25    print(a,b,c)
```

```
26    #删除变量
27    del a
```

代码4-5中,01行#打头代表是注释行,02行var01 = "my name is jack"定义了一个字符串类型的变量var01,03行print(var01)可以在控制台打印变量var01的值。在Python 3.x版本中,print打印函数是需要括号的。

05行 print(id(var01))中用到了获取内存地址的函数id(),它可以获取变量所分配的内存地址。内存地址在某些情况下,非常有用,比如可以验证两个变量是否指向同一个对象,如果是,往往修改其中一个另外一个也会被修改,这也是按引用传递的原理。

07行 var01=32将一个数值类型的值32赋值给变量var01,此时变量var01是数值类型。在Python中,同一个变量可以在不同阶段赋予不同类型的值。15行 var01= [1,2,3,4,5,6]则将一个列表赋值给变量var01,列表用符号[]表示,有点类似于其他语言的数组。

18行 var01=(1,1,2,3)将一个元组赋值给变量var01,元组用符号()表示。在Python中,要注意元组和列表二者的异同点,元组赋值后所存储的数据不能被程序修改,可以将元组看作是只读的列表。

21行 var01={"name":"jack","age":32}则将一个字典赋值给变量 var01,字典用符号{}表示,有点类似于JSON的定义方式,其实字典和JSON可以通过库进行转换。当然了,Python作为一款非常易用的编程语言,可以将多个变量赋值在一行完成,如24行所示。

另外,在某些情况下,可能需要删除一些变量,此时可以用内置的del命令,如27行del a会删除变量a,并释放变量a的相关资源。

将当前目录切换到源码ch04目录中,在Visual Studio Code的命令行用python demo03.py执行此脚本,输出结果(输出的内存地址可能不同)如图4.5所示。

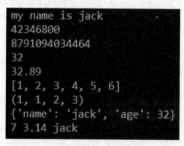

图4.5 demo03.py的运行结果

> **注 意**
>
> None是Python中的一个特殊值,表示什么都没有,它和0、空字符、False、空集合都不一样,可以类比于Java中的null。

在很多编程语言中,字符串都被广泛使用。从本质上来说,程序本身的代码就是字符串,编译器可以抽象为接受一个程序代码(字符串)后,通过解析、编译等步骤后,即可执行其中的逻辑,对于像Java这种强类型语言,这部分可以称为动态编译技术。

下面介绍Python中的字符串类型,它可以由数字、字母、下划线等组成的一串字符,用引号进行包裹。Python字符串可以截取某一段,类似于Go语言(Go是一个开源的编程语言,它是 Google 几位大神级人物开发的一款系统编程语言，既拥有 Python 的编写易用性，也具有 C 语言的运行效率）中的切片（Slice），这时使用[头下标:尾下标]来获取需要的某段字符串，获取的子字符串包含头下标的字符，但不包含尾下标的字符。下面给出示例如代码 4-6 所示。

代码 4-6　字符串示例：ch04/demo04.py

```
01    str = "python"
02    #字符串截取
03    str01 = str[0:]
04    #python
05    print(str01)
06    #python
07    print(str[:])
08    #yt
09    print(str[1:3])
10    #pyt
11    print(str[:3])
12    #h
13    print(str[3])
14    #pto
15    print(str[0:5:2])
16    #*******
17    print("*"*7)
18    #字符串拼接
19    #hello python
20    print("hello "+str)
```

代码 4-6 中，01 行 str = "python" 定义了一个值为"python"的字符串变量 str。03 行 str01= str[0:]截取变量 str 的值，头下标为 0，尾下标省略，则表示截取到最后一个字符，因此 str01 的值也是"python"。07 行 print(str[:])中 str[:]同时省略了头下标和尾下标，则同 str[0:]，因此也会输出"python"。

09 行 print(str[1:3])中 str[1:3]，头下标为 1，尾下标为 3，因此输出的结果包含 2 个字符，下标开始为 0，则 1 代表的字符为 y，2 代表的字符是 t，尾下标 3 不包含，因此打印的结果为"yt"。

11 行 print(str[:3])中，头下标省略，为 0，尾下标为 3，因此输出的结果包含 3 个字符，下标 0 代表的字符为 p，则 1 代表的字符为 y，2 代表的字符是 t，尾下标 3 不包含，因此打印的结果为"pyt"。13 行 print(str[3])中的 str[3]则表示获取下标为 3 的字符，则输出为"h"。

15 行 print(str[0:5:2])中，str[0:5:2]有三个参数，对三个参数代表步长，即间隔。因此 str[0:5:2]实际获取的字符下标分别为 0、2、4，即输出"pto"。

17 行 print("*"*7)实际上是一个快速生成多个特定字符的操作，"*"*7 表示生产 7 个字符 "*"，即"*******"。类似地，"2.5"*2 则生成"2.52.5"，如果需要计算数值的值，则需要使用 float("2.5")*2 进行类型转换，此时输出 5.0。20 行则演示了字符串可以用符号+进行拼接。

在 ch04 目录下，命令行执行 python demo03.py，则输出结果如图 4.6 所示。

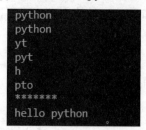

图 4.6 demo04.py 的运行结果

> **注 意**
>
> print("a="+2.5)会发生类型错误，由于 2.5 是 float 类型，不能自动转换成字符串。但可以用 str()进行类型转换，即 print("a="+str(2.5))是可以正确运行的。

和其他语言中的数组类似，Python 中列表是使用最频繁的数据类型之一。列表是一组元素的集合，元素类型支持字符串、数值，也支持列表，即列表的嵌套。列表用符号[ ]定义，是 Python 中最通用、高效的复合数据类型。

列表和字符串一样，也可以使用[头下标:尾下标]的方式对列表进行截取，列表下标也是从 0 开始的，下面给出列表示例，如代码 4-7 所示。

代码 4-7 列表示例：ch04/demo05.py

```
01  #列表
02  list = [1,"hello","python",8.8,True]
03  #python
04  print(list[2])
05  #[1, 'hello', 'python', 8.8, True]
06  print(list[:])
07  #['hello', 'python']
08  print(list[1:3])
09  #['hello', 'python', 8.8, True]
10  print(list[1:])
11  #[1, 'hello', 'python']
12  print(list[:3])
13  #[1, 'hello', 'python', 8.8, True, 1, 'hello', 'python', 8.8, True]
14  print(list*2)
```

在代码 4-7 中，02 行 list = [1,"hello","python",8.8,True]定义了一个列表变量 list，值可以由不同的数据类型组成。

04 行 print(list[2])中的 list[2]代表列表中的下标为 2 的元素，即"python"。06 行 print(list[:])中的 list[:]代表获取 list 全部元素，即[1, 'hello', 'python', 8.8, True]。

08 行 print(list[1:3])中的 list[1:3]从下标为 1 开始截取，截取的元素个数为 2，即获取的列表为['hello', 'python']。14 行的 print(list*2)中的 list*2 可以以 list 中元素为模板，快速生成特定数量的列表。

另外，列表还可以执行 pop、sort 或 reverse 等操作，也可以添加或者减少元素，还可以跟其他的列表进行组合，这里不再赘述。

在 ch04 目录下，命令行执行 python demo05.py，输出结果如图 4.7 所示。

```
python
[1, 'hello', 'python', 8.8, True]
['hello', 'python']
['hello', 'python', 8.8, True]
[1, 'hello', 'python']
[1, 'hello', 'python', 8.8, True, 1, 'hello', 'python', 8.8, True]
```

图 4.7　demo05.py 的运行结果

> **注　意**
>
> 在列表上调用 sort 操作时，元素必须是相同类型的，否则报错，比如对上面的 list 做 sort() 则会报错。

Python 中，元组和列表类型比较相似，用符号()定义，内部元素用逗号隔开。前面提到，Python 元组的元素在赋值后数据不能被修改。下面给出一个 Python 元组的示例，如代码 4-8 所示。

代码 4-8　元组示例：ch04/demo06.py

```
01    #元组
02    tuple01 =(1,"hello","python",8.8,True)
03    #(1, 'hello', 'python', 8.8, True)
04    print(tuple01)
05    #<class 'tuple'>
06    print(type(tuple01))
07    #元组不支持修改元素，列表可以
08    #tuple01[0] = 9
09    #元组只有一个元素，则末尾需要
10    tuple01 =(2,)
11    #<class 'tuple'>
12    print(type(tuple01))
13    tuple01 =(2)
14    #<class 'int'>
15    print(type(tuple01))
16    #2
17    print(tuple01)
18    a = (1,2,3)
19    b = (4,5,5)
20    #(1, 2, 3, 4, 5, 5)
21    print(a+b)
22    #0
23    print(b.index(4))
24    #2
```

```
25    print(b.count(5))
26    #('h', 'e', 'l', 'l', 'o')
27    print(tuple("hello"))
28    #(1, 2, 3, 4, 5)
29    print(tuple([1, 2, 3, 4 , 5]))
```

在代码 4-8 中，02 行 tuple01 = (1,"hello","python",8.8,True)定义了一个元组，06 行 print(type(tuple01))中的 type(tuple01)获取变量 tuple01 的类型信息，输出为<class 'tuple'>，即为元组类型。

08 行#tuple01[0]=9 是被注释的一行，可以验证元组中元素不可以修改。10 行 tuple01=(2,)和 13 行 tuple01=(2)二者不同，第一个是元组类型，第二个是 int 类型。

18 行和 19 行分别定义了两个元素 a 和 b，21 行用 print(a+b)验证元组可以通过符号+进行连接，构成一个新的元组。

元组只有 index 和 count 方法，没有 sort 和 reverse 等操作，23 行 print(b.index(4))中的 b.index(4)是在元组 b 中查询元素值为 4 的下标，即为 0。25 行 print(b.count(5))中的 b.count(5)是在元组 b 中统计元素值为 5 的个数，即为 2。

27 行 print(tuple("hello"))中的 tuple("hello")可以将一个字符串"hello"转换成元组('h', 'e', 'l', 'l', 'o')，29 行的 print(tuple([1, 2, 3, 4 , 5]))则将列表[1, 2, 3, 4 , 5]转换成元组(1, 2, 3, 4, 5)。

在 ch04 目录下，命令行执行 python demo06.py，则输出结果如图 4.8 所示。

```
python
[1, 'hello', 'python', 8.8, True]
['hello', 'python']
['hello', 'python', 8.8, True]
[1, 'hello', 'python']
[1, 'hello', 'python', 8.8, True, 1, 'hello', 'python', 8.8, True]
```

图 4.8   demo06.py 的运行结果

> **注 意**
>
> 当元组只有一个元素时，需要在元素的后面加一个英文逗号分隔符，如 a=(1,)以防止与表达式中的小括号混淆。

Python 语言中，除了元组和列表外，还有一种映射类型，即字典类型。字典类型包括键和值。字典是可变类型，它是一个容器，能存储任意的 Python 对象。字典类型可以通过键开始定位值。

字典类型和列表、元组的区别是存储和访问数据的方式不同。列表、元组只用数字类型的键进行值访问。而字典类型可以用其他对象类型做键，比如用字符串。可以说，字典是 Python 中最强大的数据类型之一，应用非常广泛。

字典对象相关的操作有：字典定义、字典赋值、字典访问、字典更新、字典元素删除等。一般来说，字典对象中的键是唯一的，Python 也允许重复定义，但是只保留最后一个键值对，值不需要唯一，比如 mydic ={'a':2,'a':3}实际执行后变成 mydic ={'a':3}。

下面给出一个 Python 字典的示例，如代码 4-9 所示。

代码 4-9　字典示例：ch04/demo07.py

```
01   #字典
02   dict01 = {'name': "jack", 'age': 32, 'isman': True}
03   #{'name': 'jack', 'age': 32, 'isman': True}
04   print(dict01)
05   #修改值
06   dict01["name"] = "JackWang"
07   #{'name': 'JackWang', 'age': 32, 'isman': True}
08   print(dict01)
09   #添加值
10   dict01["height"] = 1.78
11   #{'name': 'JackWang', 'age': 32, 'isman': True, 'height': 1.78}
12   print(dict01)
13   #JackWang
14   print(dict01["name"])
15   #{'name': 'JackWang', 'age': 32, 'isman': True, 'height': 1.78}
16   print(str(dict01))
17   #4
18   print(len(dict01))
19   #dict_keys(['name', 'age', 'isman', 'height'])
20   print(dict01.keys())
21   #dict_values(['JackWang', 32, True, 1.78])
22   print(dict01.values())
23   k, v = dict01.popitem()
24   #height 1.78
25   print(k, v)
26   #删除
27   del dict01["name"]
28   #{'age': 32, 'isman': True, 'height': 1.78}
29   print(dict01)
30   #True
31   print('isman' in dict01)
32   a = [('a', 1.58), ('b', 1.29), ('c', 2.19)]
33   #转换成字典
34   dicta = dict(a)
35   #{'a': 1.58, 'b': 1.29, 'c': 2.19}
36   print(dicta)
37   b = [['a', 1.58], ['b', 1.29], ['c', 2.19]]
38   #转换成字典
39   dictb = dict(b)
40   #{'a': 1.58, 'b': 1.29, 'c': 2.19}
41   print(dictb)
42   #查看dict的方法:['setdefault', 'update', 'values',...]
43   print(dir(dict))
```

```
44    #字符串模板
45    tpl = 'Name:%(name)s, Price:%(price).2f'
46    book = {'name':'Python', 'price': 69}
47    #Name:Python, Price:69.00
48    print(tpl % book)
49    #删除
50    del dict01
```

代码4-9 中,02 行 dict01={'name': "jack", 'age': 32, 'isman': True}定义了一个字典类型的变量 dict01,它有 3 个键值对。06 行 dict01["name"]="JackWang"实际上是修改了字典对象 dict01 的值,由于键"name"存在,则是修改。而 10 行的 dict01["height"]=1.78 则是将 dict01 变量的键值进行了添加,此时是 4 个键值对。

14 行 print(dict01["name"])中的 dict01["name"]是对字典变量 dict01 中的值进行访问,获取键为"name"的值,即"JackWang"。18 行 print(len(dict01))中的 len(dict01)可以获取到字典变量 dict01 的长度,即键值对的个数 4。

20 行 print(dict01.keys())中的 dict01.keys()获取到变量 dict01 对象所有的键信息,而 22 行 print(dict01.values())中的 dict01.values()获取到变量 dict01 对象所有的值信息。23 行 k, v= dict01.popitem()将从末尾弹出一个键值对,并分别赋值给变量 k 和 v,这也说明 Python 支持多返回特征。

27 行 del dict01["name"]语句将从变量 dict01 对象中删除键为"name"的键值对。31 行 print('isman' in dict01)可以判断键'isman'是否在字典对象 dict01 中,如果存在,返回 True,否则返回 False。显然是存在的,因此最终结果为 True。

32 行 a =[('a', 1.58), ('b', 1.29), ('c', 2.19)]创建了一个列表对象 a,列表的元素是元组,34 行 dicta=dict(a)则用内置函数 dict()将列表对象转换成字典对象,因此,36 行 print(dicta)打印输出的结果为{'a': 1.58, 'b': 1.29, 'c': 2.19}。

另外,37 行 b=[['a', 1.58], ['b', 1.29], ['c', 2.19]]定义了列表 b,列表的元素是列表,这种形式的列表也可以通过 dict(b)转换成字典对象,因此,41 行 print(dictb)打印输出的结果为{'a': 1.58, 'b': 1.29, 'c': 2.19}。

43 行 print(dir(dict))中的函数 dir(dict)则可以打印出 dict 对象的所有方法,输出的结果是一个列表。在很多语言中,都有格式化字符串的需求,利用字典就可以很方便地进行字符串格式化操作。

45 行 tpl='Name:%(name)s, Price:%(price).2f'定义了一个字符串的模板,模板中有占位符,如%(name)s 和%(price).2f。其中%(name)s 中的 name 表示变量名,s 表示变量类型是字符串;%(price).2f 中的 price 表示变量名,.2f 表示变量类型是浮点型,保留 2 位小数。

46 行 book={'name':'Python', 'price': 69}定义了一个字典对象 book,它有两个键:'name' 和 'price',这样之前定义的模板字符串中的占位符匹配,因此,48 行 print(tpl % book)则进行格式化输出,结果为:Name:Python, Price:69.00。

在 ch04 目录下,命令行执行 python demo07.py,则输出结果如图 4.9 所示。

```
{'name': 'jack', 'age': 32, 'isman': True}
{'name': 'JackWang', 'age': 32, 'isman': True}
{'name': 'JackWang', 'age': 32, 'isman': True, 'height': 1.78}
JackWang
{'name': 'JackWang', 'age': 32, 'isman': True, 'height': 1.78}
4
dict_keys(['name', 'age', 'isman', 'height'])
dict_values(['JackWang', 32, True, 1.78])
height 1.78
{'age': 32, 'isman': True}
True
{'a': 1.58, 'b': 1.29, 'c': 2.19}
{'a': 1.58, 'b': 1.29, 'c': 2.19}
['__class__', '__contains__', '__delattr__', '__delitem__', '__dir__', '__doc__', '__eq__', '__format__', '__ge__', '__getattribute__', '__getitem__', '__gt__', '__hash__', '__init__', '__init_subclass__', '__iter__', '__le__', '__len__', '__lt__', '__ne__', '__new__', '__reduce__', '__reduce_ex__', '__repr__', '__setattr__', '__setitem__', '__sizeof__', '__str__', '__subclasshook__', 'clear', 'copy', 'fromkeys', 'get', 'items', 'keys', 'pop', 'popitem', 'setdefault', 'update', 'values']
Name:Python, Price:69.00
```

图 4.9 demo07.py 的运行结果

> **注 意**
>
> 字典中的值可以是任何类型，但键必须是不可变的对象，如字符串、数值或元组，不能是列表。

关于元组、列表和字典类型，可以用如下的顺口溜进行辅助记忆："元列典，小中大，元只读，典列可变"。其中，"元列典，小中大"则代表元组的定义符号是小括号()、列表的定义符号是中括号[]、字典的定义符号是大括号{}；而"元只读，典列可变"则代表元组是只读的，不能修改值，而列表和字典是可变的，可以修改值。

下面再介绍 Python 中的集合（set）类型。集合是一个无序（每次取值的时候，元素顺序可能不同）的且不重复元素的序列，需要用大括号{ }或函数 set()来创建。这里需要和字典类型进行区分，虽然都是可以用大括号{ }来定义，但是字典是唯一有键的对象。

下面给出一个 Python 集合的示例，如代码 4-10 所示。

代码 4-10　集合示例：ch04/demo08.py

```
01  #集合
02  set01 = {'a', 'ab', 'c', 'd', 'd', 'e'}
03  #去重
04  #{'ab', 'd', 'e', 'a', 'c'}
05  print(set01)
06  #True
07  print('ab' in set01)
08  #TypeError: 'set' object is not subscriptable
09  #print(set01[1])
10  #添加元素，且参数可以是列表，元组，字典
```

```
11    set01.update({'a','cd'})
12    #{'ab', 'd', 'e', 'cd', 'a', 'c'}
13    print(set01)
14    a = set('abcd')
15    #{'a', 'd', 'c', 'b'}
16    print(a)
17    #添加元素
18    a.add(5)
19    #{5, 'b', 'd', 'a', 'c'}
20    print(a)
21    b = set('adef')
22    #{'a', 'f', 'e', 'd'}
23    print(b)
24    #添加,有的话无影响
25    b.add('a')
26    #{'a', 'f', 'e', 'd'}
27    print(b)
28    #集合a中包含而集合b中不包含的元素
29    #{'c', 5, 'b'}
30    print(a - b)
31    # 集合a或b中包含的所有元素
32    #{5, 'b', 'd', 'f', 'e', 'a', 'c'}
33    print(a | b)
34    #集合a和b中都包含了的元素
35    #{'a', 'd'}
36    print(a & b )
37    #不同时包含于a和b的元素
38    #{5, 'b', 'f', 'e', 'c'}
39    print(a ^ b )
```

代码4-10中,02行set01={'a', 'ab', 'c', 'd', 'd', 'e'}定义了一个集合对象set01,注意集合对象中的值是有重复的,即为'd'。前面提到,集合对象是无重复的无顺序列,因此,如果定义的时候有元素重复,那么Python也会默认去重。这样,05行print(set01)打印集合对象set01时,会输出{'a', 'ab', 'c', 'd', 'e'}。

07行print('ab' in set01)可以判断'ab'是否是集合set01中的值,如果是,则输出True;如果不是,则输出False。09行#print(set01[1])被注释的语句,可以验证集合set01不能通过下标获取值。11行set01.update({'a','cd'})在集合上执行update操作,可以用于更新集合,重复的则去重,不重的则添加。因此,13行打印print(set01)的时候,结果为{'ab', 'd', 'e', 'cd', 'a', 'c'}。

14行a=set('abcd')通过函数set()将字符串'abcd'转换成集合{'a', 'd', 'c', 'b'}。18行a.add(5)添加元素5到集合a中。

另外,两个集合对象可以进行互操作,比如求交集、并集等。30行print(a - b)中的a-b表示集合a中包含、而集合b中不包含的元素构成的集合。33行print(a | b)中的a | b表示集合a或b中包含的所有元素构成的集合。36行print(a & b)中的a & b表示集合a和b中都包含的

元素构成的集合。39 行 print(a ^ b)中的 a ^ b 表示不同时包含于集合 a 和 b 的元素构成的集合。

在 ch04 目录下，命令行执行 python demo08.py，则输出结果如图 4.10 所示。

```
{'ab', 'd', 'e', 'a', 'c'}
True
{'ab', 'd', 'e', 'cd', 'a', 'c'}
{'a', 'd', 'c', 'b'}
{5, 'b', 'd', 'a', 'c'}
{'a', 'f', 'e', 'd'}
{'a', 'f', 'e', 'd'}
{'c', 5, 'b'}
{5, 'b', 'd', 'f', 'e', 'a', 'c'}
{'a', 'd'}
{5, 'b', 'f', 'e', 'c'}
```

图 4.10　demo08.py 的运行结果

注　意
创建一个空集合必须用 set()而不能用{ }，因为{ }表示一个空字典。

4.1.3　Python 运算符

和其他语言一样，Python 程序需要对变量或者常量进行某种逻辑运算，从而构成表达式。比如通过四则运算可以得出一个数学表达式的最终结果。一般来说，Python 语言支持如下运算符：

- 算术运算符
- 比较运算符
- 赋值运算符
- 逻辑运算符
- 位运算符
- 成员运算符
- 身份运算符

另外，不同的运算符可以进行组合，且运算符的优先级不同。因此，对于复杂的表达式，为了让代码更加具有可读性，可以加入括号()来对表达式进行分组，或者改变运算次序，消除不明确的代码意图。

Python 语言中的数值类型，经常与算术运算符（加、减、乘、除等）一起使用，比如 2.5*2，则*就是算术运算符中的乘法运算。下面给出 Python 语言中的部分运算符说明，具体见表 4.1 所示。

表 4.1 Python 部分运算符表

类型	运算符	说明	举例
算术运算符	+	加：两个数相加	10 + 2 输出 12
	-	减：得到负数或是一个数减去另一个数	10 - 2 输出 8
	*	乘：两个数相乘或是返回一个被重复若干次的字符串	10 * 2 输出 20
	/	除：一个数除以另一个数	10 / 2 输出 5
	%	取模：返回除法的余数	10 % 2 输出 0
	**	幂：返回 x 的 y 次幂	10**2 输出 100
	//	取整除：返回商的整数部分（向下取整）	9//2 输出 4；-9//2 输出 -5
比较运算符	==	等于：比较对象是否相等	(10 == 2) 返回 False
	!=	不等于：比较两个对象是否不相等	(10 != 2) 返回 True
	>	大于：返回 x 是否大于 y	(10 > 2) 返回 True
	<	小于：返回 x 是否小于 y	(10 < 2) 返回 False
	>=	大于等于：返回 x 是否大于等于 y	(10 >= 10) 返回 True
	<=	小于等于：返回 x 是否小于等于 y	(10 <= 10) 返回 True
赋值运算符	=	简单的赋值运算符	c = a 将 a 赋值给 c
	+=	加法赋值运算符	c += a 同 c = c + a
	-=	减法赋值运算符	c -= a 同 c = c - a
	*=	乘法赋值运算符	c *= a 同 c = c * a
	/=	除法赋值运算符	c /= a 同 c = c / a
	%=	取模赋值运算符	c %= a 同 c = c % a
	**=	幂赋值运算符	c**= a 同 c=c**a
	//=	取整除赋值运算符	c //= a 同 c= c// a
逻辑运算符	and	布尔与：如果 x 为 False，x and y 返回 False，否则它返回 y 的计算值	10 and 20 返回 20；False and 20 返回 False
	or	布尔或：如果 x 是非 0，它返回 x 的值，否则它返回 y 的计算值	10 or 20 返回 10；False or 20 返回 20
	not	布尔非：如果 x 为 True，返回 False。如果 x 为 False，它返回 True	not 0 返回 True;Not 1 返回 False
成员运算符	in	如果在指定的序列中找到值返回 True，否则返回 False	如果 x 在 y 序列中返回 True
	not in	如果在指定的序列中没有找到值返回 True，否则返回 False	如果 x 不在 y 序列中返回 True
身份运算符	is	is 用于判断两个变量是不是引用自一个对象	x is y，类似 id(x) == id(y)，如果引用的是同一个对象则返回 True，否则返回 False
	is not	is not 用于判断两个变量是不是引用自不同对象	x is not y，类似 id(x)!= id(y)。如果引用的不是同一个对象则返回结果 True，否则返回 False

下面给出一个 Python 运算符的综合示例，如代码 4-11 所示。

代码 4-11　运算符示例：ch04/demo09.py

```
01      #算术运算符
02      a = 32
03      b = 7.5
04      #39.5
05      print (a + b)
06      #24.5
07      print (a-b)
08      #240.0
09      print (a * b)
10      #4.266666666666667
11      print (a / b)
12      #2.0 返回除法的余数
13      print (a % b)
14      b = 3
15      #32768
16      print (a**b)
17      #10 取整除
18      c = a//b
19      print (c)
20      #比较运算符
21      #True
22      print (a>b)
23      #False
24      print (a==b)
25      #True
26      print (a!=b)
27      #逻辑运算符
28      #如果 a 为 False，返回 False，否则它返回 b 的值
29      #返回 b 的值 3
30      print ( a and b)
31      #如果 a 是 True，它返回 a 的值，否则它返回 b 的值
32      #返回 a 的值 32
33      print ( a or b)
34      #False
35      print ( not b)
36      #成员运算符
37      list = [1, 2, 3, 4, 5 ]
38      #True
39      print (2 in list)
40      #True
41      print (10 not in list)
42      #身份运算符
```

```
43    a =30
44    b =30
45    #True
46    print (a is b)
47    #False
48    print (a is not b)
```

在代码 4-11 中，02 行和 03 行分别用 a=32 和 b=7.5 定义了 2 个数值变量。05 行 print (a + b)打印出 a 和 b 的和，即 39.5。07 行 print (a-b)打印出 a 减去 b 的值，即 24.5。09 行 print (a * b)打印出 a 乘以 b 的值，即 240.0。11 行 print (a / b)打印出 a 除以 b 的值，即 4.266666666666667。13 行 print (a % b)打印出 a 除以 b 的余数，即 2.0。

为了便于计算，14 行 b=3 利用赋值运算符重新给变量 b 赋值为 3。16 行 print(a**b)则打印出 a 乘以 b 的值，即 32**3=32768。18 行 c=a // b 打印出 a 整除 b 的值，即 32//3=10。

22 行 print (a>b)打印出 a>b 的值，即 32>3 为 True。24 行 print (a==b)打印出 a==b 的值，即 32==3 为 False。26 行 print (a!=b)打印出 a!=b 的值，即 32!=3 为 True。

30 行 print (a and b)打印出 a and b 的值，由于 a 是 32，是 True，则输出 b 的值，即 3。33 行 print (a or b)打印出 a or b 的值，由于 a 是 32，是 True，则输出 a 的值，即 32。35 行 print (not b)打印出 not b 的值，由于 b 是 3，是 True，则输出值为 False。

37 行 list=[1, 2, 3, 4, 5]定义了一个列表，39 行用 print (2 in list)打印出 2 是否在列表 list 中的判断值，很显然 2 是列表 list 中的第 2 个元素，即返回 True。41 行 print (10 not in list)打印出 10 是否不在列表 list 中的判断值，很显然 10 不在列表 list 中，即返回 True。

43 行和 44 行对变量 a 和 b 分别赋值，都为 30。46 行 print (a is b)判断 a 和 b 是否引用同一个对象，由于都是 30，则一致，为 True。48 行 print (a is not b)输出 False。

在 ch04 目录下，命令行执行 python demo09.py，则输出结果如图 4.11 所示。

图 4.11 demo09.py 的运行结果

> **注　意**
>
> Python 2.x 中，整数除整数，只能得出整数。如果要得到小数，则需要把其中一个数改成浮点数。另外，Python 3.x 已废弃不等于运算符号<>。

4.1.4 Python 控制语句

我们知道，人类通过学习或者经验积累，会快速辨识一个事物是什么，比如看到一个动物，会知道这个动物是狗还是猫，或者其他。人类的大脑在学习新事物的时候，也可以看作是一个黑盒（神经网络），输入图像或者声音，输出事物的名称等。

人类识别事物的神奇之处是，可以快速地提取事物的特征（比如高度、颜色和其他特征），而且要区分不同的事物就是寻找区分最明显的特征，这样就可以更快、更准确地区分不同的事物，这也是在学习过程中，为什么要将易混淆知识进行对比，分析异同点，这样学习的效率更高。

类似地，程序要想具备"智能"，那么最基本的前提是可以根据输入的不同，进行不同的输出。对于程序而言，这个过程靠的就是流程控制，比如像条件判断语句、循环语句等。

流程控制语句可以用来改变程序运行的顺序，它是任何一门语言必须掌握的知识点。条件判断和循环语句的组合，可以用来解决很多非常复杂的现实问题。

条件语句是一种根据条件执行不同代码的语句，如果条件满足则执行一段代码，否则执行其他代码。条件语句表达的意图可以理解为对某些事的决策规则或者表达某种因果关系，即如果满足什么，就做什么。

例如，公司的员工需要请假，那么每个公司都会制定一套请假的流程，来确定请假的规则。首先员工发起请假申请，然后员工的主管进行审批，主管审批后，会根据条件判断来确定下一步的审批人是谁。如果请假天数大于 3 天，由于请假天数比较多，请假单会在主管审批后流转到总经理处进行审批，总经理处审批后再流转到 HR 处审批，以便做好考勤工作；如果请假天数小于等于3，那么请假单会在主管审批后流转到 HR 处进行审批，HR 审批通过后，流程结束。具体的流程示意如图 4.12 所示。

在实际的项目中，除了 if 等条件判断语句非常常见外，循环语句也是经常出现的一种流程控制语句，因此我们必须掌握循环的基本用法。循环语句中，迭代次数是确定/固定的循环称为确定循环；还有一种就是无限循环，循环次数不确定。循环控制语句，可以重复调用某段代码，直到满足某一条件退出。

举例来说，时钟计时可以看作是一个循环，以分钟数和小时数为例，分钟数每隔 60 秒加 1，然后判断分钟数是否为 60，如果是，那么小时数加 1，同时置分钟数为 0，重新进行计时，等 60 秒后分钟数再加 1，如此循环；如果不是，那么再过 60 秒后分钟数加 1，如此循环，如图 4.13 所示。

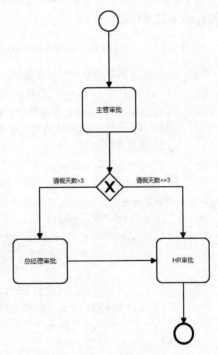

图 4.12 请假流程示意图

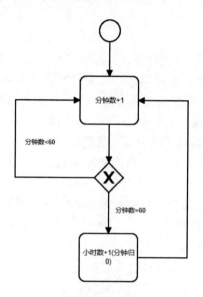

图 4.13 时钟计时循环流程图

下面给出 Python 语言基本的逻辑控制语句，其中涉及条件判断语句和循环语句，具体示例如代码 4-12 所示。

代码 4-12　元组示例：ch04/demo10.py

```
01  #input 函数接受一个标准输入，返回 string 类型
02  #int 函数将 string 类型转换成 int 类型
03  print("########if 条件判断语句########")
04  age = int(input("请输入年龄："))
05  #if 条件判断语句
06  if age <= 0 or age > 150 :
07      print("年龄{0}只能在 0~150 之间".format(age))
08  elif age > 0 and age <= 14:
09      print("年龄{0}在 0~14 之间".format(age))
10  elif age > 14 and age <= 18:
11      print("年龄{0}在 14~18 之间".format(age))
12  else:
13      print("年龄{0}大于 18".format(age))
14  print("########for 循环语句########")
15  list = ["C", "Spark", "Go", "Python"]
16  #for...in 变量 list
17  for x in list:
18      print (x)
19  print("########while 循环语句########")
20  num = int(input("请输入一个数(3 的倍数直接退出)："))
21  #while 循环语句
22  while 1:
23      print("输入的数为{0}".format(num))
```

```
24        if num % 3 == 0:
25            break
26        else:
27            num = int(input("再次输入一个数: "))
28 print("########for 循环 continue########")
29 for letter in 'Hello Python!':
30    if letter == '!' or letter == ' ':
31       continue
32    print ('字母 :', letter)
33 print("########for in range 循环########")
34 sum = 0
35 #0...10
36 for n in range(0, 11):
37     #print(n)
38     sum += n
39 #55
40 print("0~10 求和=",sum)
```

在代码 4-12 中，04 行 age=int(input("请输入年龄: "))语句中的 input 函数可以从控制台接收一个输入数据，返回的数据类型是字符串类型。input 函数中给出的文本为提示信息，由于输入的是年龄，因此要转成整型，即通过 int 函数进行转换即可。从控制台获取的值，赋值给变量 age。

06~13 行给出了 if 判断语句的基本用法，其中每个分支的末尾是用符号":"进行界定的，Python 中并没有用大括号进行区域界定，而是通过缩进，因此，每个分支中的语句都必须统一缩进。Python 中的 if 判断语句的 elif 是 else if 的缩写。

07 行 print("年龄{0}只能在 0~150 之间".format(age))用到了 Python 语言中的字符串 format 函数，此函数非常强大，使用起来也非常方便。相对于 Python 语言中的%格式方法，format 格式化字符串有如下一些优点：

- 无需关心数据类型：例如"值为{0}".format(var)中{0}占位符，用来对第一个参数进行占位，可以表示字符串类型，也可以表示数值类型，具体根据 var 类型会自动处理。而在%方法中%s 只能替代字符串类型。
- 单个参数可以多次输出：例如 "x={0},f({0})={1}".format(1,10)中{0}占位符出现2次，可以多次输出，该格式化文本输出为"x=1,f(1)=10"。另外，"x={},f({})={}".format(1,1,10)文本输出也是"x=1,f(1)=10"，此时三个{}则按照参数的顺序自动对应。
- 填充方式十分灵活，对齐方式十分强大：例如"{:,}".format(9234567890)则可以用千位分隔符输出文本，即 "9,234,567,890"。"{:.2f}".format(521.1314) 则输出 "521.13"。"{:0>6}".format('123')则"000189"，其中{:0>6}表示靠右对齐，整个长度为6，不足6位左边补全0。关于对齐，说明如下：

居中对齐 (:^)
靠左对齐 (:<)
靠右对齐 (:>)

15 行 list=["C", "Spark", "Go", "Python"]定义了一个列表 list。17 行 for x in list 则可以对列表 list 进行遍历访问，和 if 类似，for 语句末尾以冒号（:）作为结尾，其中的语句必须缩进。for x in list 语句实际上就会遍历列表 list 中每个元素，每次遍历，x 都代表不同的元素值。for 循环一般用于有限循环，即循环次数已知。

22 行 while 1 是一个无限循环的例子，一般来说，无限循环体中必须有可退出循环的语句 break，即在一定条件下，通过 break 跳出循环。24 行 if num % 3==0 即为 break 语句触发条件，当输入的参数 num 是 3 的倍数时，即执行 break。

29 行 for letter in 'Hello Python!'语句利用 for...in 对字符串进行遍历，此时 letter 在每次遍历时，都代表不同的字母。30 行 if letter=='!' or letter==' '则判断当前字母是否为 '!' 或者 ' '，如果是则执行 31 行 continue 语句。

continue 和 break 经常出现在循环体中，但是二者的用法不同，continue 只是跳出本次循环，进入下一个循环。而 break 则是跳出循环体。因此，30~31 行实际作用是不打印字母'!' 或者' '。

36 行 for n in range(0, 11)中的 range 函数是使用率比较高的函数，它可以快速生成一个序列，range(0, 11)会生成 0,1,2,...,10 这 11 个数。38 行 sum+=n 对序列中的值进行累加，即 0+1+2+……+10=55。

在 ch04 目录下，命令行执行 python demo10.py，则输出结果如图 4.14 所示。

图 4.14　demo10.py 的执行结果

> **注　意**
>
> Python 中 input()和 raw_input()两个函数均能从控制台接收字符串，但 raw_input()直接读取控制台的输入（任何类型的输入它都可以接收）。而 input()读取一个合法的 Python 表达式，如输入字符串时，不使用引号则报错。

4.1.5 Python 函数

函数(Function)是一种封装好的、可被外部调用的 API。函数的一大好处就是一次定义，多次调用。函数的功能划分应该单一，即一个函数主要解决某一个具体的功能。函数就像一辆汽车中的各个零部件，通过组合即可构成功能强大的汽车。

函数能提高程序的模块化程度和代码的重复利用率。在 Python 中，已经内建了很多函数，如 print 函数。当然，我们也可以自己定义函数，来解决特有的业务问题。

在 Python 语言中，可以按照如下约定来定义一个函数：

```
def 函数名(参数1,参数2,...) :
    "函数注释，可选"
    函数逻辑
    return 函数返回值
```

其中，函数以关键词 def 开头，后面给出函数名和函数的参数，参数用括号()进行包裹，多个参数名使用逗号隔开，最后用冒号（:）结尾。

函数体一般另起一行，并缩进。函数的第一行语句可以选择性地使用注释来描述函数的用法。return 可以将结果返回并结束函数，当然有些函数是没有返回值的，此时可以不用 return 语句。

当一个函数不使用 return 语句返回值，此函数相当于返回 None。Python 函数的参数支持可变参数，默认值参数。下面给出 Python 命名函数的综合示例，如代码 4-13 所示。

代码 4-13　命名函数示例：ch04/demo11.py

```
01    #定义一个 say 函数，无 return 返回值
02    def say(msg) :
03        """say 函数接受一个参数 msg 打印出 Hello,msg\r\n
04        例如 say("Python")打印 Hello Python
05        """
06        print("Hello ",msg)
07    #None
08    print(say("Python"))
09    #定义一个 getName 函数，return 返回值
10    #先定义函数才能调用
11    #NameError: name 'getName' is not defined
12    #print(getName("Python"))
13    def getName(name) :
14        """getName 函数接受一个参数 name 并返回字符串类型的值\r\n
15        例如 getName("Python")会返回"My Name is Python"
16        """
17        return "My Name is "+name
18    #My Name is Python
19    print(getName("Python"))
20    #函数作用域实例，函数外是全局变量
```

```
21    msg = "Using "
22    def getMsg(prefix="Hello ") :
23        """getMsg 函数参数是一个默认值的参数\r\n
24        例如 getMsg()会返回"Hello Spark"
25        """
26        #函数内是局部变量
27        msg = "Spark"
28        return prefix + msg
29    #Using Spark
30    print(getMsg(msg))
31    #Hello Spark
32    print(getMsg())
33    #定义一个可变参数的函数
34    # *args 会存储所有未命名的变量参数，返回元组
35    def sum( *args ):
36        v = 0
37        for var in args:
38            v += var
39        return v
40    #30
41    print(sum( 10,20 ))
42    #60
43    print(sum( 10,20,30 ))
44    #**vardict 也代表可变参数，但参数必须为字段=值的形式
45    def printinfo(a,*arg, **vardict ):
46        print (a)
47        print (arg)
48        print (vardict)
49    # 2
50    # (3, 5)
51    # {'name': 'jack', 'age': 32}
52    printinfo(2,3,5,name="jack",age=32)
53    #2
54    # (3, 5, 7)
55    # {'name': 'jack', 'age': 32, 'shool': 'CUMT'}
56    printinfo(2,3,5,7,name="jack",age=32,shool="CUMT")
```

代码4-13 中，02 行 def say(msg) :定义了一个函数 say，该函数有一个参数 msg，03~05 行是对该函数的注释，06 行 print("Hello ",msg)在控制台打印字符串信息。函数 say 没有 return 返回值，因此默认返回 None，即 08 行 print(say("Python"))打印输出的值。

13 行 def getName(name) :定义了一个 getName 函数，该函数也有一个参数 name，但是函数体中最后用 return 返回了一个字符串类型的值，因此 19 行 print(getName("Python"))会打印输出"My Name is Python"。

12 行注释掉的#print(getName("Python"))在 getName 函数定义之前进行了调用，此时编译

器会抛出错误，提示 getName 未定义的错误。这也就说明，在 Python 语言中，函数只有在事先定义之后，才能进行函数的调用。

函数体中的注释可以被 VSCode 识别，当我们调用函数时，将鼠标放在函数名之上，此时会提示函数的注释，如图 4.15 所示。

图 4.15　函数注释提示

正是由于函数注释会被 Python IDE 工具解析和识别，因此在实际 Python 函数编程中，对函数进行合理的注释至关重要，便于其他开发人员快速了解函数的功能，以及使用方法。

21~32 行给出了一个默认值参数的函数示例，同时也说明了 Python 中全局变量和局部变量的区别。一般来说，Python 函数外定义的变量是全局变量，而在函数体内定义的变量是局部变量。

22 行 def getMsg(prefix="Hello ") :语句定义的 getMsg 函数，其中的参数 prefix 有一个默认值"Hello "，这样的话，在调用 getMsg 函数时，可以用 30 行的 getMsg(msg)进行调用，此时 msg 是函数体外的全部变量 msg，即值为"Using "。由于显式地给出了参数 prefix 的值，因此默认值会被替换为"Using "，即输出"Using Spark"。

而用 32 行的 print(getMsg())语句调用 getMsg 函数时，没有给出参数 prefix 的值，此时使用默认值"Hello "，因此会输出"Hello Spark"。需要注意的是，如果参数 prefix 没有给出默认值，那么直接用 getMsg()进行函数调用会抛出错误。

35 行 def sum(*args):定义了一个 sum 函数，参数 args 前面有一个符号*，这代表是一个可变参数，即参数可以是不定个数的。这种不定参数对于类似求和等操作的函数来说非常实用，定义一个通用的求和函数，即可适用很多场景。

*args 会存储所有未命名的变量参数，函数参数以元组的形式返回，因此，可以在函数体内用 for...in 进行遍历，并求和。41 行 print(sum(10,20))和 43 行 print(sum(10,20,30))都可以正常调用函数 sum，并分别返回 30 和 60。

在 Python 语言中，可变参数除了*args 这种形式外，可以用**args 这种形式，也代表可变参数，但参数必须为"字段=值"的形式。45 行 def printinfo(a,*arg, **vardict):语句中，分别定义了一个命名参数 a，一个可变参数*arg 和另一个可变参数**vardict。

前面提到，可变参数*arg 可以存储未命名的所有参数，即剔除参数 a 外的参数，52 行的 printinfo(2,3,5,name="jack",age=32)语句中，参数值 2 实际上赋值给了 a，而 3 和 5 则以元组的方式(2,3)赋值给了参数*arg。name="jack",age=32 这种以"字段=值"的形式出现的参数，则赋值给了参数**vardict，并以字典的形式{'name': 'jack', 'age': 32}进行存储。

在 ch04 目录下，命令行执行 python demo11.py，输出结果如图 4.16 所示。

```
Hello    Python
None
My Name is Python
Using Spark
Hello Spark
30
60
2
(3, 5)
{'name': 'jack', 'age': 32}
2
(3, 5, 7)
{'name': 'jack', 'age': 32, 'shool': 'CUMT'}
```

图 4.16 demo11.py 的运行结果

> **注　意**
>
> 函数体中可以有多个 return 语句，但是只要执行任一个 return 语句，就意味着函数调用结束。Python 中函数可以嵌套，函数可以作为参数或者返回值出现在另一个函数中。

Python 中的函数，除了命名函数外，还支持使用 Lambda 表达式来创建匿名函数。所谓匿名函数，即不使用 def 语句这样标准的形式定义一个函数，且函数名无须指定。

Lambda 只是一个表达式，因此函数体比 def 定义的命名函数要简化很多，因此被广泛使用。但需要注意，Lambda 的主体是一个表达式，而不是一个代码块，因此，只能在 Lambda 表达式中进行简单的逻辑处理，对于复杂的逻辑处理不建议用 Lambda 表达式。

此外，Python 中 Lambda 表达式创建的匿名函数拥有自己的命名空间，且不能访问自己参数列表之外或全局命名空间里的变量。

一般来说，Python 中 Lambda 表达式看起来只能写一行，但与 C 或 C++的内联函数却不同，后者的目的是调用小函数时，不占用栈内存从而增加运行效率。

下面给出 Python 中 Lambda 表达式创建匿名函数的示例，如代码 4-14 所示。

代码 4-14　Lambda 表达式示例：ch04/demo12.py

```
01    sum = lambda x, y: x + y
02    #3
03    print(sum(1,2))
04    #9
05    print((lambda x:x**2)(3))
06    #定义列表
07    a = [('b',3),('a',2),('d',4),('c',1)]
08    #[('a', 2), ('b', 3), ('c', 1), ('d', 4)]
09    print(sorted(a,key=lambda x:x[0]))
10    a = [('a',(7,3)),('a',(1,7)),('c',(2,5)),('d',(5,9))]
11    #[('a', (1, 7)), ('c', (2, 5)), ('d', (5, 9)), ('a', (7, 3))]
12    print(sorted(a,key=lambda x:x[1]))
13    #[('a', (7, 3)), ('c', (2, 5)), ('a', (1, 7)), ('d', (5, 9))]
14    print(sorted(a,key=lambda x:x[1][1]))
15    #[0, 1, 4, 9, 16]
```

```
16    print(list(map(lambda x: x*x,[y for y in range(5)])))
17    names = ['Jack', 'Joly', 'Bob', 'Smith']
18    fnames= filter(lambda x: x.startswith('J'),names)
19    #['Jack', 'Joly']
20    print(list(fnames))
21    msg = "Hello Spark!"
22    words = msg.split(' ')
23    items  = map(lambda x:(x,1),words)
24    #[('Hello', 1), ('Spark!', 1)]
25    print(list(items))
26    # 导入 reduce
27    from functools import reduce
28    #reduce 要求表达式是 2 个参数
29    #45=0+1+2+······+9
30    print(reduce((lambda x,y: x+y),range(10)))
31    #定义一个函数
32    def printReduce(x,y):
33        #用于调试，很方便
34        print("x={}".format(x))
35        print("y={}".format(y))
36        #返回一个有 2 个元素的元组
37        return  (x[0]+" " + y[0],x[1]+y[1])
38    result = reduce(printReduce,[('Hello', 1), ('Spark!', 2)],('Init',0))
39    #['Init Hello Spark!', 3]
40    print(list(result))
41    ##############################################
42    #求 N!，如 6!= 6*5*4*3*2*1
43    nmh = lambda x, y: x * y
44    #求每个阶乘的组成的列表
45    lam2 = lambda a: reduce(nmh,range(1,a+1))
46    # 求列表的和
47    sum = lambda m, n: m + n
48    #求 6!+5!+4!+3!+2!+1!的和
49    #873
50    print(reduce(sum,list(map(lam2,range(1,7)))))
```

代码 4-14 中，01 行 sum=lambda x, y: x+ y 用关键字 lambda 定义了一个表达式，并赋值给变量 sum，后续则可以把 sum 当作函数来进行调用。lambda x, y: x+ y 语句中的冒号（:）对表达式参数和逻辑处理进行了分隔，其中 x,y 表示定义的匿名函数有 2 个参数，而 x+y 则表示对参数 x 和 y 进行求和操作，并返回该值。注意，Lambda 表达式的定义中并不需要显式地调用 return 返回值。因此，03 行 print(sum(1,2))返回 3。

05 行 print((lambda x:x**2)(3))语句中，直接在定义 Lambda 表达式后即可进行调用，lambda x:x**2 表示接受一个参数，并返回这个参数的 2 次幂。因此，当输入 3 作为参数 x 的值时，即输出 3**2=9。

07 行 a=[('b',3),('a',2),('d',4),('c',1)] 定义了一个列表，列表元素为元组。09 行 print(sorted(a,key=lambda x:x[0]))用函数 sorted 对列表 a 进行排序，并按照列表元素（元组）的第一个值作为 key 进行升序排序，因此输出结果为[('**a**', 2), ('**b**', 3), ('**c**', 1), ('**d**', 4)]。

10 行 a=[('a',(7,3)),('a',(1,7)),('c',(2,5)),('d',(5,9))]重新定义了一个比较复杂的列表。12 行 print(sorted(a,key=lambda x:x[1]))对列表 a 进行排序，以元组中的第 2 个元素来升序排列，比如当 x 是('a',(7,3))元素时，x[1]代表(7,3)，此时默认按照第一个值 7 进行排序，因此排序结果为[('a', (**1**, 7)), ('c', (**2**, 5)), ('d', (**5**, 9)), ('a', (**7**, 3))]。

同理，14 行的 print(sorted(a,key=lambda x:x[1][1]))语句对列表 a 进行升序排序，是以元组中的第 2 个元素的第 2 个值来升序排序，比如，当 x 是('a',(7,3))元素时，x[1][1]代表 3，此时默认按照值 3 进行排序，因此排序结果为[('a', (7, **3**)), ('c', (2, **5**)), ('a', (1, **7**)), ('d', (5, **9**))]。

16 行的 print(list(map(lambda x: x*x,[y for y in range(5)])))中，首先看一下 map 函数，它一般接受两个参数，即 map(function, iterable)，其中 iterable 是一个序列，如列表。对于每个序列中的值，会调用函数 function 并返回值，返回的值构成一个新的 map 对象。首先[y for y in range(5)]返回一个序列[0,1,2,3,4]，而 lambda x: x*x 定义的函数则返回输入值的 2 次幂，即返回 0,1,4,9,16。但这个返回值并不是列表，因此需要用 list 函数进行类型转换，即输出[0,1,4,9,16]。

17 行 names=['Jack', 'Joly', 'Bob', 'Smith']定义了一个列表 names。18 行 fnames=filter(lambda x: x.startswith('J'),names)用 filter 函数对列表元素进行过滤，其中过滤出首字母以 J 打头的元素值，20 行用 print(list(fnames))将过滤好的对象 fnames 通过 list 函数转换成列表，并打印输出，结果为['Jack', 'Joly']。

21~25 行实际上用 Python 实现了一个简单的单词计数程序，21 行 msg="Hello Spark!"定义了一个字符串，其中以空格分隔单词。22 行 words=msg.split(' ')对字符串 msg 按照空格进行 split，并返回一个 list 对象["Hello","Spark!"]。23 行 tems=map(lambda x:(x,1),words)通过 map 函数将 list 对象["Hello","Spark!"]处理为('Hello', 1), ('Spark!', 1)的 map 对象。25 行 print(list(items))将其转换成 list，并打印输出，结果为[('Hello', 1), ('Spark!', 1)]。

27 行 from functools import reduce 语句从模块 functools 中导入 reduce 函数，由于此函数并不在默认命名空间下，因此需要用 from ... import 导入方可使用。

30 行 print(reduce((lambda x,y: x+y),range(10)))语句中，首先用 range(10)生成一个序列 0, 1, 2, 3, 4, 5, 6, 7, 8, 9。然后作为 reduce 函数的第二个参数，其中 lambda x,y: x+y 中的 x 是一个累加结果，第一次迭代时，x 为 0，y 是序列第一个值 0，因此返回 0+0 为 0；第二次迭代时，x 为 0，y 是序列第二个值 1，因此返回 0+1 为 1；第三次迭代时，x 为 1，y 是序列第三个值 2，因此返回 1+2 为 3，以此类推。最终的结果为 0+1+2+……+9=45。

38 行 result=reduce(printReduce,[('Hello', 1), ('Spark!', 2)],('Init',0))中，给出的可迭代对象为[('Hello', 1), ('Spark!', 2)]，它是一个元素类型为元组的列表，那么此时 x,y 参数都代表什么呢？由于 Lambda 表达式不好构建复杂的业务逻辑，因此这里用 def 定义了一个函数，它接受 2 个参数 x 和 y，并在函数体中对 x 和 y 进行打印输出，从而可以查看其值的具体类型。

其中，('Init',0)是初始值，即 x 的初始值。37 行 return (x[0]+" " + y[0],x[1]+y[1])实际上是对迭代列表对象中的元素对应值进行累加处理，即('Init',0)+('Hello', 1)+('Spark!', 2)=('Init '+' '+'Hello'+' '+'Spark!',0+1+2)=['Init Hello Spark!', 3]。

43~50 行是对阶乘进行求解，它可以分为累加和累乘两个步骤，其中 43 行 nmh=lambda x, y: x * y 和 45 行 lam2=lambda a: reduce(nmh,range(1,a+1))构建了一个累乘的函数。

47 行 sum=lambda m, n: m + n 和 50 行 print(reduce(sum,list(map(lam2,range(1,7)))))将累加和累乘进行组合，并最终构成阶乘计算结果。6!+5!+4!+3!+2!+1!的计算结果为 873。

在 ch04 目录下，命令行执行 python demo12.py，输出结果如图 4.17 所示。

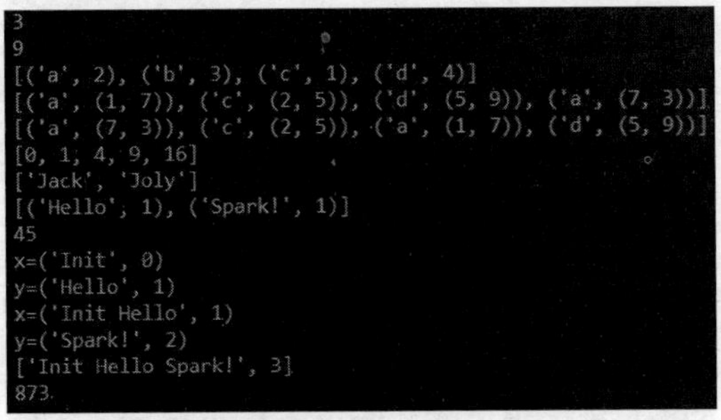

图 4.17　demo12.py 的运行结果

4.1.6　Python 模块和包

Python 语言中，除了函数外，还有模块和包的概念。所谓的模块，是一个包含若干函数定义和变量的文件，其后缀名是.py。模块可以被其他模块导入，并复用。Python 标准库本质上就可以看作是模块。

一组模块可以构成 Python 包。模块是用来从逻辑上组织 Python 代码（变量、函数、类、逻辑）实现一个功能，本质上是.py 结尾的 Python 文件。而包是用来从逻辑上组织模块的，本质上是一个目录（必须带有一个__init__.py 文件），同一个目录下可以放多个模块文件。模块名一般为.py 文件名，而包名一般为包含__init__.py 目录的目录名，包目录中包含__init__.py 文件、一些模块文件和子目录，假如子目录中也包含__init__.py，那么说明这个包包含子包。常见的包结构如下：

```
package_name
├── __init__.py
├── module_a1.py
└── module_a2.py
```

一般来说，Python 语言中模块分为如下几种：

- 内置标准模块：又称标准库，可以执行 help('modules')查看所有Python自带模块列表。
- 第三方开源模块：可通过pip install 模块名进行安装，这个过程一般需要联网。
- 自定义模块：根据业务需求，编写的自定义模块，此时也可以调用模块中的方法。

对于模块而言，在使用之前，首先需要导入，导入模块的常见方法如下：

- import moduleA：这种方式在调用模块moduleA中的方法时，需要用moduleA.func()进行调用。但要注意，这种方式会导入模块moduleA中所有的方法。
- from moduleA import funcA：这种方式在调用模块moduleA中的funcA方法时，可直接

用funcA()进行调用。这种方式只会导入模块moduleA中funcA方法。
- from moduleA import funcA as funB：这种方式在调用模块moduleA中的funcA方法时，可直接使用别名funB()进行调用。
- from moduleA import *：这种方式在调用模块moduleA中的方法时，由于导入了所有函数，可直接用函数名进行调用。

通常情况下，当使用 import 语句导入模块后，Python 会按照以下顺序查找指定的模块文件，只要在一个目录下匹配到该模块名，就立刻导入，不再继续查找：

（1）在当前目录，即当前执行的程序文件所在目录下查找。
（2）到环境变量PYTHONPATH下的每个目录中查找。
（3）到Python默认的安装目录下查找。

以上所有涉及的目录，都保存在标准模块 sys 的 sys.path 变量中，通过此变量我们可以看到指定程序文件支持查找的所有目录。换句话说，如果需要导入的模块没有存储在 sys.path 显示的目录中，那么导入该模块并运行程序时，Python 解释器就会抛出 ModuleNotFoundError 异常。

因此，解决类似 Python 找不到指定模块这种错误的最方便的方法如下：

```
import sys
sys.path.append('C:\\mymodule')
```

下面介绍模块导入的几种类型：

（1）相对导入：相对导入模块使用句点"."来决定如何相对导入其他包或模块。如下所示：

```
from . import moduleA
```

（2）可选导入：在某些情况下，希望优先使用某个模块或包，但同时也想在没有这个模块或包的情况下有备选方案，那么就可以使用可选导入这种方式。

```
try:
    # For Python 3.x
    from http.client import responses
except ImportError:
# For Python 2.x
    try:
        from httplib import responses
    except ImportError:
        print('Hello')
```

（3）局部导入：Python 中的模块导入还支持在函数体内进行局部导入。一般来说，在 Python 文件的顶部导入一个模块，那么是将该模块导入至全局作用域，这意味着之后的任何函数或方法都可能访问该模块。而在函数体中导入的模块，只在所在作用域生效，外部无法访问。下面举例来说明：

```
#全局导入
import sys
def mysqrt(a):
    #局部导入
    import math
    return math.sqrt(a)
def mypow(b, n):
    #无法访问 math 模块
    return math.pow(b, n)
```

同样地，Python 包也需要导入才能使用，导入包和导入模块非常相似，也可以用 import 关键字进行导入：

```
import packageName
```

导入包的本质是去执行包下的 __init__.py 文件。因此在 __init__.py 文件用 import 导入相关的模块，如下：

```
from . import moduleA
```

如果需要调用包中具体模块下的函数，则需要用如下方式：

```
packageName.moduleA.funcA()
```

> **注　意**
>
> 自定义模块只能在当前路径下的程序里才能导入，如果换一个目录再导入，则可能会抛出模块找不到的错误。这个可用 sys.path.append 解决。

下面给出 Python 模块的基本示例，由于模块一般涉及多个文件，因此首先给出该示例的目录结构，如图 4.18 所示。

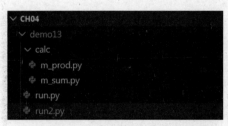

图 4.18　Python 模块示例目录结构

这里需要说明一下，代码目录名是 ch04，但默认情况下 VSCode 会自动将顶层目录转换成大写 CH04。通过上图可知，demo13 目录下有多个文件和目录，其中 calc 是一个目录，该目录下有一个 m_prod.py 模块文件和一个 m_sum.py 模块文件。

首先给出模块文件 m_sum.py 的示例，如代码 4-15 所示。

代码 4-15　m_sum 模块示例：ch04/demo13/calc/m_sum.py

```
01    __name = "JackWang"
02    __version = "1.0"
```

```
03    Name ="Jack"
04    def sum( *args):
05        v = 0
06        for var in args:
07            v += var
08        return v
09    print("m_sum load")
```

代码 4-15 中，01~03 行定义了 3 个全局变量。04 行定义了一个 sum 函数，用于求和。为了清晰地看到模块导入的情况，在 09 行用 print("m_sum load")语句打印提示信息。

接下来，我们给出模块文件 m_prod.py 的示例，如代码 4-16 所示。

代码 4-16　m_prod 模块示例：ch04/demo13/calc/m_prod.py

```
01    def prod(*args):
02        v = 1
03        for var in args:
04            v *= var
05        return v
06    def _prod(*args):
07        v = 1
08        for var in args:
09            v *= var
10        return v
11    def __prod(*args):
12        v = 1
13        for var in args:
14            v *= var
15        return v
16    print("m_prod load")
```

代码 4-16 中定义了三个函数，分别为 prod、_prod 和__prod，这三个函数的功能一致，都是求乘积。前面之所以在命名变量或者函数名时，用了_name、__version、_prod 和__prod，是为了验证之前提到的 Python 命名标识符的约定。一般来说，以下划线开头的标识符具有特殊的意义。如以单下划线开头（_var）的变量代表不能直接访问的类属性，需要通过类提供的接口进行访问，且不能用 from moduleA import * 来导入。

以双下划线开头的（__var）的变量代表类的私有成员，在使用 from moduleA import *导入模块的情况下，不能导入或使用私有属性和方法。而在使用 import moduleA 导入模块的情况下，能导入并使用私有属性和方法。

再来看一个 run.py 的示例，如代码 4-17 所示。

代码 4-17　run.py 示例：ch04/demo13/run.py

```
01    from calc.m_sum import sum
02    #12
03    print(sum(3,4,5))
```

```
04    from calc.m_prod import prod
05    #60
06    print(prod(3,4,5))
07    from calc.m_prod import _prod
08    #60
09    print(prod(3,4,5))
10    from calc.m_prod import __prod
11    #60
12    print(prod(3,4,5))
13    from calc.m_sum import Name
14    #Jack
15    print(Name)
16    from calc.m_sum import __version
17    #1.0
18    print(__version)
19    from calc.m_sum import _name
20    #JackWang
21    print(_name)
```

代码4-17中，run.py是一个脚本文件，可以直接执行，01行from calc.m_sum import sum从模块calc.m_sum（可以看出模块路径为目录名.文件名）中导入sum函数，此后，其他语句即可直接使用sum函数进行求和。03行print(sum(3,4,5))打印求和结果为12。

04行from calc.m_prod import prod从模块calc.m_prod中导入prod函数，此后，其他语句即可直接使用prod函数进行计算乘积。06行print(prod(3,4,5))打印乘积结果为60。

13行from calc.m_sum import Name从模块calc.m_sum导入变量Name，也就是说import不光可以导入函数，还是可以导入变量。15行print(Name)打印输出"Jack"。

通过import _name、import __version、import _prod和import __prod都可以成功导入，且可以在外部访问模块中以单下划线和双下划线打头命名的变量和方法。

在目录ch04中，命令行执行python demo13/run.py，输出结果如下所示：

```
m_sum load
12
m_prod load
60
60
60
Jack
1.0
JackWang
```

从输出结果可知，当执行import导入模块时，实际上就执行了模块中的相关语句。下面给出另外一个示例run2.py，如代码4-18所示。

代码4-18 run2.py示例：ch04/demo13/run2.py

```
01    # import *无法导入单下划线和双下划线打头命名的变量和方法
```

```
02    from calc.m_sum import *
03    from calc.m_prod import *
04    #12
05    print(sum(3,4,5))
06    #Jack
07    print(Name)
08    #60
09    print(prod(3,4,5))
10    ####################
11    #'_name' is not defined
12    # print(_name)
13    # print(__version)
14    # print(_prod(3,4,5))
15    # print(__prod(3,4,5))
```

代码4-18中，01行和02行用另外一种导入方法，即import *方法，这种方式不能导入单下划线和双下划线打头命名的变量和方法，因此，注释掉的12行和15行如果被执行（把注释去掉，执行一下看看），则会报未定义的错误。

在目录ch04中，命令行执行 python demo13/run2.py，输出结果如下所示：

```
m_sum load
m_prod load
12
Jack
60
```

4.1.7 Python 面向对象

面向对象（Object Oriented）是一种软件开发方法，它把相关的数据和方法封装成为一个整体来看待，从更高的层次来进行系统建模，从而更贴近事物的自然运行模式，也比较容易理解。

当前，Python 已经被认为是一门面向对象的编程语言了，在 Python 中定义一个类和对象非常容易。下面给出若干面向对象的基本概念：

- 类（Class）：用来描述具有相同的属性和方法的对象的集合。它定义了该集合中每个对象所共有的属性和方法。
- 实例化：创建一个类的实例，类的具体对象。
- 对象：通过类定义的数据结构进行实例化得到对象。对象包括两个数据成员（类变量和实例变量）和方法。例如，人是一个类，那么张三和李四则是人这个类的实例，也就是对象。
- 方法：类中定义的函数。
- 类变量：类变量在整个实例化的对象中是公用的。类变量定义在类中且在函数体之外。

- 局部变量：定义在方法中的变量，只作用于当前实例的类。
- 实例变量：在类的声明中，属性用变量来表示，这种变量就称为实例变量。实例变量就是一个用self修饰的变量。

Python 中的类提供了面向对象编程的所有基本功能，比如类的继承机制允许继承多个基类，派生类可以覆盖基类中的任何方法，方法中可以调用基类中的同名方法。

在类的内部，使用 def 关键字来定义一个方法，与一般函数定义不同，类方法必须包含参数 self，且必须为第一个参数，self 代表的是类的实例。

下面给出一个 person 类示例，如代码 4-19 所示。

代码 4-19　person 类示例：ch04/demo14.py

```
01  #类定义
02  class people:
03      #定义基本属性
04      name = ''
05      _age = 0
06      #定义私有属性,类外部无法直接进行访问
07      __height = 0
08      #__init__构造方法
09      def __init__(self,name,age,height):
10          self.name = name
11          self._age = age
12          self.__height = height
13      def speak(self):
14          print("%s age is %d" %(self.name,self._age))
15      def _speak(self):
16          print("%s height is %d" %(self.name,self.__height))
17      #定义私有方法,类外部无法直接进行访问
18      def __speak(self):
19          print("%s height is %d" %(self.name,self.__height))
20  # 在执行 python demo14.py 时执行,导入时不执行
21  if __name__ == '__main__':
22      p = people('jack',32,178)
23      #jack age is 32
24      p.speak()
25      #jack height is 178
26      p._speak()
27      #jack
28      print(p.name)
29      #32
30      print(p._age)
31      #'people' object has no attribute '__speak'
32      # p.__speak()
33      # print(p.__height)
```

代码4-19中,02行 class people:定义了一个名为person的类,类定义的关键词是class。04~07行定义了几个类变量,它们是在person类中和函数体外定义的。07行__height=0定义了一个私有变量,类外部无法直接进行访问。

09行 def __init__(self,name,age,height):定义的方法__init__是一种特殊的方法,表示构造函数,它第一个参数必须为self。

13行 def speak(self):定义了一个speak方法,它实际在调用的时候是无参数的,但是定义的时候必须用self作为第一个参数。18行 def __speak(self):定义了一个__speak方法(双下划线),它表示私有方法,类外部无法直接进行访问。

21行 if __name__=='__main__':这个条件语句会根据当前文件的执行方式来决定是否要执行此作用域中的代码逻辑。在用命令python demo14.py时会执行此部分代码,而用import导入时,则不执行。

在目录ch04中,命令行执行python demo14.py,输出结果如下所示:

```
jack age is 32
jack height is 178
jack
32
```

下面再给出一个类继承的示例,如代码4-20所示。

代码4-20 类继承示例:ch04/demo15.py

```
01    #从模块demo14(demo14.py)文件中导入类peole
02    from demo14 import people
03    #继承people
04    class student(people):
05        grade = ''
06        def __init__(self,name,age,height,grade):
07            #调用父类的构函
08            people.__init__(self,name,age,height)
09            self.grade = grade
10        #覆写父类的方法
11        def speak(self):
12            print("%s age is %d,grade is %s" %(self.name,self._age,self.grade))
13    #实例化
14    stu = student("jack",32,178,3)
15    #jack age is 32,grade is 3
16    stu.speak()
17    #jack height is 178
18    stu._speak()
19    #jack
20    print(stu.name)
21    #32
22    print(stu._age)
```

```
23      #'student' object has no attribute '__height'
24      #print(stu.__height)
25      #'student' object has no attribute '__speak'
26      #stu.__speak()
```

代码 4-20 中，首先导入类 person，由于 demo14.py 和 demo15.py 在同一个目录，因此 02 行 from demo14 import people 即可完成 person 类的导入。

04 行 class student(people):即实现了类 student 对基类 people 的继承。08 行 people.__init__(self,name,age,height)实际上调用了基类 people 的__init__方法。11 行 def speak(self):定义了一个基类 people 中同名的方法 speak()，此时会覆盖基类的方法 speak()。14 行 stu=student("jack",32,178,3)用类 student 实例化了对象 stu，并用构造函数对相关属性进行赋值。16 行 stu.speak()调用的是 student 类中的 speak 方法。

18 行 stu._speak()和 22 行 print(stu._age)都可以正确运行，说明单下划线定义的变量或者方法可以在子类中进行调用；而 24 行 print(stu.__height)和 26 行 stu.__speak()会在运行时报错，提示没有相关的属性，因此被注释掉，这说明双下划线定义的变量或者方法不能在子类中进行调用。

在目录 ch04 中，命令行执行 python demo15.py，输出结果如下所示：

```
jack age is 32,grade is 3
jack height is 178
jack
32
```

在 Python 中，对于公有方法和公有变量，对象可以访问，类内部可以访问，派生类中可以访问。而对于私有方法或者私有变量，只能在类的内部使用。在 Python 中，私有属性和方法是以两个下划线开头的。

> **注　意**
>
> 在 Python 语言中，所谓的私有属性和方法是相对的，不是严格意义上的私有。

4.1.8　Python 异常处理

由于当前软件工程都非常复杂，实际的项目涉及多个模块，因此，很多程序都有潜在的 Bug。作为一个最简单的函数来说，一般都涉及输入和输出，对于输入虽然我们可以提前进行一些验证，但是也可能出现覆盖不全的情况，当有一个特定输入的时候，可能就会抛出错误，因此为了程序能够稳定地运行，对于一些错误，需要进行捕捉，然后进行处理，从而防止程序崩溃，这一点非常重要。

比如，编写一个在线计算贷款月供的函数，需要输入贷款总额、分期月份、贷款利率、贷款方式等。对于不合法的输入值，比如贷款总额小于 0 等，需要进行验证，如果不合法，可以直接给出提示。

但可能还有一些不能提前预知的异常，比如网络异常等，这种情况下，如果有错误处理机制，则可以对异常进行捕获，并进行特定的处理。

一般来说，Python 有两种错误：语法错误和异常。语法错误一般比较好排除，因为在编码阶段就可以发现。异常则相对不好排除，即便 Python 程序的语法是正确的，在运行它的时候，也有可能发生错误。运行期检测到的错误被称为异常。异常可以使用 try ...except ...finally 语句进行捕获和处理。

下面给出 Python 异常捕捉的示例，如代码 4-21 所示。

代码 4-21　函数表达式示例：ch04/demo16.py

```
01    import sys
02    def raiseErr():
03        return 1 / 0
04    try:
05        '''需要执行的代码'''
06        raiseErr()
07    except:
08        '''有异常捕获，并处理'''
09        #Unexpected error: <class 'ZeroDivisionError'>
10        print("Unexpected error:", sys.exc_info()[0])
11        raise #抛出异常
12    else:
13        '''没有异常执行的代码'''
14        print("执行无异常")
15    finally:
16        '''这里不管有没有异常，都会执行'''
17        print('=========finally=========')
```

代码 4-21 中，01 行 import sys 导入标准库中的 sys 模块。02 行 def raiseErr():故意定义了一个抛出异常的函数，函数体是计算 1/0。04~17 行是 try ...except ...finally 语句块，其中 try...except 之间的语句是要处理的业务逻辑，这里调用函数 raiseErr()，很显然，这里会抛出错误。

except 分支部分的语句是捕获异常后如何进行处理。这里首先打印出 sys.exc_info()[0]相关信息，查看执行的详细信息，便于排除错误。11 行 raise 则会抛出异常。

else 分支在没有异常的情况下进行一些业务处理。不管代码执行是成功还是异常，finally 分支的代码都会执行，比如打开文件抛出异常，则可能需要释放文件句柄等。

在目录 ch04 中，命令行执行 python demo16.py，输出结果如下所示：

```
Unexpected error: <class 'ZeroDivisionError'>
=========finally=========
Traceback (most recent call last):
  File "demo16.py", line 7, in <module>
    raiseErr()
  File "demo16.py", line 3, in raiseErr
    return 1 / 0
ZeroDivisionError: division by zero
```

4.1.9 Python JSON 处理

如果读者之前接触过 Web 开发，那么一定知道 JSON（JavaScript Object Notation），它是当前 Web 开发中常见的一种数据交换格式。相对于 XML 数据格式而言，JSON 更容易被 JavaScript 处理，原生的浏览器 JavaScript 接口即可直接对文本和 JSON 对象进行互相转换。

JSON 是一种轻量级的数据交换格式，在 Web 应用中，很多都采用 JSON 为数据交互格式，应用非常广泛。可以说，现在的各类 Web 应用程序都在大量地采用 JSON 进行数据交互。

JSON 采用完全独立于编程语言的文本格式来存储和表示数据。简洁和清晰的层次结构使得 JSON 成为理想的数据交换语言。它易于人类阅读和编写，同时也易于机器解析和自动生成，并能有效地提升网络传输效率。

正是由于JSON的使用广泛，主流的编程语言几乎都有对应的JSON处理库，Python 也不例外。Python 3 中可以使用 json 模块来对 JSON 数据进行编码和解码，该模块包含了两个函数：

- json.dumps：对数据进行编码。
- json.loads：对数据进行解码。

下面给出一个利用 json 模块进行 JSON 处理的示例，如代码 4-22 所示。

代码 4-22　JSON 处理示例：ch04/demo17.py

```
01  import json
02  #字典类型转换为JSON
03  map1 = {
04      'name' : "jack",
05      'age' : 32,
06      'likes' : ['movie','car']
07  }
08  json_str = json.dumps(map1)
09  #{"name": "jack", "age": 32, "likes": ["movie", "car"]}
10  print (json_str)
11  #JSON 转换为字典
12  map2 = json.loads(json_str)
13  #jack
14  print (map2['name'])
15  #['movie', 'car']
16  print (map2['likes'])
```

在代码 4-22 中，01 行 import json 首先导入模块 json，这样后续就可以调用该模块下的方法进行 JSON 数据处理。03~07 行定义了一个字典对象 map1，从形式上看，Python 中的字典对象和 JSON 格式非常契合，字典对象和 JSON 两种格式进行相互转换也非常容易。

08 行 json_str=json.dumps(map1)直接用 json.dumps 函数将字典对象 map1 转换成一个

JOSN 格式的字符串对象。10 行 print (json_str)将文本打印,输出为{"name": "jack", "age": 32, "likes": ["movie", "car"]}。

12 行 map2=json.loads(json_str)可以将 JSON 字符串转换成字典对象。14 行 print (map2['name'])可以打印出字典 map2 对象中的 name 属性值,即 jack。

在目录 ch04 中,命令行执行 python demo17.py,输出结果如下所示:

```
{"name": "jack", "age": 32, "likes": ["movie", "car"]}
jack
['movie', 'car']
```

4.1.10　Python 日期处理

我们知道,很多数据都是在不同时间点产生的,数据有一个至关重要的维度就是日期,通过分析不同日期的数据,可以发现某个数据的发展趋势,同时也可以借助时序算法等,进行未来的预测。

另一方面,Python 作为一种脚本语言,可能需要处理特定日期的数据,或者对已有数据中的日期进行格式转换,因此,学习使用 Python 处理日期和时间,或进行日期格式转换非常有必要。

Python 提供了 time 和 calendar 模块,可以用于格式化日期和时间。时间间隔是以秒为单位的浮点小数。每个时间戳都以自从 1970 年 1 月 1 日午夜经过了多长时间来表示。

Python 的 time 模块下有很多函数可以转换常见的日期格式,比如函数 time.time()用于获取当前时间戳。Python 中时间日期格式化符号:

- %y:两位数的年份表示(00-99)。
- %Y:四位数的年份表示(000-9999)。
- %m:月份(01-12)。
- %d:月内中的一天(0-31)。
- %H: 24小时制小时数(0-23)。
- %I: 12小时制小时数(01-12)。
- %M:分钟数(00=59)。
- %S:秒(00-59)。
- %a:本地简化星期名称。
- %A:本地完整星期名称。
- %b:本地简化的月份名称。
- %B:本地完整的月份名称。
- %c:本地相应的日期表示和时间表示。
- %j:年内的一天(001-366)。
- %p:本地A.M.或P.M.的等价符。
- %U:一年中的星期数(00-53)星期天为星期的开始。
- %w:星期(0-6),星期天为星期的开始。
- %W:一年中的星期数(00-53)星期一为星期的开始。

- %x：本地相应的日期表示。
- %X：本地相应的时间表示。
- %Z：当前时区的名称。
- %%：%号本身。

下面给出一个用 Python 程序进行日期格式转换的示例，如代码 4-23 所示。

代码 4-23　Python 日期处理示例：ch04/demo18.py

```
01    import time    # 引入 time 模块
02    ticks = time.time()
03    print ("当前时间戳为:", ticks)
04    # 格式化成 2020-05-04 14:28:20 形式
05    print (time.strftime("%Y-%m-%d %H:%M:%S", time.localtime()))
06    ########################
07    import calendar
08    cal = calendar.month(2021, 10)
09    print ("以下输出 2021 年 10 月份的日历:")
10    print (cal)
```

在代码 4-23 中，01 行 import time 导入标准库中的 time 模块，02 行 ticks=time.time()则获取到当前的时间戳，05 行 time.strftime("%Y-%m-%d %H:%M:%S", time.localtime())将当前时间格式化成 2020-05-04 14:28:20 这种形式。

07 行 import calendar 导入标准库中的 calendar 模块，08 行 cal=calendar.month(2021, 10)将获取一个具体年月的日历对象，10 行 print (cal)将打印 2021 年 10 月的月度日历。

在目录 ch04 中，命令行执行 python demo18.py，则输出结果如下所示：

```
当前时间戳为: 1592098305.6847928
2020-06-14 09:31:45
以下输出 2021 年 10 月份的日历:
   October 2021
Mo Tu We Th Fr Sa Su
             1  2  3
 4  5  6  7  8  9 10
11 12 13 14 15 16 17
18 19 20 21 22 23 24
25 26 27 28 29 30 31
```

4.2　用 PySpark 建立第一个 Spark RDD

前面提到，Apache Spark 的核心组件的基础是 RDD。所谓的 RDD，即弹性分布式数据集（Resiliennt Distributed Datasets），基于 RDD 可以实现 Apache Spark 各个组件在多个计算机组成的集群中进行无缝集成，从而能够在一个应用程序中完成海量数据处理。

Spark 中的 RDD 相比于 Hadoop 中的 MapReduce 来说，具有更强的计算能力，因此可以进行更加复杂的数据逻辑处理。同时，由于 RDD 将计算中间结果缓存于计算机内存中，因此，相比于 MapReduce 来说，在性能上有非常大的提升。

另外，RDD 本身是一种具有容错机制的抽象数据集合，可以分布在 Spark 集群的不同节点上，并支持以函数操作数据集合的方式进行各种并行计算。从本质上来讲，RDD 是一个只读的分区数据集合，Spark 相关操作只需操作 RDD 即可。但是每个 RDD 都可以分成多个分区，而每个分区可以看作是一个数据集片段。一个 RDD 的不同分区可以保存到 Spark 集群中的不同节点（Worker Node）上，从而可以发挥集群的强大计算能力，进行大数据的并行计算处理。图 4.19 给出了 RDD 分区与 Spark 节点的关系。

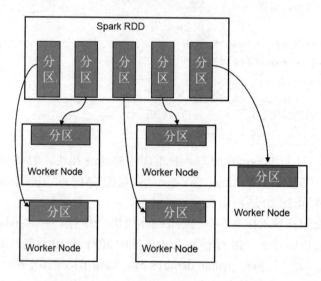

图 4.19　RDD 分区与 Spark 节点的关系图

从图 4.19 中可知，RDD 可以看作一个抽象的数据集合，通过不同的分区，将数据实际映射到不同 Spark 节点上，这就从理论上解决了 RDD 可以处理海量数据的问题。因此，当计算能力不足时，通过增加 Spark 节点即可提升集群的数据处理能力。

RDD 自身具有容错机制，并且是一种只读的数据结构，因此，执行相关操作可能会创建一个新的 RDD。一般来说，RDD 具有如下特点：

- 只读不能修改：只能通过转换操作生成一个新的RDD。
- 分布式存储：一个RDD通过分区可以分布在多台机器上进行并行数据处理。
- 内存计算：可以将全部或部分数据缓存在内存中，且可在多次计算过程中重用。
- 具有弹性：在计算过程中，当内存不足时，可以将一部分数据落到磁盘上处理。

RDD 是一种更为通用的、基于内存的迭代并行计算框架，特别在大数据实际应用中，存在很多迭代计算的算法，如机器学习、图算法等。迭代计算的共同点是在不同计算阶段之间会重用中间的计算结果，即一个阶段的输出结果会作为下一个阶段的输入。

一般来说，借助 RDD，开发人员无须关注底层数据的分布式处理过程如何实现，而只需关注业务逻辑是什么，如何将业务逻辑表达为一系列 RDD 操作即可。利用 RDD 非常容易实现管道化数据处理,因此避免了中间结果的存储,从而降低了数据在复制、磁盘 I/O 处理和数据序列化等环节的开销。

在 Apache Spark 中建立 RDD 有几种方式:

- 用parallelize方法建立RDD:这种方式非常简单,主要用于进行练习或者测试。在调用parallelize()方法时,有两个参数,其中第一个参数是给定一个集合,如[1,3,5,7,9]。第二个参数是partition数量(分区),是可选的,表示将集合切分成多少个partition。如果第二个可选参数不显性提供,那么Spark会根据集群的设置情况来给定partition的值。如果给定第二个参数的值,即partition的值,如parallelize([1,3,5,7,9], 20)。
- 用range方法建立RDD:这种方式和parallelize方法类似,一般来说主要用于进行测试。range方法主要有三个参数:第一个是开始值,第二个是结束值(不包含),第三个是步长。比如sc.range(1,10,2)可以输出[1,3,5,7,9]这个集合创建的RDD。
- 使用textFile方法建立RDD:这种方式一般用于在本地临时性地处理一些存储了大量数据的文件。它依赖本地文件系统,因此可以不需要Hadoop环境。
- 使用HDFS建立RDD:这种方式使用HDFS文件建立RDD,需要依赖Hadoop集群环境,它应该是最常用的一种生产环境下的数据处理方式。它可以针对HDFS上存储的海量数据,进行离线批处理操作。

当然,Spark 还支持 Cassandra、HBase 等文件格式。接下来我们将用实例详细介绍如何建立 RDD。

4.2.1 PySpark Shell 建立 RDD

首先介绍 PySpark Shell,它提供了一种学习 API 的简单方式。在安装完成 Spark 环境后,就具备了 Shell 这款工具。其中,Spark Shell 是针对 Scala 语言的,而 PySpark Shell 则是针对 Python 语言的。

使用 PySpark Shell 工具非常简单,在命令行中输入如下命令:

```
pyspark
```

并按回车键执行即可。

> **注 意**
>
> pyspark 正确执行的前提是该目录在 PATH 路径中或者在 pyspark 命令所在的目录中打开命令行执行。

PySpark Shell 默认会自动创建 sc 对象和 spark 对象,因此可以在交互环境中直接进行调用,而无须手动创建。这里,sc 对象是 SparkContext 的实例,而 spark 对象是 SparkSession 的实例。下面给出在 PySpark Shell 创建一个 RDD 的示例,如代码 4-24 所示。

代码 4-24 PySpark Shell 建立 RDD 示例:ch04/demo19.py

```
01    #pyspark shell
02    rdd = sc.parallelize(["hello world","hello spark"]);
```

```
03    rdd2 = rdd.flatMap(lambda line:line.split(" "));
04    rdd3 = rdd2.map(lambda word:(word,1));
05    rdd5 = rdd3.reduceByKey(lambda a, b : a + b);
06    rdd5.collect();
07    quit();
```

代码 4-24 中，02 行用 sc.parallelize 方法来构建 RDD，该方法接受一个集合，返回一个包含多行文本内容的 RDD。其中 sc 是自动创建的 SparkContext 实例对象。03 行 rdd.flatMap 接受一个函数，用于遍历处理 RDD 中每行文本内容，当遍历到其中一行文本内容时，会把文本内容赋值给变量 line，并执行 Lamda 表达式，即按照空格进行文本拆分。

Lamda 表达式 line:line.split(" ")，冒号左边表示输入参数，右边表示函数里面执行的处理逻辑。最终，多行文本经过处理，得到多个单词集合["hello", "world","hello","spark"]。

04 行 rdd2.map(lambda word:(word,1))在单词集合 RDD 上执行 map 操作，这个 map 操作会遍历这个集合中的每个单词，当遍历到其中一个单词时，就把当前这个单词赋值给变量 word，并执行 Lamda 表达式 word : (word, 1)，即将输入转成元组的形式(word,1)。key 是当前的单词，value 是 1，表示该单词出现的次数为 1。经过此步骤，数据变成[("hello",1),("world",1),("hello",1),("spark",1)]。

05 行 rdd3.reduceByKey(lambda a, b : a + b)执行 reduceByKey 操作，这个操作会把所有 RDD 元素按照 key 进行分组，然后使用给定的函数，对具有相同的 key 的多个 value 进行 reduce 操作，返回 reduce 后的(key,value)，这样就计算得到了 key 的词频。经过此步骤，数据变成[("hello",2), ("world",1),("spark",1)]。

本次的 PySpark Shell 示例可运行在 Windows 操作系统搭建的 Spark 环境下，默认情况下，还需要使用如下命令安装一个包：

```
pip3 install psutil
```

这里，psutil 是一个开源跨平台的库，提供了便利的函数来获取操作系统的信息，比如 CPU、内存、磁盘、网络等。此外，psutil 还可以用来进行进程管理，包括判断进程是否存在、获取进程列表、获取进程详细信息等。

另外，psutil 还提供了许多命令行工具所提供的功能，包括 ps、top、lsof、netstat、ifconfig、who、df、kill、free、nice、ionice、iostat、iotop、uptime、pidof、tty、taskset 和 pmap。安装此包的目的是防止在 pyspark shell 进行计算时，输出过多的额外信息。

pip3 命令安装 psutil 包的过程如图 4.20 所示。

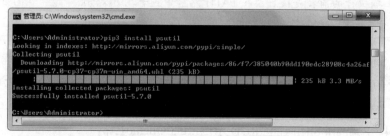

图 4.20　pip3 命令安装 psutil 包的过程图

在成功安装 psutil 包后，打开 Windows 操作系统上的 CMD 命令行工具，输入 pyspark 命令加载 PySpark 工作环境，在这期间会显示关联的 Python 版本信息，同时显示 Spark 版本信息，当出现输入符号>>>时，即可进行相关操作。下面给出在 PySpark Shell 中运行示例的过程截图，如图 4.21 所示。

图 4.21　PySpark Shell 建立 RDD 示例

4.2.2　VSCode 编程建立 RDD

PySpark Shell 虽然对于快速学习 API 来说非常方便，但是在实际生产环境下，往往需要编写代码并进行复用，而 PySpark Shell 工具当窗体关闭后，所编写的代码将销毁，因此无法重用。

如果想要将编写的代码进行复用，则需要以物理文件的方式进行保存。下面给出在 VSCode 中编写程序建立 RDD 的示例，这些程序实际上就是一个 .py 文件。本示例如代码 4-25 所示。

代码 4-25　VSCode 建立 RDD 示例：ch04/demo20.py

```
01    #pip install findspark
02    #fix:ModuleNotFoundError: No module named 'pyspark'
03    import findspark
04    findspark.init()
05    #############################
06    from pyspark import SparkConf, SparkContext
07    # 创建 SparkContext
08    conf = SparkConf().setAppName("WordCount").setMaster("local[*]")
09    sc = SparkContext(conf=conf)
10    rdd = sc.parallelize(["hello world","hello spark"]);
11    rdd2 = rdd.flatMap(lambda line:line.split(" "));
12    rdd3 = rdd2.map(lambda word:(word,1));
13    rdd5 = rdd3.reduceByKey(lambda a, b : a + b);
```

```
14    #print,否则无法显示结果
15    #[('spark', 1), ('hello', 2), ('world', 1)]
16    print(rdd5.collect());
17    #防止多次创建SparkContexts
18    sc.stop()
```

不像 PySpark Shell，在 VSCode 中以编程方式需要手动创建 SparkContext 实例，首先需要用 from pyspark import SparkConf, SparkContext 导入 SparkConf 和 SparkContext。08 行 conf=SparkConf().setAppName("WordCount").setMaster("local[*]")创建了一个 SparkConf 实例，其中用 setAppName 设置了本次程序的名称，用 setMaster 设置了 Spark Master 的方式为 local[*]。

09 行 sc=SparkContext(conf=conf)创建 SparkContext 实例 sc，这与 PySpark Shell 默认创建的 sc 对象类似。后续其他部分和之前的代码 4-25 示例类似，这里不再赘述。

SparkContext 不能一次运行多个，否则会报 ValueError: Cannot run multiple SparkContexts at once; existing SparkContext 的错误。因此需要用 sc.stop()命令关闭 SparkContext 实例对象。

> **注 意**
>
> 这里需要用 pip3 install findspark 命令安装 findspark，否则可能会提示无法找到 pyspark 模块的错误：ModuleNotFoundError: No module named 'pyspark'。

下面给出在 VSCode 中运行示例的界面，如图 4.22 所示。

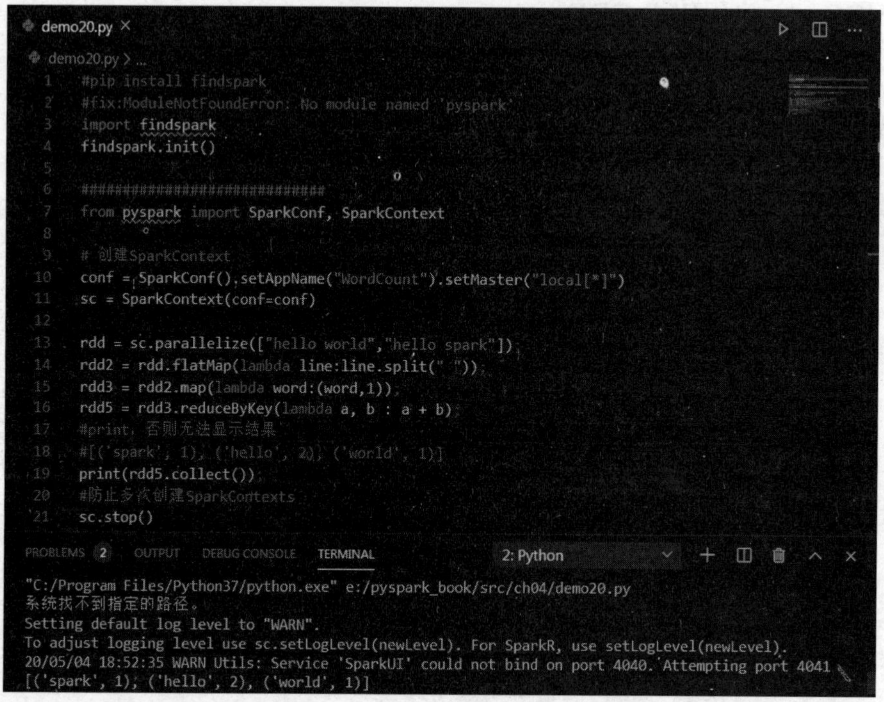

图 4.22　VSCode 中建立 RDD 示例

使用 VSCode 工具编写代码非常方便，它提供的代码智能提示等辅助工具可以极大地提高代码编写效率。下面介绍一种基于 Web 的在线编写代码的方式，即 Jupyter Notebook。

4.2.3 Jupyter 编程建立 RDD

除了 VSCode 工具外,还可以通过 Jupyter Notebook 快速构建 RDD,这个工具非常强大,可以对多个代码以文件的形式进行组织,并可以用于编写文档。更高级的是可以显示图形和运算结果。因此使用这种基于 Web 的部署方式,可以让多个客户端同时使用,且可共享代码示例,真正做到图文并茂地进行编程。

下面给出使用 Jupyter Notebook 建立 RDD 的示例,如代码 4-26 所示。

代码 4-26　Jupyter Notebook 建立 RDD 示例:ch04/demo21.py

```
01   #pip install findspark
02   #fix:ModuleNotFoundError: No module named 'pyspark'
03   import findspark
04   findspark.init()
05   ##############################
06   from pyspark.sql import SparkSession
07   spark = SparkSession.builder \
08           .master("local[*]") \
09           .appName("WordCount") \
10           .getOrCreate();
11   # 创建 SparkContext
12   sc = spark.sparkContext
13   rdd = sc.parallelize(["hello world","hello spark"]);
14   rdd2 = rdd.flatMap(lambda line:line.split(" "));
15   rdd3 = rdd2.map(lambda word:(word,1));
16   rdd5 = rdd3.reduceByKey(lambda a, b : a + b);
17   #print,否则无法显示结果
18   #[('spark', 1), ('hello', 2), ('world', 1)]
19   print(rdd5.collect());
20   #防止多次创建 SparkContexts
21   sc.stop()
```

代码 4-26 和代码 4-25 类似,首先需要导入相关的库,即 import findspark 和 from pyspark.sql import SparkSession。代码 4-25 中导入 SparkConf 和 SparkContext 创建 sc 对象,而代码 4-26 中导入 SparkSession 来创建 spark 对象,然后用 spark.sparkContext 获取到 sc 对象。这是两种不同的创建方式。

因此,除了直接用 SparkContext 构建 sc 实例外,还可以通过 SparkSession 构建 SparkContext。首先用如下命令打开 Jupyter Notebook 应用:

```
jupyter notebook
```

然后输入示例代码,并单击运行按钮即可。下面给出在 Jupyter Notebook 运行示例的结果,如图 4.23 所示。

```
#pip install findspark
#fix:ModuleNotFoundError: No module named 'pyspark'
import findspark
findspark.init()

################################
from pyspark import SparkConf, SparkContext
sc.stop()
# 创建SparkContext
conf = SparkConf().setAppName("WordCount").setMaster("local[*]")
sc = SparkContext(conf=conf)
rdd = sc.parallelize(["hello world","hello spark"]);
rdd2 = rdd.flatMap(lambda line:line.split(" "));
rdd3 = rdd2.map(lambda word:(word,1));
rdd5 = rdd3.reduceByKey(lambda a, b : a + b);
#print, 否则无法显示结果
#[('spark', 1), ('hello', 2), ('world', 1)]
print(rdd5.collect());
sc.stop()

[('spark', 1), ('hello', 2), ('world', 1)]
```

图 4.23　Jupyter notebook 中建立 RDD 示例

本节的重点就是掌握不同的工具来编写和执行 PySpark 代码。只有掌握了这些方法，才能通过实际演练进行 PySpark 相关操作的学习。

4.3　RDD 的操作与观察

前面提到，在 Apache Spark 中，RDD 是一个非常重要的核心概念，很多计算都必须依赖于 RDD，因此学习 RDD 的相关操作对于掌握 PySpark 来说非常重要。一般来说，RDD 包括两个操作算子：

- 变换（Transformations）：变换算子的特点是懒执行，变换操作并不会立刻执行，而是需要等到有动作（Actions）操作的时候才会真正进行计算，并显示结果。变换算子主要有：map、flatMap、groupByKey和reduceByKey等。
- 动作（Actions）：动作算子的特点是会立刻执行，动作操作会对RDD计算出一个结果，并把结果返回到驱动器程序中，或把结果存储到外部存储系统（如 HDFS）中。动作算子主要有：collect、count、take、top和first等。

关于 RDD 的相关操作可以参见官方文档，其网址为 http://spark.apache.org/docs/latest/api/python/pyspark.html#pyspark.RDD。

默认情况下，在 RDD 上执行动作算子时，Spark 会重新计算并刷新 RDD，但借助 RDD 的持久化存储（cache 和 persist）方法可以将 RDD 缓存在内存当中，这样后续在 RDD 上执行动作算子时，Spark 就不会重新计算和刷新 RDD，从而显著提高计算速度。

下面通过示例详细介绍 RDD 的相关操作，只有灵活掌握 RDD 相关操作，才能高效地对数据进行各种业务逻辑处理。因此，掌握主要 RDD 操作的用法及其内部执行过程，对于学习 PySpark 进行大数据处理至关重要。具体说明如下。

4.3.1　first 操作

首先介绍 first 操作，它是一个动作算子，因此会立刻执行并返回结果。first 操作的调用形式为 rdd.first()，它可以获取到 RDD 中的一个元素。下面给出 first 操作示例，如代码 4-27 所示。

代码 4-27　first 操作示例：ch04/rdd_first.py

```
01  import findspark
02  findspark.init()
03  ##############################################
04  from pyspark.sql import SparkSession
05  spark = SparkSession.builder \
06          .master("local[1]") \
07          .appName("RDD Demo") \
08          .getOrCreate();
09  sc = spark.sparkContext
10  ##############################################
11  rdd =sc.parallelize(["a","a","c"])
12  #first()获取第一个元素
13  #a
14  print(rdd.first())
15  ##############################################
16  sc.stop()
```

代码 4-27 中，01 行首先导入 findspark，02 行执行 findspark.init()进行一些初始化工作。04 行 from pyspark.sql import SparkSession 从 pyspark.sql 中导入 SparkSession。05~08 行用 SparkSession.builder 构建了一个 spark 对象，其中.master("local[1]")表示当前采用 local 模式，只用 1 个 CPU 进行处理。

利用 Local 本地模式，且设置 CPU 为 1，这在练习时，可以提高代码执行的速度，换句话说，sc.parallelize(["a","a","c"],1).first() 一般比 sc.parallelize(["a","a","c"],10).first() 执行要快得多。

09 行 sc=spark.sparkContext 获取 spark 对象上的 sparkContext 来进行 RDD 相关操作。11 行 rdd=sc.parallelize(["a","a","c"])用 parallelize 方法建立了一个非常简单的 RDD 对象。14 行 print(rdd.first())则会输出 rdd.first()的结果，即 a。16 行用 sc.stop()关闭 sparkContext 对象，释放资源。

如果要想运行此示例，可以在目录 ch04 中，执行 python rdd_first.py 命令即可。

4.3.2　max 操作

max 操作是一个动作算子，调用形式为 rdd.max()，它可以获取到 RDD 中最大的一个元素。下面给出 max 操作示例，如代码 4-28 所示。

代码 4-28　max 操作示例：ch04/rdd_max.py

```
01    import findspark
02    findspark.init()
03    ###############################################
04    from pyspark.sql import SparkSession
05    spark = SparkSession.builder \
06            .master("local[1]") \
07            .appName("RDD Demo") \
08            .getOrCreate();
09    sc = spark.sparkContext
10    ###############################################
11    rdd =sc.parallelize(["a","b","c"])
12    #max()获取元素最大值
13    #c
14    print(rdd.max())
15    rdd =sc.parallelize([1,2,3])
16    #3
17    print(rdd.max())
18    ###############################################
19    sc.stop()
```

代码 4-28 中，sc 对象的创建过程和代码 4-27 一致，这里不再赘述。其中 11 行 rdd =sc.parallelize(["a","b","c"])建立一个 RDD 对象，14 行 print(rdd.max())则通过 rdd.max()操作获取到 rdd 对象上的最大元素 c，并打印。

同样地，15 行 rdd=sc.parallelize([1,2,3])建立一个新的 RDD，它的元素类型是数值型，此时 print(rdd.max())则会获取到最大元素值 3。

当然，既然有 max 操作，那么也会有 min 操作，如 sc.parallelize(["a","a","c"],1).min()会返回 a。

4.3.3　sum 操作

sum 操作是一个动作算子，调用形式为 rdd.sum()，它可以获取到 RDD 中元素的和。下面给出 sum 操作示例，如代码 4-29 所示。

代码 4-29　sum 操作示例：ch04/rdd_sum.py

```
01    import findspark
02    findspark.init()
03    ###############################################
04    from pyspark.sql import SparkSession
05    spark = SparkSession.builder \
06            .master("local[1]") \
07            .appName("RDD Demo") \
08            .getOrCreate();
```

```
09    sc = spark.sparkContext
10    ###########################################
11    rdd = sc.parallelize([1, 2, 3, 4 , 5], 2)
12    #15
13    print(rdd.sum())
14    ###########################################
15    sc.stop()
```

代码 4-29 中，11 行 rdd=sc.parallelize([1, 2, 3, 4 , 5], 2)建立一个 RDD 对象，其中参数 2 设置了 2 个分区。13 行 print(rdd.sum())则执行 rdd.sum()，将 rdd 对象中的元素进行求和操作，即 1+2+3+4+5=15，因此打印输出 15。

4.3.4 take 操作

take 操作是一个动作算子，调用形式为 rdd.take(n)，其中参数 n 代表获取的个数，它可以获取到 RDD 中指定的前 n 个元素。下面给出 take 操作示例，如代码 4-30 所示。

代码 4-30   take 操作示例：ch04/rdd_take.py

```
01    import findspark
02    findspark.init()
03    ###########################################
04    from pyspark.sql import SparkSession
05    spark = SparkSession.builder \
06            .master("local[1]") \
07            .appName("RDD Demo") \
08            .getOrCreate();
09    sc = spark.sparkContext
10    ###########################################
11    rdd =sc.parallelize(range(2,100))
12    #take(N)获取前面 N 个元素
13    #[2, 3, 4, 5, 6, 7, 8, 9, 10, 11]
14    print(rdd.take(10))
15    ###########################################
16    sc.stop()
```

代码 4-30 中，11 行 rdd=sc.parallelize(range(2,100))首先用 range(2,100)生成一个序列 2、3、4、....、99。但是它生产的序列并不是 RDD 对象，因此还需要用 sc.parallelize 进行转换，此时 14 行 print(rdd.take(10))则在 rdd 对象上执行 take(10)操作，获取到 rdd 前 10 个元素，即[2, 3, 4, 5, 6, 7, 8, 9, 10, 11]。

> **注　意**
>
> sc.parallelize(range(2,100))等价于 sc.range(2,100)。

4.3.5 top 操作

top 操作是一个动作算子,调用形式为 rdd.top(n),其中参数 n 代表获取的个数,它可以获取到 RDD 中排序后的前 n 个元素。下面给出 top 操作示例,如代码 4-31 所示。

代码 4-31　top 操作示例:ch04/rdd_top.py

```
01  import findspark
02  findspark.init()
03  ##############################################
04  from pyspark.sql import SparkSession
05  spark = SparkSession.builder \
06          .master("local[1]") \
07          .appName("RDD Demo") \
08          .getOrCreate();
09  sc = spark.sparkContext
10  ##############################################
11  rdd =sc.parallelize(range(2,100))
12  #top(N)首先降序排列,并获取前 N 个元素
13  #[99, 98, 97, 96, 95, 94, 93, 92, 91, 90]
14  print(rdd.top(10))
15  #[4, 3, 20, 2, 10]
16  print(sc.parallelize([10,20,3,4,2]).top(10,key=str))
17  ##############################################
18  sc.stop()
```

代码 4-31 中,11 行 rdd=sc.parallelize(range(2,100))用 range(2,100)生成一个序列 2、3、4、…、99,并用 sc.parallelize 转换成 RDD 对象。此时 14 行 print(rdd.top(10))则在 rdd 对象上执行 top(10)操作,将元素从大到小进行降序排列,然后获取前 10 个元素构成新的对象,即[99, 98, 97, 96, 95, 94, 93, 92, 91, 90]。

16 行 print(sc.parallelize([10,20,3,4,2]).top(10,key=str))语句中,top 操作可以接受另外一个参数 key=str,此时会按照字符串进行排序,那么输出的结果为[4, 3, 20, 2, 10]。

在实际大数据应用中,就有一类问题是 TopN 的问题,例如,获取访问最多的前 10 个页面,销量最好的前 5 类产品等。

4.3.6 count 操作

count 操作是一个动作算子,调用形式为 rdd.count(),它可以获取到 RDD 中元素的个数。下面给出 count 操作示例,如代码 4-32 所示。

代码 4-32　count 操作示例:ch04/rdd_count.py

```
01  import findspark
02  findspark.init()
03  ##############################################
```

```
04    from pyspark.sql import SparkSession
05    spark = SparkSession.builder \
06           .master("local[1]") \
07           .appName("RDD Demo") \
08           .getOrCreate();
09    sc = spark.sparkContext
10    ###############################################
11    rdd =sc.parallelize(["a","b","c"])
12    #获取元素数量
13    #3
14    print(rdd.count())
15    rdd =sc.parallelize([["a","b"],"c"])
16    #2
17    print(rdd.count())
18    ###############################################
19    sc.stop()
```

代码 4-32 中,11 行 rdd=sc.parallelize(["a","b","c"])建立一个 RDD 对象,这个对象的元素为["a","b","c"],即有 3 个元素,因此 14 行 print(rdd.count())会输出元素个数 3。

同样地,15 行 rdd=sc.parallelize([["a","b"],"c"]) 建立的 RDD 对象中,元素为[["a","b"],"c"],即有 2 个元素,其中第一个元素是一个序列["a","b"]。因此 17 行 print(rdd.count())会输出元素个数 2。

4.3.7 collect 操作

collect 操作是一个动作算子,调用形式为rdd.collect(),它可以将 RDD 类型的数据转化为数组,同时会从集群中拉取数据到 driver 端,这对于少量 RDD 数据的观察非常有用。下面给出 collect 操作示例,如代码 4-33 所示。

代码 4-33 collect 操作示例:ch04/rdd_collect.py

```
01    import findspark
02    findspark.init()
03    ###############################################
04    from pyspark.sql import SparkSession
05    spark = SparkSession.builder \
06           .master("local[1]") \
07           .appName("RDD Demo") \
08           .getOrCreate();
09    sc = spark.sparkContext
10    ###############################################
11    rdd = sc.parallelize([("a", 2), ("b", "c")])
12    #[('a', 2), ('b', 'c')]
13    print(rdd.collect())
14    ###############################################
```

```
15    sc.stop()
```

代码 4-33 中，11 行 rdd=sc.parallelize([("a", 2), ("b", "c")])建立一个 RDD 对象，13 行 print(rdd.collect())则用 rdd.collect()将 RDD 数据格式转换成一个数组序列，这样就可以用 print 进行打印输出，从而查看 RDD 的数据。

> **注 意**
>
> 由于 collect 操作会将 RDD 数据汇总到一处，如果数据量非常大，那么可能会出现内存不足等情况，因此不适合海量数据的查看。

4.3.8 collectAsMap 操作

collectAsMap 操作是一个动作算子，调用形式为 rdd.collectAsMap()，它与 collect 操作类似，但适用于键值 RDD 并将它们转换为 Map 映射以保留其键值结构。下面给出 collectAsMap 操作示例，如代码 4-34 所示。

代码 4-34 collectAsMap 操作示例：ch04/rdd_collectAsMap.py

```
01    import findspark
02    findspark.init()
03    ##############################################
04    from pyspark.sql import SparkSession
05    spark = SparkSession.builder \
06            .master("local[1]") \
07            .appName("RDD Demo") \
08            .getOrCreate();
09    sc = spark.sparkContext
10    ##############################################
11    m = sc.parallelize([("a", 2), ("b", "c")]).collectAsMap()
12    print(m["a"])
13    print(m["b"])
14    print(m)
15    #2
16    # c
17    # {'a': 2, 'b': 'c'}
18    ##############################################
19    sc.stop()
```

代码 4-34 中，11 行 m=sc.parallelize([("a", 2), ("b", "c")]).collectAsMap()首先用一个 sc.parallelize 方法建立一个 RDD 对象，这个元素是由元组构成的，可以转换成映射格式。因此，调用 collectAsMap()操作后，会返回一个映射对象，即可以通过 m["a"]和 m["b"]获取映射 m 中键为 a 和 b 的值，分别是 2 和 c。

14 行 print(m)可以输出 m 数据，即{'a': 2, 'b': 'c'}。

4.3.9 countByKey 操作

countByKey 操作是一个动作算子，调用形式为 rdd.countByKey()，它用于统计 RDD[K,V] 中每个 K 的数量。下面给出 countByKey 操作示例，如代码 4-35 所示。

代码 4-35　countByKey 操作示例：ch04/rdd_countByKey.py

```
01  import findspark
02  findspark.init()
03  ###############################################
04  from pyspark.sql import SparkSession
05  spark = SparkSession.builder \
06          .master("local[1]") \
07          .appName("RDD Demo") \
08          .getOrCreate();
09  sc = spark.sparkContext
10  ###############################################
11  rdd = sc.parallelize([("a", 1), ("b", 2), ("a", 3)])
12  #[('a', 2), ('b', 1)]
13  print(sorted(rdd.countByKey().items()))
14  ###############################################
15  sc.stop()
```

代码 4-35 中，11 行 rdd=sc.parallelize([("a", 1), ("b", 2), ("a", 3)])用元组作为列表元素，即符合键值对格式[K,V]，因此可以用 rdd.countByKey()将元素按键 Key("a", "b", "a")来统计每个 Key 的数量，很显然，"a"个数为 2，"b"个数为 1，并返回一个字典数据 {'a': 2, 'b': 1}。

其中 sorted 函数将字典 item 进行升序排序，因此 13 行 print(sorted(rdd.countByKey().items()))将打印出[('a', 2), ('b', 1)]。

RDD[K,V]格式不仅适用于[("a", 1), ("b", 2), ("a", 3)]，而且还适用于[["a", 1], ["b", 2], ["a", 3]]，因此用 rdd=sc.parallelize([["a", 1], ["b", 2], ["a", 3]])替代 11 行也会输出同样的结果。

4.3.10 countByValue 操作

countByValue 操作是一个动作算子，调用形式为 rdd.countByValue()，统计一个 RDD 中各个 Value 出现的次数，并返回一个字典，字典的 Key 是元素的值，而 Value 是出现的次数。下面给出 countByValue 操作示例，如代码 4-36 所示。

代码 4-36　countByValue 操作示例：ch04/rdd_countByValue.py

```
01  import findspark
02  findspark.init()
03  ###############################################
04  from pyspark.sql import SparkSession
05  spark = SparkSession.builder \
06          .master("local[1]") \
```

```
07              .appName("RDD Demo") \
08              .getOrCreate();
09   sc = spark.sparkContext
10   ##############################################
11   rdd = sc.parallelize(["a", "b", "a", "c"])
12   #[('a', 2), ('b', 1), ('c', 1)]
13   print(sorted(rdd.countByValue().items()))
14   ##############################################
15   sc.stop()
```

代码 4-36 中，11 行 rdd=sc.parallelize(["a", "b", "a", "c"])建立了一个 RDD 对象，13 行 print(sorted(rdd.countByValue().items()))执行 rdd.countByValue()操作，并返回一个统计 Key 出现次数的 map 对象，即{'a': 2, 'b': 1, 'c': 1}。

后续用 items()获取到字典 map 的 Items 值，即[('a', 2), ('b', 1), ('c', 1)]，再执行 sorted 函数进行排序后输出到控制台，即输出[('a', 2), ('b', 1), ('c', 1)]。

4.3.11 glom 操作

glom 操作是一个变换算子，调用形式为 rdd.glom()，它的作用是将 RDD 中每一个分区中类型为 T 的元素转换成 Array[T]，这样每一个分区就只有一个数组元素。下面给出 glom 操作示例，如代码 4-37 所示。

代码 4-37　glom 操作示例：ch04/rdd_glom.py

```
01   import findspark
02   findspark.init()
03   ##############################################
04   from pyspark.sql import SparkSession
05   spark = SparkSession.builder \
06              .master("local[1]") \
07              .appName("RDD Demo") \
08              .getOrCreate();
09   sc = spark.sparkContext
10   ##############################################
11   rdd = sc.parallelize([1, 2, 3, 4], 3)
12   ret = sorted(rdd.glom().collect())
13   #[[1], [2], [3, 4]]
14   print(ret)
15   ##############################################
16   sc.stop()
```

代码 4-37 中，11 行 rdd=sc.parallelize([1, 2, 3, 4], 3)建立了一个 RDD 对象，12 行 ret=sorted(rdd.glom().collect())首先执行 rdd.glom()操作，它会将 3 个分区中的元素都转换成数组格式，即[[1], [2], [3, 4]]。

4.3.12 coalesce 操作

coalesce 操作是一个变换算子，调用形式为 rdd.coalesce(numPartitions,[isShuffle=False])，其中 numPartitions 参数是一个整形，比如 2，代表重新划分的分区数，而 isShuffle 参数是一个可选的值，默认值为 False，如果设置为 True，则代表重新分区过程中进行混洗（shuffle）操作。

coalesce 操作的作用是将 RDD 进行重新分区。在实际计算中，有时可能需要重新设置 RDD 的分区数量，如果要处理的数据量小，那么默认的分区可能比较多，这就可能导致计算速度比较慢（不同分区之间的任务调度时间比计算数据本身耗时），因此在计算过程中，可以设置一个比较合理的分区数，从而提高计算效率。下面给出 coalesce 操作示例，如代码 4-38 所示。

代码 4-38　coalesce 操作示例：ch04/rdd_coalesce.py

```
01  import findspark
02  findspark.init()
03  #################################################
04  from pyspark.sql import SparkSession
05  spark = SparkSession.builder \
06          .master("local[1]") \
07          .appName("RDD Demo") \
08          .getOrCreate();
09  sc = spark.sparkContext
10  #################################################
11  rdd=sc.parallelize([1, 2, 3, 4, 5], 3).glom()
12  #[[1], [2, 3], [4, 5]]
13  print(rdd.collect())
14  #[[[1], [2, 3], [4, 5]]]
15  print(rdd.coalesce(1).glom().collect())
16  rdd2 = sc.parallelize([1, 2, 3, 4, 5, 6], 3).coalesce(1,True)
17  #[1, 2, 3, 4, 5, 6]
18  print(rdd2.collect())
19  #################################################
20  sc.stop()
```

代码 4-38 中，11 行 rdd=sc.parallelize([1, 2, 3, 4, 5], 3).glom()先将序列[1, 2, 3, 4, 5]生成一个分区为 3 的 RDD，并将 3 个分区的元素转换成数组格式，13 行输出[[1], [2, 3], [4, 5]]。15 行 print(rdd.coalesce(1).glom().collect())利用 coalesce 操作将 rdd 重新设置分区数为 1，然后调用 glom 操作将这 1 个分区元素转换成数组，最后用 collect 操作将值拉取到 driver 端进行显示。

16 行 rdd2=sc.parallelize([1, 2, 3, 4, 5, 6], 3).coalesce(1,True)中 coalesce 显性给定了第二个参数值为 True，则此时会额外进行混洗（shuffle）操作。

> **注 意**
>
> 如果要减少分区数量，建议采用 rdd.coalesce(numPartitions, false)方法，这样可以避免 shuffle 导致数据混洗，从而提高计算效率！

repartition()方法就是 coalesce()方法 shuffle 为 true 的情况。

4.3.13 combineByKey 操作

combineByKey 操作是一个变换算子，它在 Spark 中是一个比较核心的高级函数，参数也比较多，不少高级操作都是基于此操作实现的，如 groupByKey 和 reduceByKey 等。它的定义如下：

```
def combineByKey[C](
    createCombiner: V => C,
    mergeValue: (C, V) => C,
    mergeCombiners: (C, C) => C,
    partitioner: Partitioner,
    mapSideCombine: Boolean = true,
    serializer: Serializer = null)
```

其中前 3 个参数是必须指定的，具体阐述如下：

- createCombiner: V => C，这个函数把当前的值作为参数，此时我们可以对其做一些附加操作（类型转换）并把它返回（这一步是初始化操作）。
- mergeValue: (C, V) => C，该函数把元素 V 合并到之前的元素 C（createCombiner）上（这个操作在每个分区内进行）。
- mergeCombiners: (C, C) => C，该函数把 2 个元素 C 合并（这个操作在不同分区间进行）。

下面给出 combineByKey 操作示例，如代码 4-39 所示。

代码 4-39 combineByKey 操作示例：ch04/rdd_combineByKey.py

```
01  import findspark
02  findspark.init()
03  ############################################
04  from pyspark.sql import SparkSession
05  spark = SparkSession.builder \
06      .master("local[1]") \
07      .appName("RDD Demo") \
08      .getOrCreate();
09  sc = spark.sparkContext
10  ############################################
11  rdd = sc.parallelize([("a", 1), ("b", 3), ("a", 2),("b", 4)],1)
12  #rdd = sc.parallelize([("a", 1), ("b", 3), ("a", 2),("b", 4)],2)
13  def to_list(a):
14      #print(a)
```

```
15          return [a]
16      def append(a, b):
17          # print(a)
18          # print(b)
19          a.append(b)
20          return a
21      def extend(a, b):
22          print("======")
23          print(a)
24          print(b)
25          a.extend(b)
26          return a
27      ret = sorted(rdd.combineByKey(to_list, append, extend).collect())
28      #[('a', [1, 2]), ('b', [3, 4])]
29      print(ret)
30      ################################################
31      sc.stop()
```

代码 4-39 中，11 行 rdd=sc.parallelize([("a", 1), ("b", 1), ("a", 2)])创建了一个 RDD 对象，12~24 行分别定义了三个函数，作为 combineByKey 的前三个参数，其中第一个参数为 to_list。按照 createCombiner: V => C 约定，to_list 是将 V 转换成[V]，即 C 为[V]，其中 V 以 Key 为'a'为例，对应的元素值 1，因此返回[1]。

append(a, b)函数依据 mergeValue: (C, V) => C 约定，则 Key 为'a'时，a 值为[1]，V 为 2，此时 a.extend(b)返回[1,2]。extend(a, b)函数类似，这里不再赘述。

需要注意，combineByKey 三个参数并不都是需要执行的，它取决于 RDD 的分区个数。当 RDD 分区为 1 个时，extend(a, b)函数并不执行，由于就一个分区，也不用进行分区合并。如果想要查看 extend(a, b)函数的执行，可以注释掉 11 行，取消注释 12 行（此 RDD 为 2 个分区）即可。

在三个函数中的 print 语句，可以作为理解函数参数的重要手段，有时候不明确每个参数在每次计算过程中的值是什么，就可以用 print 将其打印出来进行查看，这个方法非常有用。

4.3.14　distinct 操作

distinct 操作是一个变换算子，调用形式为 rdd.distinct()，它的作用是去重，即多个重复的元素只保留一个。下面给出 distinct 操作示例，如代码 4-40 所示。

代码 4-40　distinct 操作示例：ch04/rdd_distinct.py

```
01   import findspark
02   findspark.init()
03   ################################################
04   from pyspark.sql import SparkSession
05   spark = SparkSession.builder \
06       .master("local[1]") \
```

```
07            .appName("RDD Demo") \
08            .getOrCreate();
09    sc = spark.sparkContext
10    ############################################
11    rdd =sc.parallelize(["a","a","c"])
12    #distinct()去重
13    #['a', 'c']
14    print(rdd.distinct().collect())
15    ############################################
16    sc.stop()
```

代码 4-40 中,11 行 rdd=sc.parallelize(["a","a","c"])创建了一个 RDD,其中的元素"a"重复,因此,14 行调用 print(rdd.distinct().collect())时,会对 RDD 进行去重处理,即打印出['a', 'c']。

4.3.15 filter 操作

filter 操作是一个变换算子,调用形式为 rdd.filter(func),它的作用是根据过滤函数 func 的逻辑定义来对原 RDD 中的元素进行过滤,并返回一个新的 RDD,新 RDD 是由满足过滤函数为 True 的元素构成。

filter 操作在 Spark 数据处理中,非常有用。下面给出 filter 操作示例,如代码 4-41 所示。

代码 4-41 filter 操作示例:ch04/rdd_filter.py

```
01    import findspark
02    findspark.init()
03    ############################################
04    from pyspark.sql import SparkSession
05    spark = SparkSession.builder \
06            .master("local[1]") \
07            .appName("RDD Demo") \
08            .getOrCreate();
09    sc = spark.sparkContext
10    ############################################
11    rdd = sc.parallelize([1, 2, 3, 4, 5, 6])
12    rdd = rdd.filter(lambda x: x % 2 == 0)
13    #[2, 4, 6]
14    print(rdd.collect())
15    ############################################
16    sc.stop()
```

代码 4-41 中,11 行 rdd=sc.parallelize([1, 2, 3, 4, 5, 6])创建了一个包含 1, 2, 3, 4, 5, 6 元素的 RDD 对象。12 行 rdd=rdd.filter(lambda x: x % 2 == 0)利用 filter 对 RDD 对象进行数据过滤,其中用 lambda 表达式定义了一个数据过滤规则,即 x % 2==0,这里的 x 依次代表 1, 2, 3, 4, 5, 6,因此只有是 2 的倍数才能满足条件,即返回[2, 4, 6]。

4.3.16 flatMap 操作

flatMap 操作是一个变换算子，调用形式为 rdd.flatMap(func)，它的作用是对 RDD 中每个元素按照 func 函数定义的处理逻辑进行操作，并将结果进行扁平化处理。在 Spark 中，flatMap 操作是一个比较常用的函数。下面给出 flatMap 操作示例，如代码 4-42 所示。

代码 4-42　flatMap 操作示例：ch04/rdd_flatMap.py

```
01    import findspark
02    findspark.init()
03    ##################################################
04    from pyspark.sql import SparkSession
05    spark = SparkSession.builder \
06            .master("local[1]") \
07            .appName("RDD Demo") \
08            .getOrCreate();
09    sc = spark.sparkContext
10    ##################################################
11    rdd = sc.parallelize([3, 4, 5])
12    fm= rdd.flatMap(lambda x: range(1, x))
13    #[1, 2, 1, 2, 3, 1, 2, 3, 4]
14    print(fm.collect())
15    fm = rdd.flatMap(lambda x: [(x, x), (x, x)])
16    #[(3, 3), (3, 3), (4, 4), (4, 4), (5, 5), (5, 5)]
17    print(fm.collect())
18    ##################################################
19    sc.stop()
```

代码 4-42 中，11 行 rdd=sc.parallelize([3, 4, 5])创建了一个 RDD 对象，其中的元素依次为 3、4、5。12 行 fm=rdd.flatMap(lambda x: range(1, x))使用 flatMap 操作将 RDD 对象每个元素依次进行 range(1, x)处理，当 x 为 3 时，range(1, 3)生成[1,2]；当 x 为 4 时，range(1, 4)生成[1,2,3]；当 x 为 5 时，range(1, 5)生成[1,2,3,4]；最终组合成[[1, 2], [1, 2, 3], [1, 2, 3, 4]]，最后将其扁平化处理，变成一维的列表，即[1, 2, 1, 2, 3, 1, 2, 3, 4]。

15 行 fm=rdd.flatMap(lambda x: [(x, x), (x, x)])将 RDD 对象中的每个元素转换成[(x, x), (x, x)]格式，当 x 为 3 时，[(x, x), (x, x)]生成[(3, 3), (3, 3)]；当 x 为 4 时，[(x, x), (x, x)]生成[(4, 4), (4, 4)]；当 x 为 5 时，[(x, x), (x, x)]生成[(5, 5), (5, 5)]；最终组合成[[(3, 3), (3, 3)], [(4, 4), (4, 4)], [(5, 5), (5, 5)]]；最后将其扁平化处理，变成一维的列表，即[(3, 3), (3, 3), (4, 4), (4, 4), (5, 5), (5, 5)]。

4.3.17 flatMapValues 操作

flatMapValues 操作是一个变换算子，调用形式为 rdd.flatMapValues(func)，它的作用是对 RDD 元素格式为 KV 对中的 Value 进行 func 定义的逻辑处理。Value 中每一个元素被输入函数func映射为一系列的值，然后这些值再与原RDD中的Key组成一系列新的KV对，并将结果进行扁平化处理。下面给出flatMapValues操作示例，如代码4-43所示。

代码4-43　flatMapValues操作示例：ch04/rdd_flatMapValues.py

```
01  import findspark
02  findspark.init()
03  ##################################################
04  from pyspark.sql import SparkSession
05  spark = SparkSession.builder \
06      .master("local[1]") \
07      .appName("RDD Demo") \
08      .getOrCreate();
09  sc = spark.sparkContext
10  ##################################################
11  rdd = sc.parallelize([("a", ["x", "y", "z"]), ("c", ["w", "m"])])
12  def f(x):
13      return x
14  ret = rdd.flatMapValues(f)
15  #[('a', 'x'), ('a', 'y'), ('a', 'z'), ('c', 'w'), ('c', 'm')]
16  print(ret.collect())
17  ##################################################
18  sc.stop()
```

代码4-43中，11行rdd=sc.parallelize([("a", ["x", "y", "z"]), ("c", ["w", "m"])])定义了一个RDD对象，其中的元素是键值对KV格式，第一个KV键值对("a", ["x", "y", "z"])中的"a"为Key，["x", "y", "z"]为Value。

12~13行定义了一个函数f，它接受一个参数x，并直接返回。14行ret=rdd.flatMapValues(f)将对RDD中每个KV按照函数f进行逻辑处理，在对第一个KV键值对("a", ["x", "y", "z"])进行处理时，当Key为"a"时，会对["x", "y", "z"]这个Value中的每一个元素进行f函数逻辑处理，即返回"x"、"y"、"z"，并依次与原Key合并成新的KV，即[('a', 'x'), ('a', 'y'), ('a', 'z')]。同样地，当Key为"c"时，会对["w", "m"]这个Value中的每一个元素进行f函数逻辑处理，即返回"w"、"m"，并依次与原Key合并成新的KV，即[('c', 'w'), ('c', 'm')]。

最后将两个KV进行合并，并做扁平化处理，返回的结果为[('a', 'x'), ('a', 'y'), ('a', 'z'), ('c', 'w'), ('c', 'm')]。

4.3.18　fold操作

fold操作是一个变换算子，调用形式为rdd.fold(value,func)，它的作用是对RDD每个元素按照func定义的逻辑进行处理。func包含两个参数a,b，其中a的初始值为value，后续代表累计值，b代表当前元素值。下面给出fold操作示例，如代码4-44所示。

代码4-44　函数表达式示例：ch04/rdd_fold.py

```
01  import findspark
```

```
02    findspark.init()
03    ##############################################
04    from pyspark.sql import SparkSession
05    spark = SparkSession.builder \
06            .master("local[1]") \
07            .appName("RDD Demo") \
08            .getOrCreate();
09    sc = spark.sparkContext
10    ##############################################
11    ret=sc.parallelize([1, 2, 3, 4, 5]).fold(0, lambda x,y:x+y)
12    #15
13    print(ret)
14    ret=sc.parallelize([1, 2, 3, 4, 5]).fold(1, lambda x,y:x*y)
15    #120
16    print(ret)
17    ##############################################
18    sc.stop()
```

代码4-44中，11行ret=sc.parallelize([1, 2, 3, 4, 5]).fold(0, lambda x,y:x+y)用sc.parallelize([1, 2, 3, 4, 5])创建了一个RDD对象，然后调用fold操作，其中参数value为0，而func定义的规则为lambda x,y:x+y，即返回二者之和。

当遍历元素1时，此时x=0,y=1，返回x+y=1；当遍历元素2时，此时x=1,y=2，返回x+y=3；当遍历元素3时，此时x=3,y=3，返回x+y=6；当遍历元素4时，此时x=6,y=4，返回x+y=10；当遍历元素5时，此时x=10,y=5，返回x+y=15。

同样地，14行ret=sc.parallelize([1, 2, 3, 4, 5]).fold(1, lambda x,y:x*y)在每次遍历元素时，返回当前元素和之前累计的元素乘积。当遍历元素1时，此时x=1,y=1，返回x*y=1；当遍历元素2时，此时x=1,y=2，返回x*y=2；当遍历元素3时，此时x=2,y=3，返回x*y=6；当遍历元素4时，此时x=6,y=4，返回x*y=24；当遍历元素5时，此时x=24,y=5，返回x*y=120。

4.3.19 foldByKey操作

foldByKey操作是一个变换算子，调用形式为rdd.foldByKey(value,func)，此操作作用于元素为KV格式的RDD。它的作用是对RDD每个元素按照Key进行func定义的逻辑进行处理。func包含两个参数a,b，其中a的初始值为value，后续代表累计值，而b代表的是当前元素值。下面给出foldByKey操作示例，如代码4-45所示。

代码4-45 foldByKey操作示例：ch04/rdd_foldByKey.py

```
01    import findspark
02    findspark.init()
03    ##############################################
04    from pyspark.sql import SparkSession
05    spark = SparkSession.builder \
06            .master("local[1]") \
```

```
07          .appName("RDD Demo") \
08          .getOrCreate();
09  sc = spark.sparkContext
10  ###############################################
11  rdd = sc.parallelize([("a", 1), ("b", 2), ("a", 3),("b", 5)])
12  rdd2=rdd.foldByKey(0, lambda x,y:x+y)
13  # [('a', 4), ('b', 7)]
14  print(rdd2.collect())
15  rdd3=rdd.foldByKey(1, lambda x,y:x*y)
16  # [('a', 3), ('b', 10)]
17  print(rdd3.collect())
18  ###############################################
19  sc.stop()
```

代码 4-45 中，11 行 rdd=sc.parallelize([("a", 1), ("b", 2), ("a", 3),("b", 5)])创建了一个元素为 KV 格式的 RDD 对象，12 行 rdd2=rdd.foldByKey(0, lambda x,y:x+y)则给定初始值 value 为 0，func 逻辑为 lambda x,y:x+y，即返回 Key 对应的 Value 之和。

首先按照 Key 进行分组处理，当 Key 为"a"时，第一次遍历时，x=0,y=1，即 x+y=1；第二次遍历时，x=1,y=3，即 x+y=4；因此此分组结果为 ('a', 4)。当 Key 为"b"时，第一次遍历时，x=0,y=2，即 x+y=2；第二次遍历时，x=2,y=5，即 x+y=7；因此此分组结果为 ('b', 7)。最后将二者合并，即 [('a', 3), ('b', 10)]。

4.3.20 foreach 操作

foreach 操作是一个变换算子，调用形式为 rdd.foreach(func)，它的作用是对 RDD 每个元素按照 func 定义的逻辑进行处理。下面给出 foreach 操作示例，如代码 4-46 所示。

代码 4-46　foreach 操作示例：ch04/rdd_foreach.py

```
01  import findspark
02  findspark.init()
03  ###############################################
04  from pyspark.sql import SparkSession
05  spark = SparkSession.builder \
06          .master("local[1]") \
07          .appName("RDD Demo") \
08          .getOrCreate();
09  sc = spark.sparkContext
10  ###############################################
11  rdd = sc.parallelize([("a", 1), ("b", 2), ("a", 3),("b", 5)])
12  def f(x):
13      # ('a', 1)
14      # ('b', 2)
15      # ('a', 3)
16      # ('b', 5)
```

```
17            print(x)
18            return (x[0],x[1]*2)
19    ret = rdd.foreach(f)
20    #None
21    print(ret)
22    ##############################################
23    sc.stop()
```

代码 4-46 中，11 行 rdd=sc.parallelize([("a", 1), ("b", 2), ("a", 3),("b", 5)])创建了一个元素格式为 KV 格式的 RDD。12~18 行定义了一个函数 f，它接受 1 个参数 x。为了明确 x 到底是什么，可以用 13 行的 print(x)进行输出。

19 行 ret=rdd.foreach(f)在对象 RDD 上执行 foreach 操作，此时 f 依次接受参数("a", 1), ("b", 2), ("a", 3),("b", 5)并打印。

> **注　意**
>
> 虽然 foreach 定义的函数 f 用 return 返回值，但是并未生成一个新 RDD，而是 None。

4.3.21　foreachPartition 操作

foreachPartition 操作是一个变换算子，调用形式为 rdd.foreachPartition(func)，它的作用是对 RDD 每个分区中的元素按照 func 定义的逻辑进行处理。下面给出 foreachPartition 操作示例，如代码 4-47 所示。

代码 4-47　foreachPartition 操作示例：ch04/rdd_foreachPartition.py

```
01    import findspark
02    findspark.init()
03    ##############################################
04    from pyspark.sql import SparkSession
05    spark = SparkSession.builder \
06            .master("local[1]") \
07            .appName("RDD Demo") \
08            .getOrCreate();
09    sc = spark.sparkContext
10    ##############################################
11    def f(iter):
12       for x in iter:
13            print(x)
14    sc.parallelize([1, 2, 3, 4, 5,6,7,8],2).foreachPartition(f)
15    def f2(x):
16            print(x)
17    sc.parallelize([1, 2, 3, 4, 5,6,7,8],2).foreach(f2)
18    ##############################################
```

```
19    sc.stop()
```

代码 4-47 中，注意一下 foreachPartition 和 foreach 的区别。14 行 sc.parallelize([1, 2, 3, 4, 5,6,7,8],2).foreachPartition(f)创建了一个 RDD，它有 2 个分区，在应用 foreachPartition 操作时，定义的函数 f 在函数体中打印值时，需要用 for x in iter 进行循环。而 17 行 sc.parallelize([1, 2, 3, 4, 5,6,7,8],2).foreach(f2)在 RDD 对象上执行 foreach 操作时，定义的函数 f2 在函数体中打印值时，可直接用 print(x)打印。

一般来说，利用 foreachPartition 效率比 foreach 要高，foreachPartitions 操作是一次性处理一个 partition 的数据。

> **注 意**
>
> 因为 Spark 是分布式执行的，所以数据库的连接操作必须放到算子内才能正确执行。foreachPartition 在一个分区中只会被调用一次的特性，在写数据库的时候，性能比 map 高很多，不用反复创建数据库连接。

4.3.22 map 操作

map 操作是一个变换算子，调用形式为 rdd.map(func,preservesPartitioning=False)，它的作用是对 RDD 每个元素按照 func 定义的逻辑进行处理，它在统计单词个数等场景下经常使用。下面给出 map 操作示例，如代码 4-48 所示。

代码 4-48   map 操作示例：ch04/rdd_map.py

```
01    import findspark
02    findspark.init()
03    #################################################
04    from pyspark.sql import SparkSession
05    spark = SparkSession.builder \
06            .master("local[1]") \
07            .appName("RDD Demo") \
08            .getOrCreate();
09    sc = spark.sparkContext
10    #################################################
11    rdd = sc.parallelize(["b", "a", "c", "d"])
12    rdd2 = rdd.map(lambda x: (x, 1))
13    #[('b', 1), ('a', 1), ('c', 1), ('d', 1)]
14    print(rdd2.collect())
15    #################################################
16    sc.stop()
```

代码 4-48 中，11 行 rdd=sc.parallelize(["b", "a", "c", "d"])创建了一个 RDD 对象。12 行 rdd2= rdd.map(lambda x: (x, 1))在 RDD 对象上调用 map 操作，其中 func 定义的逻辑为 lambda x: (x, 1)，即输入一个'spark'，返回一个("spark", 1)。

因此，代码依次遍历"b", "a", "c", "d"后，生成[('b', 1), ('a', 1), ('c', 1), ('d', 1)]。

4.3.23 mapPartitions 操作

mapPartitions 操作是一个变换算子，与 map 操作类似，调用形式为 rdd.mapPartitions(func,preservesPartitioning=False)，它的作用是对 RDD 每个分区中的元素按照 func 定义的逻辑进行处理，并分别返回值。下面给出 mapPartitions 操作示例，如代码 4-49 所示。

代码 4-49   mapPartitions 操作示例：ch04/rdd_mapPartitions.py

```
01    import findspark
02    findspark.init()
03    ###############################################
04    from pyspark.sql import SparkSession
05    spark = SparkSession.builder \
06           .master("local[1]") \
07           .appName("RDD Demo") \
08           .getOrCreate();
09    sc = spark.sparkContext
10    ###############################################
11    rdd = sc.parallelize([1, 2, 3, 4 , 5], 2)
12    def f(iter):
13        yield sum(iter)
14    rdd2 = rdd.mapPartitions(f)
15    #[3, 12]
16    print(rdd2.collect())
17    ###############################################
18    sc.stop()
```

代码 4-49 中，11 行 rdd=sc.parallelize([1, 2, 3, 4 , 5], 2)创建了一个 RDD 对象，它分布在 2 个分区上。12~13 行定义了一个函数 f，函数体内执行 yield sum(iter)，对迭代对象中的元素求和。

yield 的作用就是把一个函数变成一个 generator，带有 yield 的函数不再是一个普通函数，Python 解释器会将其视为一个 generator，调用 fab(5) 不会执行 fab 函数，而是返回一个 iterable 对象。

由于是 2 个分区，需要分别进行处理，比如第一个分区的元素为[1,2]，求和为 3；而第二个分区元素为[3,4,5]，则求和为 12。最终结果合并为[3, 12]。

4.3.24 mapPartitionsWithIndex 操作

mapPartitionsWithIndex 操作是一个变换算子，调用形式为 rdd.mapPartitionsWithIndex (func,preservesPartitioning=False)，它的作用是对 RDD 每个分区上应用函数 func，同时跟踪原始分区的索引，并返回新的 RDD。下面给出 mapPartitions WithIndex 操作示例，如代码 4-50 所示。

代码 4-50   mapPartitionsWithIndex 操作示例：ch04/rdd_mapPartitionsWithIndex.py

```
01    import findspark
02    findspark.init()
03    ##################################################
04    from pyspark.sql import SparkSession
05    spark = SparkSession.builder \
06            .master("local[1]") \
07            .appName("RDD Demo") \
08            .getOrCreate();
09    sc = spark.sparkContext
10    ##################################################
11    rdd = sc.parallelize([1, 2, 3, 4 ,5 ,6], 3)
12    def f(index, iter):
13            #分区索引 0,1,2
14            print(index)
15            for x in iter:
16                    #1,2;3,4;5,6
17                    print(x)
18            yield index
19    ret = rdd.mapPartitionsWithIndex(f).sum()
20    #3=0+1+2
21    print(ret)
22    ##################################################
23    sc.stop()
```

代码 4-50 中，11 行 rdd=sc.parallelize([1, 2, 3, 4 ,5 ,6], 3)创建了一个包含 3 个分区的 RDD 对象。一般来说，每个分区元素个数尽量均衡，即第一个分区值为[1, 2]，第二个分区值为[3, 4]，第三个分区值为[5, 6]。

19 行 ret=rdd.mapPartitionsWithIndex(f).sum()对 RDD 对象应用 mapPartitionsWithIndex 操作，应用的函数 f 在 12~18 行进行定义，f 函数接受 2 个参数，其中第一参数 index 为分区的索引；第二个参数为当前分区的元素，是一个迭代对象，因此需要遍历它进行元素打印。这个过程返回一个元素为[0,1,2]的新 RDD 对象。

然后在 RDD 对象上调用 sum()，将元素值进行累加，如 sc.parallelize([1.0, 2.0, 3.0]).sum() 返回结果为 6.0。因此，元素为[0,1,2]的新 RDD 对象进行 sum 操作后值为 3。

4.3.25 mapValues 操作

mapValues 操作是一个变换算子，调用形式为 rdd.mapValues(func)，它的作用是对 KV 格式的 RDD 中的每个元素应用函数 func，这个过程汇总不会更改键 K，同时也保留了原始 RDD 的分区。下面给出 mapValues 操作示例，如代码 4-51 所示。

代码 4-51   mapValues 操作示例：ch04/rdd_mapValues.py

```
01    import findspark
```

```
02      findspark.init()
03      ###############################################
04      from pyspark.sql import SparkSession
05      spark = SparkSession.builder \
06              .master("local[1]") \
07              .appName("RDD Demo") \
08              .getOrCreate();
09      sc = spark.sparkContext
10      ###############################################
11      rdd = sc.parallelize([("a", ["hello", "spark", "!"]), ("b", ["cumt"])])
12      def f(x):
13              #['hello', 'spark', '!']
14              #['cumt']
15              print(x)
16              return len(x)
17      rdd2 = rdd.mapValues(f)
18      #[('a', 3), ('b', 1)]
19      print(rdd2.collect())
20      ###############################################
21      sc.stop()
```

代码4-51中，11行rdd=sc.parallelize([("a", ["hello", "spark", "!"]), ("b", ["cumt"])])创建了一个KV格式的RDD对象，其中"a"和"b"是Key，["hello", "spark", "!"]和["cumt"]是Value。

17行rdd2=rdd.mapValues(f)在RDD对象上应用mapValues操作，映射函数为f，它在12~16行中定义，它接受一个参数x，这个参数就代表Key对应的Value值，这里用return len(x)返回Value的长度，因此，["hello", "spark", "!"]和["cumt"]分别返回3和1。

映射函数返回的值会和Key重新组合成新的KV结构，即[('a', 3), ('b', 1)]。

4.3.26 groupBy 操作

groupBy操作是一个变换算子，调用形式为 rdd.groupBy(func, numPartitions=None, partitionFunc=<function portable_hash>)，它接收一个函数func，这个函数返回的值作为Key，然后通过这个Key来对其中的元素进行分组，并返回一个新的RDD对象。下面给出groupBy操作示例，如代码4-52所示。

代码4-52 groupBy操作示例：ch04/rdd_groupBy.py

```
01      import findspark
02      findspark.init()
03      ###############################################
04      from pyspark.sql import SparkSession
05      spark = SparkSession.builder \
06              .master("local[1]") \
07              .appName("RDD Demo") \
08              .getOrCreate();
```

```
09      sc = spark.sparkContext
10      #############################################
11      rdd = sc.parallelize([1, 2, 3, 4, 5, 10])
12      def f(x):
13          #1, 2, 3, 4, 5, 10
14          print(x)
15          #x % 2 的值 0 或 1，并作为 Key
16          return x % 2
17      rdd = rdd.groupBy(f)
18      result = rdd.collect()
19      print(result)
20      ret = sorted([(x, sorted(y)) for (x, y) in result])
21      #[(0, [2, 4, 10]), (1, [1, 3, 5])]
22      print(ret)
23      #############################################
24      sc.stop()
```

代码 4-52 中，11 行 rdd=sc.parallelize([1, 2, 3, 4, 5, 10])创建了一个 RDD 对象。17 行 rdd=rdd.groupBy(f)对 RDD 对象执行 groupBy 操作，它接受一个函数 f，这个 f 函数有一个参数 x，代表 RDD 对象中的元素值，这里函数返回值为 x % 2，即 0 或者 1。

对于[1, 2, 3, 4, 5, 10]这些值来说，x % 2 为 0 的元素为[2, 4, 10]，而 x % 2 为 1 的元素为[1, 3, 5]。然后通过这个 Key（0 或 1）来对其中的元素进行分组，并返回一个新的 RDD 对象，即[(0, [2, 4, 10]), (1, [1, 3, 5])]。

> **注　意**
>
> rdd.groupBy(f)返回的 RDD 中是 KV 格式的数据，其中 V 是一个迭代对象，因此需要遍历进行元素访问。

4.3.27　groupByKey 操作

groupByKey 操作是一个变换算子，调用形式为 rdd.groupByKey(numPartitions=None, partitionFunc=<function portable_hash>)，它将 RDD 中每个键的值分组为单个序列，用 numPartitions 分区对生成的 RDD 进行哈希分区，并返回一个新的 RDD 对象。下面给出 groupByKey 操作示例，如代码 4-53 所示。

代码 4-53　groupByKey 操作示例：ch04/rdd_groupByKey.py

```
01  import findspark
02  findspark.init()
03  #############################################
04  from pyspark.sql import SparkSession
05  spark = SparkSession.builder \
06          .master("local[1]") \
07          .appName("RDD Demo") \
```

```
08              .getOrCreate();
09      sc = spark.sparkContext
10      ###############################################
11      rdd = sc.parallelize([("a", 1), ("b", 1), ("a", 1)])
12      rdd2 = rdd.groupByKey()
13      def f(x):
14              print(x)
15              return len(x)
16      rdd2 = rdd2.mapValues(f)
17      # [('a', 2), ('b', 1)]
18      print(rdd2.collect())
19      def f2(x):
20              #print(x)
21              return list(x)
22      #rdd2 = rdd.groupByKey().mapValues(list)
23      rdd2 = rdd.groupByKey().mapValues(f2)
24      # [('a', [1, 1]), ('b', [1])]
25      print(rdd2.collect())
26      ###############################################
27      sc.stop()
```

代码 4-53 中，11 行 rdd=sc.parallelize([("a", 1), ("b", 1), ("a", 1)])创建了一个 KV 格式的 RDD 对象。12 行 rdd2=rdd.groupByKey()在 RDD 对象上应用 groupByKey 操作，此时会按照 Key 分组，即分别按照"a"和"b"分组，其中 Key 为"a"时，值构成单一序列[1,1]（实际上是一个可迭代对象）；而 Key 为"b"时，值构成单一序列[1]。最后返回一个新的 RDD。

16 行 rdd2=rdd2.mapValues(f)对新 RDD 对象进行 mapValues 操作，它接受一个函数 f，在函数体内，可以用 print(x)函数打印一下构成的单一序列值是什么，同时返回 len(x)。因此，当 Key 为"a"时，len([1,1])为 2；Key 为"b"时，len([1])为 1。18 行 print(rdd2.collect())则打印出[('a', 2), ('b', 1)]。

同样地，23 行 rdd2=rdd.groupByKey().mapValues(f2)操作就可以从侧面验证上述的描述是否正确，它接受一个函数 f2，在函数体内，将可迭代对象 x 通过 list(x)转成普通的列表结构，这样就可以直接进行打印操作。25 行 print(rdd2.collect())则打印出[('a', [1, 1]), ('b', [1])]。

22 行被注释掉的 rdd2=rdd.groupByKey().mapValues(list)语句同样实现 19~23 行的功能，但是更加简洁。

> **注　意**
>
> 如果要分组以便对每个键执行聚合，例如求和或平均值，则建议使用 reduceByKey 或 AggregateByKey，因为它们可以提供更好的性能。

4.3.28　keyBy 操作

keyBy 操作是一个变换算子，调用形式为 rdd.keyBy(func)，它通过在 RDD 上应用函数

func,其中将原有 RDD 中的元素作为 Key,该 Key 通过 func 函数返回的值作为 Value 创建一个元组,并返回一个新的 RDD 对象。下面给出 keyBy 操作示例,如代码 4-54 所示。

代码 4-54　keyBy 操作示例:ch04/rdd_keyBy.py

```
01    import findspark
02    findspark.init()
03    ##############################################
04    from pyspark.sql import SparkSession
05    spark = SparkSession.builder \
06            .master("local[1]") \
07            .appName("RDD Demo") \
08            .getOrCreate();
09    sc = spark.sparkContext
10    ##############################################
11    rdd = sc.parallelize(range(0,3))
12    #[0, 1, 2]
13    print(rdd.collect())
14    def f(x):
15            #0, 1, 2
16            print(x)
17            #0, 1, 4
18            return x * x
19    rdd = rdd.keyBy(f)
20    #[(0, 0), (1, 1), (4, 2)]
21    print(rdd.collect())
22    ###############################################
23    sc.stop()
```

代码 4-54 中,11 行 rdd=sc.parallelize(range(0,3))创建了一个 RDD 对象。13 行打印出来为 [0, 1, 2]。19 行 rdd=rdd.keyBy(f)在 RDD 对象上执行 keyBy 操作,映射函数为 f,此函数体中,使用 print(x)打印出值,然后返回 x * x。

这个过程可以阐述为:第 1 次遍历时,此时 x = 0,则 x * x = 0;第 2 次遍历时,此时 x = 1,则 x * x = 1;第 3 次遍历时,此时 x = 2,则 x * x = 4。再以 0、1、2 分别作为 0、1、4 的 Key,构成一个新的 RDD,元素为元组,即[(0, 0), (1, 1), (4, 2)]。

4.3.29　keys 操作

keys 操作是一个变换算子,调用形式为 rdd.keys(),它的作用是获取 KV 格式的 RDD 中的 Key 序列,并返回一个新的 RDD 对象。下面给出 keys 操作示例,如代码 4-55 所示。

代码 4-55　keys 操作示例:ch04/rdd_keys.py

```
01    import findspark
02    findspark.init()
03    ##############################################
```

```
04    from pyspark.sql import SparkSession
05    spark = SparkSession.builder \
06            .master("local[1]") \
07            .appName("RDD Demo") \
08            .getOrCreate();
09    sc = spark.sparkContext
10    ############################################
11    rdd1 = sc.parallelize([("a",1),("b",2),("a",3)])
12    #['a', 'b', 'a']
13    print(rdd1.keys().collect())
14    rdd1 = sc.parallelize([["a",1],["b",2],["a",3]])
15    #['a', 'b', 'a']
16    print(rdd1.keys().collect())
17    ############################################
18    sc.stop()
```

代码 4-55 中，11 行 rdd1=sc.parallelize([("a",1),("b",2),("a",3)])创建了一个 KV 格式的 RDD 对象。13 行 print(rdd1.keys().collect())用 keys 操作获取到 RDD 对象每个元素的 Key，并构成一个新的 RDD，即['a', 'b', 'a']。

同样地，14 行 rdd1=sc.parallelize([["a",1],["b",2],["a",3]])也创建了一个 KV 格式的 RDD 对象，注意与 11 行的区别。16 行 print(rdd1.keys().collect())打印出['a', 'b', 'a']。

4.3.30　zip 操作

zip 操作是一个变换算子，调用形式为 rdd.zip(otherRDD)，它的作用是将第一个 RDD 中的元素作为 Key，第二个 RDD 对应的元素作为 Value，组合成元素格式为元组的新 RDD。这两个参与运算的 RDD 元素个数应该相同。下面给出 zip 操作示例，如代码 4-56 所示。

代码 4-56　zip 操作示例：ch04/rdd_zip.py

```
01    import findspark
02    findspark.init()
03    ############################################
04    from pyspark.sql import SparkSession
05    spark = SparkSession.builder \
06            .master("local[1]") \
07            .appName("RDD Demo") \
08            .getOrCreate();
09    sc = spark.sparkContext
10    ############################################
11    x = sc.parallelize(range(1,6))
12    y = sc.parallelize(range(801, 806))
13    #[(1, 801), (2, 802), (3, 803), (4, 804), (5, 805)]
14    #x,y 长度必须相等
15    print(x.zip(y).collect())
```

```
16    ##################################################
17    sc.stop()
```

代码 4-56 中,11 行 x=sc.parallelize(range(1,6))创建一个 RDD 对象 x,其元素为[1,2,3,4,5]。12 行 y=sc.parallelize(range(801, 806))创建一个 RDD 对象 y,其元素为[801,802,803,804,805]。

由此可见,x 和 y 二者的长度都是 5,是一致的。15 行 print(x.zip(y).collect())将以 x 中每个元素为 Key,y 中每个对应元素为 Value,构成新的元组格式,即[(1, 801), (2, 802), (3, 803), (4, 804), (5, 805)]。

4.3.31 zipWithIndex 操作

zipWithIndex 操作是一个变换算子,调用形式为 rdd.zipWithIndex(),它的作用是将 RDD 中的元素作为 Key,Key 对应的元素索引作为 Value,组合成元素格式为元组的新 RDD。下面给出 zipWithIndex 操作示例,如代码 4-57 所示。

代码 4-57   zipWithIndex 操作示例:ch04/rdd_zipWithIndex.py

```
01    import findspark
02    findspark.init()
03    ##################################################
04    from pyspark.sql import SparkSession
05    spark = SparkSession.builder \
06        .master("local[1]") \
07        .appName("RDD Demo") \
08        .getOrCreate();
09    sc = spark.sparkContext
10    ##################################################
11    rdd = sc.parallelize(["a", "b", "c", "d"], 3)
12    #[('a', 0), ('b', 1), ('c', 2), ('d', 3)]
13    print(rdd.zipWithIndex().collect())
14    ##################################################
15    sc.stop()
```

代码 4-57 中,11 行 rdd=sc.parallelize(["a", "b", "c", "d"], 3)创建了一个 RDD 对象。13 行 print(rdd.zipWithIndex().collect())在对象 RDD 上执行 zipWithIndex(),即将元素"a"、"b"、"c"、"d" 依次作为 Key,而其索引 0、1、2、3 作为 Value,组合成元组格式,即[('a', 0), ('b', 1), ('c', 2), ('d', 3)]。

4.3.32 values 操作

values 操作与 keys 操作类似,是一个变换算子,调用形式为 rdd.values(),它的作用是获取 KV 格式的 RDD 中的 Value 序列,并返回一个新的 RDD 对象。下面给出 values 操作示例,如代码 4-58 所示。

代码 4-58　values 操作示例：ch04/rdd_values.py

```
01  import findspark
02  findspark.init()
03  ##################################################
04  from pyspark.sql import SparkSession
05  spark = SparkSession.builder \
06          .master("local[1]") \
07          .appName("RDD Demo") \
08          .getOrCreate();
09  sc = spark.sparkContext
10  ##################################################
11  rdd1 = sc.parallelize([("a",1),("b",2),("a",3)])
12  #[1, 2, 3]
13  print(rdd1.values().collect())
14  rdd1 = sc.parallelize([["a",1],["b",2],["a",3]])
15  #[1, 2, 3]
16  print(rdd1.values().collect())
17  ##################################################
18  sc.stop()
```

代码 4-58 中，11 行 rdd1=sc.parallelize([("a",1),("b",2),("a",3)])创建了一个 KV 格式的 RDD 对象。13 行 print(rdd1.values().collect())用 values 操作获取到 RDD 对象每个元素的 Value，并构成一个新的 RDD，即[1, 2, 3]。

同样地，14 行 rdd1=sc.parallelize([["a",1],["b",2],["a",3]])也创建了一个 KV 格式的 RDD 对象，注意与 11 行的区别。16 行 print(rdd1.values().collect())打印出[1, 2, 3]。

4.3.33　union 操作

union 操作是一个变换算子，调用形式为 rdd.union(otherRDD)，它的作用是将第一个 RDD 中的元素与第二个 RDD 对应的元素进行合并，返回新 RDD。下面给出 union 操作示例，如代码 4-59 所示。

代码 4-59　union 操作示例：ch04/rdd_union.py

```
01  import findspark
02  findspark.init()
03  ##################################################
04  from pyspark.sql import SparkSession
05  spark = SparkSession.builder \
06          .master("local[1]") \
07          .appName("RDD Demo") \
08          .getOrCreate();
09  sc = spark.sparkContext
10  ##################################################
```

```
11    rdd =sc.parallelize(range(1,10))
12    rdd2 =sc.parallelize(range(11,20))
13    rdd3 = rdd.union(rdd2)
14    #[1, 2, 3, 4, 5, 6, 7, 8, 9, 11, 12, 13, 14, 15, 16, 17, 18, 19]
15    print(rdd3.collect())
16    ################################################
17    sc.stop()
```

代码 4-59 中,11 行 rdd=sc.parallelize(range(1,10))创建了一个元素为[1, 2, 3, 4, 5, 6, 7, 8, 9]的 RDD 元素。12 行 rdd2=sc.parallelize(range(11,20))创建了一个元素为[11, 12, 13, 14, 15, 16, 17, 18, 19]的 RDD 元素。

13 行 rdd3=rdd.union(rdd2)将两个 RDD 进行 union 操作,返回[1, 2, 3, 4, 5, 6, 7, 8, 9, 11, 12, 13, 14, 15, 16, 17, 18, 19]。

4.3.34 takeOrdered 操作

takeOrdered 操作是一个变换算子,调用形式为 rdd.takeOrdered(num, key=None),它的作用是从 RDD 中获取排序后的前 num 个元素构成的 RDD,默认按照升序对元素进行排序,但也支持用可选函数进行指定。下面给出 takeOrdered 操作示例,如代码 4-60 所示。

代码 4-60 takeOrdered 操作示例: ch04/rdd_takeOrdered.py

```
01    import findspark
02    findspark.init()
03    ################################################
04    from pyspark.sql import SparkSession
05    spark = SparkSession.builder \
06            .master("local[1]") \
07            .appName("RDD Demo") \
08            .getOrCreate();
09    sc = spark.sparkContext
10    ################################################
11    rdd =sc.parallelize(range(2,100))
12    #[2, 3, 4, 5, 6, 7, 8, 9, 10, 11]
13    print(rdd.takeOrdered(10))
14    #[99, 98, 97, 96, 95, 94, 93, 92, 91, 90]
15    print(rdd.takeOrdered(10, key=lambda x: -x))
16    ################################################
17    sc.stop()
```

代码 4-60 中,11 行 rdd=sc.parallelize(range(2,100))创建了一个元素为[2, 3, 4, 5, 6, 7, ..., 98, 99]的 RDD 对象。13 行 print(rdd.takeOrdered(10))对 RDD 对象进行 takeOrdered 操作,给出了取 10 个元素,默认按照升序排序,即获取到[2, 3, 4, 5, 6, 7, 8, 9, 10, 11]。

同样地,15 行 print(rdd.takeOrdered(10, key=lambda x: -x))中不断给出了 num=10 的值,还对可选的函数进行了定义,即 key=lambda x: -x,此时按降序进行排序,那么取前 10 个元素为

[99, 98, 97, 96, 95, 94, 93, 92, 91, 90]。

此操作可适用于相关的 TopN 问题。

4.3.35 takeSample 操作

takeSample 操作是一个变换算子，调用形式为 rdd.takeSample(withReplacement, num, seed=None)，它的作用是从 RDD 中抽样出固定大小的子数据集合，返回新的 RDD。其中，第一个参数 withReplacement 是一个布尔值，代表元素是否可以多次抽样。第二个参数 num 代表期望样本的大小作为 RDD 大小的一部分。第二个参数 seed 代表随机数生成器的种子。下面给出 takeSample 操作示例，如代码 4-61 所示。

代码 4-61　takeSample 操作示例：ch04/rdd_takeSample.py

```
01   import findspark
02   findspark.init()
03   ###############################################
04   from pyspark.sql import SparkSession
05   spark = SparkSession.builder \
06           .master("local[1]") \
07           .appName("RDD Demo") \
08           .getOrCreate();
09   sc = spark.sparkContext
10   ###############################################
11   rdd =sc.parallelize(range(2,10))
12   #[5, 9, 5, 3, 2, 2, 7, 7, 5, 7, 9, 9, 5, 3, 2, 4, 5, 5, 6, 8]
13   #True 代表一个元素可以出现多次
14   print(rdd.takeSample(True, 20, 1))
15   #[5, 8, 3, 7, 9, 2, 6, 4]
16   #False 代表一个元素只能出现 1 次
17   print(rdd.takeSample(False, 20, 1))
18   ###############################################
19   sc.stop()
```

代码 4-61 中，11 行 rdd=sc.parallelize(range(2,10))创建了一个元素为[2,3,4,5,6,7,8,9]的 RDD 对象。14 行 print(rdd.takeSample(True, 20, 1))中在 RDD 对象上执行 takeSample 操作，其中第一个参数为 True，代表可以重复取样，因此一个元素可以出现多次。期望的抽样数据长度为 20，则由于整个数据只有 8 个，因此必然有重复的数据，例如[5, 9, 5, 3, 2, 2, 7, 7, 5, 7, 9, 9, 5, 3, 2, 4, 5, 5, 6, 8]。

同样地，17 行 print(rdd.takeSample(False, 20, 1))第一个参数为 False，代表一个元素只能出现 1 次，虽然期望的抽样数据长度为 20，但是由于第一个参数限制，因此只返回 8 个元素，即[5, 8, 3, 7, 9, 2, 6, 4]。

> **注 意**
>
> 由于 takeSample 操作会将 RDD 整个加载到 driver 端的内存中,因此 takeSample 操作应该应用在 RDD 数据不大的情况下。

4.3.36 subtract 操作

subtract 操作是一个变换算子,调用形式为 rdd.subtract(otherRDD, numPartitions=None),它的作用是从 RDD 中排除掉 otherRDD 中的元素,并返回一个新 RDD。下面给出 subtract 操作示例,如代码 4-62 所示。

代码 4-62　subtract 操作示例:ch04/rdd_subtract.py

```
01  import findspark
02  findspark.init()
03  ###############################################
04  from pyspark.sql import SparkSession
05  spark = SparkSession.builder \
06          .master("local[1]") \
07          .appName("RDD Demo") \
08          .getOrCreate();
09  sc = spark.sparkContext
10  ###############################################
11  x = sc.parallelize([("a", 1), ("b", 4), ("b", 5), ("a", 3)])
12  y = sc.parallelize([("a", 1), ("b", 5)])
13  z = x.subtract(y)
14  #[('b', 4), ('a', 3)]
15  print(z.collect())
16  ###############################################
17  sc.stop()
```

代码 4-62 中,11 行 x=sc.parallelize([("a", 1), ("b", 4), ("b", 5), ("a", 3)])创建了一个 RDD 对象,其中包含 3 个元组。12 行 y=sc.parallelize([("a", 1), ("b", 5)])定义了另外一个 RDD 对象,包含 2 个元组。

13 行 z=x.subtract(y)从 x 元素中排除掉 y 中的元素,即[('b', 4), ('a', 3)]。

4.3.37 subtractByKey 操作

subtractByKey 操作是一个变换算子,调用形式为 rdd.subtractByKey(otherRDD, numPartitions=None),它的作用是从元素为 KV 格式的 RDD 中排除掉 otherRDD 中的元素,只要两个 RDD 的元素 Key 一致,则排除,并返回一个新 RDD。下面给出 subtractByKey 操作示例,如代码 4-63 所示。

代码 4-63　subtractByKey 操作示例：ch04/rdd_subtractByKey.py

```
01    import findspark
02    findspark.init()
03    ###############################################
04    from pyspark.sql import SparkSession
05    spark = SparkSession.builder \
06           .master("local[1]") \
07           .appName("RDD Demo") \
08           .getOrCreate();
09    sc = spark.sparkContext
10    ###############################################
11    x = sc.parallelize([("a", 1), ("b", 4), ("c", 5), ("a", 3)])
12    y = sc.parallelize([("a", 7), ("b", 0)])
13    z = x.subtractByKey(y)
14    #[('c', 5)]
15    print(z.collect())
16    ###############################################
17    sc.stop()
```

代码 4-63 中，11 行 x=sc.parallelize([("a", 1), ("b", 4), ("c", 5), ("a", 3)])创建了一个包含 KV 格式的 RDD 对象，其中 Key 为"a"、"b"、"c"。12 行 y=sc.parallelize([("a", 7), ("b", 0)])同样创建了一个包含 KV 格式的 RDD 对象，其中 Key 为"a"、"b"。

13 行 z=x.subtractByKey(y)根据 Key 值从 x 对象中排除 y 中存在的元素，即[('c', 5)]。

4.3.38　stats 操作

stats 操作是一个动作算子，给出数据的统计信息，调用形式为 rdd.stats()，它的作用是返回一个 StatCounter 对象，该对象获取到 RDD 元素的计数、均值、方差、最大值和最小值。下面给出 stats 操作示例，如代码 4-64 所示。

代码 4-64　stats 操作示例：ch04/rdd_stats.py

```
01    import findspark
02    findspark.init()
03    ###############################################
04    from pyspark.sql import SparkSession
05    spark = SparkSession.builder \
06           .master("local[1]") \
07           .appName("RDD Demo") \
08           .getOrCreate();
09    sc = spark.sparkContext
10    ###############################################
11    rdd = sc.parallelize(range(100))
12    #(count: 100, mean: 49.5, stdev: 28.86607004772212, max: 99, min: 0)
```

```
13    print(rdd.stats())
14    ###############################################
15    sc.stop()
```

代码 4-64 中,11 行 rdd=sc.parallelize(range(100))创建了一个 100 个元素的 RDD 对象,元素依次为[0,1,2,3,...,98,99]。13 行 print(rdd.stats())在 RDD 对象上执行 stats 操作,返回(count: 100, mean: 49.5, stdev: 28.86607004772212, max: 99, min: 0)。

4.3.39 sortBy 操作

sortBy 操作是一个变换算子,可以实现灵活的排序功能,调用形式为 rdd.sortBy(keyfunc, ascending=True, numPartitions=None),它的作用是根据函数 keyfunc 来对 RDD 对象元素进行排序,并返回一个新的 RDD。下面给出 sortBy 操作示例,如代码 4-65 所示。

代码 4-65   sortBy 操作示例:ch04/rdd_sortBy.py

```
01   import findspark
02   findspark.init()
03   ###############################################
04   from pyspark.sql import SparkSession
05   spark = SparkSession.builder \
06           .master("local[1]") \
07           .appName("RDD Demo") \
08           .getOrCreate();
09   sc = spark.sparkContext
10   ###############################################
11   rdd = [('a', 6), ('f', 2), ('c', 7), ('d', 4), ('e', 5)]
12   rdd2 = sc.parallelize(rdd).sortBy(lambda x: x[0])
13   #[('a', 6), ('c', 7), ('d', 4), ('e', 5), ('f', 2)]
14   print(rdd2.collect())
15   rdd3 = sc.parallelize(rdd).sortBy(lambda x: x[1])
16   #[('f', 2), ('d', 4), ('e', 5), ('a', 6), ('c', 7)]
17   print(rdd3.collect())
18   rdd3 = sc.parallelize(rdd).sortBy(lambda x: x[1],False)
19   #[('c', 7), ('a', 6), ('e', 5), ('d', 4), ('f', 2)]
20   print(rdd3.collect())
21   rdd3 = sc.parallelize(rdd).sortBy(lambda x: x[1],False,2)
22   #[('c', 7), ('a', 6), ('e', 5), ('d', 4), ('f', 2)]
23   print(rdd3.collect())
24   ###############################################
25   sc.stop()
```

代码 4-65 中,11 行 rdd=[('a', 6), ('f', 2), ('c', 7), ('d', 4), ('e', 5)]创建了一个元素格式为 KV 的 RDD,sortBy 操作可以用函数来指定排序的 Key 是什么。12 行 rdd2=sc.parallelize(rdd).sortBy(lambda x: x[0])中 keyfunc 是 lambda x: x[0],即按照 x 的第一个元

素来作为 Key，进行排序（默认是升序），也就是说按照 ['a', 'f' ,'c','d','e']对元素进行升序排序，输出结果为[('a', 6), ('c', 7), ('d', 4), ('e', 5), ('f', 2)]。

同样地，15 行 rdd3=sc.parallelize(rdd).sortBy(lambda x: x[1])中 keyfunc 是 lambda x: x[1]，即按照 x 的第二个元素来作为 Key，进行排序（默认是升序），也就是说按照[6, 2,7,4,5]对元素进行升序排序，输出结果为[('f', 2), ('d', 4), ('e', 5), ('a', 6), ('c', 7)]。

18 行 rdd3=sc.parallelize(rdd).sortBy(lambda x: x[1],False)将排序规则设置为 False，即对 Key 值[6, 2,7,4,5]按照降序进行排序，输出结果为[('c', 7), ('a', 6), ('e', 5), ('d', 4), ('f', 2)]。同样地，21 行设置 sortBy 函数第三个参数 numPartitions 为 2，即在 2 个不同的分区上进行排序，计算结果一致为[('c', 7), ('a', 6), ('e', 5), ('d', 4), ('f', 2)]。

4.3.40 sortByKey 操作

sortByKey 操作是一个变换算子，可以实现按 Key 进行排序的功能，调用形式为 rdd.sortByKey(ascending=True, numPartitions=None, keyfunc=<function RDD.<lambda>>)，它的作用是根据函数keyfunc来对RDD对象元素进行排序，并返回一个新的RDD，但参数keyfunc是一个可选的参数，不提供则按照 RDD 中元素的 Key 进行升序排序。下面给出 sortByKey 操作示例，如代码 4-66 所示。

代码 4-66　sortByKey 操作示例：ch04/rdd_sortByKey.py

```
01    import findspark
02    findspark.init()
03    ###############################################
04    from pyspark.sql import SparkSession
05    spark = SparkSession.builder \
06        .master("local[1]") \
07        .appName("RDD Demo") \
08        .getOrCreate();
09    sc = spark.sparkContext
10    ###############################################
11    x = [('a', 6), ('f', 2), ('c', 7), ('d', 4), ('e', 5)]
12    rdd = sc.parallelize(x).sortByKey(True, 1)
13    #[('a', 6), ('c', 7), ('d', 4), ('e', 5), ('f', 2)]
14    print(rdd.collect())
15    rdd = sc.parallelize(x).sortByKey(False, 1)
16    #[('f', 2), ('e', 5), ('d', 4), ('c', 7), ('a', 6)]
17    print(rdd.collect())
18    x = [(['a','g'], 6), (['f','h'], 2), (['c','m'], 7), (['d','n'], 4), (['e','w'], 5)]
19    def f(x):
20        #['a','g'],['f', 'h'],['c', 'm'],['d', 'n'],['e', 'w']
21        print(x)
22        return x[1]
23    rdd = sc.parallelize(x).sortByKey(False, 1, f)
```

```
24      #[(['e', 'w'], 5), (['d', 'n'], 4), (['c', 'm'], 7), (['f', 'h'], 2), (['a',
'g'], 6)]
25      print(rdd.collect())
26      ##################################################
27      sc.stop()
```

代码 4-66 中，11 行 rdd=[('a', 6), ('f', 2), ('c', 7), ('d', 4), ('e', 5)]创建了一个元素为 KV 数据格式的列表对象，其中的 Key 为['a', 'f', 'c','d','e']。12 行 rdd=sc.parallelize(x).sortByKey(True, 1)先将列表对象 x 转换成 RDD 对象，然后再执行 sortByKey 操作，对 Key 进行升序排序，且设置了 1 个分区，执行结果为[('a', 6), ('c', 7), ('d', 4), ('e', 5), ('f', 2)]。

15 行 rdd=sc.parallelize(x).sortByKey(False, 1)将排序规则设置为 False，即降序排序，结果为[('f', 2), ('e', 5), ('d', 4), ('c', 7), ('a', 6)]。

18 行 x=[(['a','g'], 6), (['f','h'], 2), (['c','m'], 7), (['d','n'], 4), (['e','w'], 5)]创建的列表对象中的 Key 本身也是一个列表对象['a','g']，此时可以按照 Key 的第一个元素或者第二个元素进行排序。

23 行 rdd=sc.parallelize(x).sortByKey(False, 1, f)给定了排序函数 keyfunc 的定义，print(x)可以打印出这个函数的参数 x 的值，函数 f 返回 x[1]，即按照 Key 第二个元素进行排序。最终输出结果为[(['e', 'w'], 5), (['d', 'n'], 4), (['c', 'm'], 7), (['f', 'h'], 2), (['a', 'g'], 6)]。

> **注　意**
>
> sortByKey 操作的前提 RDD 的元素格式为 KV 格式。

4.3.41　sample 操作

sample 操作是一个变换算子，可以实现按数据进行抽样的功能，调用形式为 rdd.sample(withReplacement, fraction, seed=None)，其中 withReplacement 参数为 True 或者 False，用于表示在采样过程中是否可以对同一个元素进行多次采样。

fraction 是一个数值，一般来说表示抽样的比例，值为[0,1]之间，例如 0.5。seed 是随机数生成器的种子。下面给出 sample 操作示例，如代码 4-67 所示。

代码 4-67　sample 操作示例：ch04/rdd_sample.py

```
01      import findspark
02      findspark.init()
03      ##################################################
04      from pyspark.sql import SparkSession
05      spark = SparkSession.builder \
06              .master("local[1]") \
07              .appName("RDD Demo") \
08              .getOrCreate();
09      sc = spark.sparkContext
10      ##################################################
11      rdd = sc.parallelize(range(100), 1)
12      ret = rdd.sample(False, 0.2, 1)
```

```
13    #可能输出[9, 11, 13, 39, 49, 55, 61, 65, 90, 91, 93, 94]
14    print(ret.collect())
15    ret = rdd.sample(True, 0.1, 1)
16    #可能输出[16, 19, 23, 30, 41, 50, 70, 73, 75, 80, 84, 96, 99]
17    print(ret.collect())
18    ##########################################
19    sc.stop()
```

代码 4-67 中，11 行 rdd=sc.parallelize(range(100), 1)创建 100 个元素的 RDD 对象。12 行 ret=rdd.sample(False, 0.2, 1)将 withReplacement 参数设置为 False，表示不放回的抽样，即一个元素不能被多次抽中，fraction=0.2 表示抽样的大致比例。14 行 print(ret.collect())可能输出的结果为[9, 11, 13, 39, 49, 55, 61, 65, 90, 91, 93, 94]。

15 行的 ret=rdd.sample(True, 0.1, 1)将 withReplacement 参数设置为 True，表示放回的抽样，即一个元素可能被多次抽中，fraction=0.1 表示抽样的大致比例。17 行 print(ret.collect())可能输出的结果为[16, 19, 23, 30, 41, 50, 70, 73, 75, 80, 84, 96, 99]。

> **注 意**
>
> sample 操作比例 fraction 并不精确，例如 100 个元素的 0.2 不一定就是 20 个，可能存在偏差。

4.3.42 repartition 操作

repartition 操作是一个变换算子，可以实现按数据进行重新分区的功能，调用形式为 rdd.repartition(numPartitions)，它返回一个 numPartitions 个分区的新 RDD。重新分配过程中，可以增加或减少此 RDD 中的并行度，在其内部使用混洗（shuffle）来重新分配数据。下面给出 repartition 操作示例，如代码 4-68 所示。

代码 4-68　repartition 操作示例：ch04/rdd_repartition.py

```
01    import findspark
02    findspark.init()
03    ##########################################
04    from pyspark.sql import SparkSession
05    spark = SparkSession.builder \
06        .master("local[1]") \
07        .appName("RDD Demo") \
08        .getOrCreate();
09    sc = spark.sparkContext
10    ##########################################
11    rdd = sc.parallelize([1,2,3,4,5,6,7], 3)
12    #[[1, 2], [3, 4], [5, 6, 7]]
13    print(rdd.glom().collect())
14    #[[1, 2, 5, 6, 7], [3, 4]]
15    print(rdd.repartition(2).glom().collect())
```

```
16        #[[], [1, 2], [], [], [5, 6, 7], [3, 4]]
17        print(rdd.repartition(6).glom().collect())
18        ##################################################
19        sc.stop()
```

代码 4-68 中,11 行 rdd=sc.parallelize([1,2,3,4,5,6,7], 3)创建了一个 3 个分区的 RDD 对象,通过 13 行的 print(rdd.glom().collect())可以打印出分区后的数据分布,如[[1, 2], [3, 4], [5, 6, 7]],其中[1, 2]是一个分区,[3, 4]是一个分区,[5, 6, 7]是一个分区。

15 行 print(rdd.repartition(2).glom().collect())用 repartition 操作对 RDD 对象进行重新分区,这时设置分区为 2,此时输出的值为[[1, 2, 5, 6, 7], [3, 4]]。

同样地,17 行 print(rdd.repartition(6).glom().collect())用 repartition 操作对 RDD 对象进行重新分区,这时设置分区为 6,输出的值为[[], [1, 2], [], [], [5, 6, 7], [3, 4]]。

> **注 意**
>
> 如果要减少此 RDD 中的分区数,请考虑使用 coalesce 进行操作,这样可以避免执行 shuffle 操作,效率也更高。

4.3.43 reduce 操作

reduce 操作是一个变换算子,调用形式为 rdd.reduce(func),它可以按照函数 func 的逻辑对 RDD 中的元素进行运算,以减少元素个数。下面给出 reduce 操作示例,如代码 4-69 所示。

代码 4-69　reduce 操作示例:ch04/rdd_reduce.py

```
01    import findspark
02    findspark.init()
03    ##################################################
04    from pyspark.sql import SparkSession
05    spark = SparkSession.builder \
06            .master("local[1]") \
07            .appName("RDD Demo") \
08            .getOrCreate();
09    sc = spark.sparkContext
10    ##################################################
11    rdd = sc.parallelize([1, 2, 3, 4, 5])
12    def f(x,y):
13        #1 2
14        #3 3
15        #6 4
16        #10 5
17        print(x,y)
18        return x + y
19    ret = rdd.reduce(f)
20    #15 = 1 + 2 + 3 + 4 + 5
```

```
21      print(ret)
22  def f2(x,y):
23          #1 2
24          #2 3
25          #6 4
26          #24 5
27          print(x,y)
28          return x * y
29  ret = rdd.reduce(f2)
30  #120 = 1 * 2 * 3 * 4 * 5
31  print(ret)
32  #ValueError: Can not reduce() empty RDD
33  #sc.parallelize([]).reduce(f)
34  #################################################
35  sc.stop()
```

代码 4-69 中，11 行 rdd=sc.parallelize([1, 2, 3, 4, 5])创建了一个 RDD 对象。12~19 行定义了一个 f 函数，它接受两个参数 x 和 y，这里可以用 print(x,y)打印出来进行观察，函数 f 返回两个数的和。19 行 ret=rdd.reduce(f)则用函数 f 进行计算，实际上就是累加，结果为 1 + 2 + 3 + 4 + 5 =15。

同样地，22~28 行定义的函数 f2，返回两个参数 x 和 y 的乘积。29 行 ret=rdd.reduce(f2)则对 RDD 元素进行累乘，结果为 1 * 2 * 3 * 4 * 5=120。

> **注　意**
>
> reduce 操作不能在一个空 RDD 上继续操作，否则会报 ValueError 错误。

4.3.44　reduceByKey 操作

reduceByKey 操作是一个变换算子，调用形式为 rdd.reduceByKey(func, numPartitions=None, partitionFunc=<function portable_hash>)，它可以按照函数 func 的逻辑对元素格式为 KV 的 RDD 中的数据进行运算，以减少元素个数。下面给出 reduceByKey 操作示例，如代码 4-70 所示。

代码 4-70　reduceByKey 操作示例：ch04/rdd_reduceByKey.py

```
01  import findspark
02  findspark.init()
03  #################################################
04  from pyspark.sql import SparkSession
05  spark = SparkSession.builder \
06          .master("local[1]") \
07          .appName("RDD Demo") \
08          .getOrCreate();
09  sc = spark.sparkContext
```

```
10      ##################################################
11      rdd = sc.parallelize([("a", 1), ("b", 1), ("a", 2),("b", 3)])
12      def f(x,y):
13          #1 2
14          #1 3
15          print(x,y)
16          return x + y
17      #rdd2 = rdd.reduceByKey(lambda x,y:x+y)
18      rdd2 = rdd.reduceByKey(f)
19      #[('a', 3), ('b', 4)]
20      print(rdd2.collect())
21      ##################################################
22      sc.stop()
```

代码 4-70 中,11 行 rdd=sc.parallelize([("a", 1), ("b", 1), ("a", 2),("b", 3)])创建了一个元素格式为 KV 的 RDD 对象。12~16 行定义了一个函数 f,它接受 2 个参数 x 和 y,并返回二者之和。18 行 rdd2=rdd.reduceByKey(f)可对 RDD 对象中的不同 Key 进行值求和,类似于分组求和。最终输出结果为[('a', 3), ('b', 4)]。

当然,定义的函数 f 和 rdd.reduceByKey(lambda x,y:x+y)计算结果一致,因此,使用 lambda 表达式进行函数计算更加简洁。

> **注 意**
>
> reduceByKey 操作需在元素格式为 KV 的 RDD 上进行。

4.3.45 randomSplit 操作

randomSplit 操作是一个变换算子,调用形式为 rdd.randomSplit(weights, seed=None),它可以按照权重 weights 对 RDD 进行随机分割,并返回多个 RDD 构成的列表。下面给出 randomSplit 操作示例,如代码 4-71 所示。

代码 4-71   randomSplit 操作示例:ch04/rdd_randomSplit.py

```
01      import findspark
02      findspark.init()
03      ##################################################
04      from pyspark.sql import SparkSession
05      spark = SparkSession.builder \
06          .master("local[1]") \
07          .appName("RDD Demo") \
08          .getOrCreate();
09      sc = spark.sparkContext
10      ##################################################
11      rdd = sc.parallelize(range(100), 1)
12      #按照 2:3 比例进行 RDD 切分
```

```
13    rdd1, rdd2 = rdd.randomSplit([2, 3], 10)
14    #40
15    print(len(rdd1.collect()))
16    #60
17    print(len(rdd2.collect()))
18    ##############################################
19    sc.stop()
```

代码 4-71 中,11 行 rdd=sc.parallelize(range(100), 1)创建了一个 100 个元素的 RDD。13 行 rdd1, rdd2=rdd.randomSplit([2, 3], 10)利用 randomSplit 操作对 RDD 进行分割,分割比例为 2:3,即第一个 RDD 元素数量为 100*2/(2+3)=40,而第二个 RDD 元素数量为 100*3/(2+3)=60。因此,print(len(rdd1.collect()))输出 40,而 print(len(rdd2.collect()))输出 60。

这种随机分割在一些数据挖掘或者机器学习算法中非常有用,由于这些算法需要数据的训练集合和测试集合,因此需要把总的数据集合进行随机切分,比如 70%用于训练,30%用于测试。

4.3.46 lookup 操作

lookup 操作是一个变换算子,调用形式为 rdd.lookup(key),它可以根据 key 值从 RDD 中查找到相关的元素,返回 RDD 中键值的值列表。下面给出 lookup 操作示例,如代码 4-72 所示。

代码 4-72   lookup 操作示例:ch04/rdd_lookup.py

```
01    import findspark
02    findspark.init()
03    ##############################################
04    from pyspark.sql import SparkSession
05    spark = SparkSession.builder \
06            .master("local[1]") \
07            .appName("RDD Demo") \
08            .getOrCreate();
09    sc = spark.sparkContext
10    ##############################################
11    a = range(100)
12    rdd = sc.parallelize(zip(a, a), 2)
13    #[32]
14    print(rdd.lookup(32))
15    sorted = rdd.sortByKey()
16    #[32]
17    print(sorted.lookup(32))
18    # []
19    print(sorted.lookup(200))
20    rdd = sc.parallelize([('a', 'b'), ('c', 'd')])
21    #['b']
```

```
22      print(rdd.lookup('a'))
23      rdd = sc.parallelize([['a', 'b'], ['c', 'd']])
24      #['b']
25      print(rdd.lookup('a'))
26      rdd = sc.parallelize([(('a', 'b'), 'c')])
27      #['c']
28      print(rdd.lookup(('a', 'b')))
29      #错误
30      #rdd = sc.parallelize([1,2,3]).lookup(1)
31      ##################################################
32      sc.stop()
```

在代码 4-72 中，11 行 a=range(100)和 12 行 rdd=sc.parallelize(zip(a, a), 2)会创建一个 100 个格式为元组的 RDD 对象。14 行 print(rdd.lookup(32))从 RDD 中查找 Key 为 32 的值，即 32。

15 行 sorted=rdd.sortByKey()对 RDD 对象按照 Key 进行排序，在大数据的情况下，排序后的 lookup 操作查找速度更快。19 行 print(sorted.lookup(200))查找 Key 为 200 的值，由于没有此 Key，则返回[]。

20 行 rdd=sc.parallelize([('a', 'b'), ('c', 'd')])创建了 KV 格式的 RDD 对象。25 行 print(rdd.lookup('a'))从中查找 Key 为'a'的值，即'b'。同样地，23 行 rdd=sc.parallelize([['a', 'b'], ['c', 'd']])也创建了一个 KV 格式的 RDD 对象，注意与 20 行的区别。25 行执行 print(rdd.lookup('a'))，同样返回'b'。

lookup 操作查找的 Key 也可以是比较复杂的形式，比如是元组格式('a', 'b')。26 行 rdd=sc.parallelize([(('a', 'b'), 'c')])则创建了一个 KV 格式的 RDD 对象，其 Key 是('a', 'b')，Value 是'c'。28 行 print(rdd.lookup(('a', 'b')))则在 RDD 对象上按照 Key 等于('a', 'b')来进行值查找，结果为'c'。

> **注 意**
>
> Python 3+环境下，在 Spark 集群上使用 distinct()、reduceByKey()和 join()等几个函数时，可能会触发 PYTHONHASHSEED 异常，即 Randomness of hash of string should be disabled via PYTHONHASHSEED，此时可以在在 spark-defaults.conf 设置 spark.executorEnv.PYTHONHASHSEED=0。

4.3.47 join 操作

join 操作是一个变换算子，调用形式为 rdd.join(otherRDD, numPartitions=None)，它返回一个 RDD，其中包含自身和 otherRDD 匹配键的所有成对元素。每对元素将以(k,(v1,v2))元组返回，其中(k,v1)在自身中，而(k,v2)在另一个 otherRDD 中。下面给出 join 操作示例，如代码 4-73 所示。

代码 4-73　join 操作示例：ch04/rdd_join.py

```
01   import findspark
02   findspark.init()
```

```
03    #################################################
04    from pyspark.sql import SparkSession
05    spark = SparkSession.builder \
06            .master("local[1]") \
07            .appName("RDD Demo") \
08            .getOrCreate();
09    sc = spark.sparkContext
10    #################################################
11    x = sc.parallelize([("a", 1), ("b", 4)])
12    y = sc.parallelize([("a", 2), ("a", 3)])
13    ret = x.join(y).collect()
14    #[('a', (1, 2)), ('a', (1, 3))]
15    print(ret)
16    #################################################
17    sc.stop()
```

代码 4-73 中,11 行 x=sc.parallelize([("a", 1), ("b", 4)])创建一个 KV 元素格式的 RDD 对象 x。12 行 y=sc.parallelize([("a", 2), ("a", 3)])创建一个 KV 元素格式的 RDD 对象 y。x 和 y 中的 Key 有匹配的,如"a",也有不匹配的,如"b"。

13 行 ret=x.join(y).collect()则在 x 和 y 上执行 join 操作,返回新的 RDD 对象,每对元素将以(k,(v1,v2))元组返回,其中(k,v1)来自 x 对象,而(k,v2)来自 y 对象,即('a', (1, 2)), ('a', (1, 3)。因此,最终结果输出[('a', (1, 2)), ('a', (1, 3))]。

4.3.48 intersection 操作

intersection 操作是一个变换算子,调用形式为 rdd.intersection(otherRDD),它返回一个此 RDD 和另一个 otherRDD 的交集,在这个过程中,会进行去重操作。下面给出 intersection 操作示例,如代码 4-74 所示。

代码 4-74　intersection 操作示例:ch04/rdd_intersection.py

```
01    import findspark
02    findspark.init()
03    #################################################
04    from pyspark.sql import SparkSession
05    spark = SparkSession.builder \
06            .master("local[1]") \
07            .appName("RDD Demo") \
08            .getOrCreate();
09    sc = spark.sparkContext
10    #################################################
11    rdd1 = sc.parallelize([1, 10, 2, 3, 4, 5])
12    rdd2 = sc.parallelize([1, 6, 2, 3, 7, 8])
13    ret = rdd1.intersection(rdd2).collect()
14    #[2, 1, 3]
```

```
15    print(ret)
16    rdd1 = sc.parallelize([("a", 1), ("b", 1), ("a", 2),("b", 3)])
17    rdd2 = sc.parallelize([("a", 2), ("b", 1), ("e", 5)])
18    ret = rdd1.intersection(rdd2).collect()
19    #[('b', 1), ('a', 2)]
20    print(ret)
21    ###############################################
22    sc.stop()
```

代码4-74中，11行rdd1=sc.parallelize([1, 10, 2, 3, 4, 5])和12行rdd2=sc.parallelize([1, 6, 2, 3, 7, 8])分别创建了一个RDD对象。13行ret=rdd1.intersection(rdd2).collect()则对rdd1和rdd2进行intersection操作，求交集并去重，返回结果为[2, 1, 3]。

同样地，16行rdd1=sc.parallelize([("a", 1), ("b", 1), ("a", 2),("b", 3)])和17行rdd2=sc.parallelize([("a", 2), ("b", 1), ("e", 5)])分别创建了一个元素为KV格式的RDD对象。18行ret=rdd1.intersection(rdd2).collect()对rdd1和rdd2进行intersection操作，求交集并去重，返回结果为[('b', 1), ('a', 2)]。

4.3.49 fullOuterJoin 操作

fullOuterJoin操作是一个变换算子，调用形式为rdd.fullOuterJoin(otherRDD, numPartitions=None)，它返回此RDD和另一个otherRDD的全外部连接（full outer join）。

对于RDD自身中的每个元素(k,v)，如果另外一个otherRDD匹配到k，那么生成的RDD元素格式为(k,(v,w))；如果另外一个otherRDD匹配不到k，则生成的RDD元素格式为(k,(v,None))。

同样地，在otherRDD匹配到k的值，但是在RDD自身没有匹配到值w，则返回None，即生成的RDD元素格式为(k,(None,w))。

下面给出fullOuterJoin操作示例，如代码4-75所示。

代码4-75　fullOuterJoin操作示例：ch04/rdd_fullOuterJoin.py

```
01    import findspark
02    findspark.init()
03    ###############################################
04    from pyspark.sql import SparkSession
05    spark = SparkSession.builder \
06            .master("local[1]") \
07            .appName("RDD Demo") \
08            .getOrCreate();
09    sc = spark.sparkContext
10    ###############################################
11    x = sc.parallelize([("a", 1), ("b", 4)])
12    y = sc.parallelize([("a", 2), ("c", 8)])
13    rdd = x.fullOuterJoin(y)
14    # [('b', (4, None)), ('c', (None, 8)), ('a', (1, 2))]
```

```
15    print(rdd.collect())
16    ##############################################
17    sc.stop()
```

代码 4-75 中，11 行 x=sc.parallelize([("a", 1), ("b", 4)])和 12 行 y=sc.parallelize([("a", 2), ("c", 8)])分别创建了元素格式为 KV 的 RDD。13 行 rdd=x.fullOuterJoin(y)对 x 和 y 进行全外部连接，首先根据 x 和 y 的 Key 求出并集，即["a","b","c"]，然后依次到 x 和 y 中取匹配 Key 对应的值，如果匹配不到，则返回 None。

对于 Key 为"a"的情况，返回的 RDD 元素格式为(k,(v,w))，首先替换成("a",(v,w))，然后先从 x 上进行匹配，匹配到("a", 1)的值 1，再在 y 上进行匹配，匹配到("a", 2)的值 2，即分别替换("a",(v,w))中的 v 和 w，即变成('a', (1, 2))。

对于 Key 为"b"的情况，首先将(k,(v,w))中 k 替换成"b"，即("b",(v,w))，然后先从 x 上进行匹配，匹配到("b", 4)的值 4，再在 y 上进行匹配，若匹配不到，则返回值 None，即分别替换("a",(v,w))中的 v 和 w，即变成('b', (4, None))。

对于 Key 为"c"的情况，很显然最后生成 ('c', (None, 8))。

4.3.50　leftOuterJoin 与 rightOuterJoin 操作

leftOuterJoin 操作是一个变换算子，调用形式为 rdd.leftOuterJoin(otherRDD, numPartitions=None)，它返回此 RDD 和另一个 otherRDD 的左外部连接（left outer join）。

对于 RDD 自身中的每个元素(k,v)，如果另外一个 otherRDD 匹配到 k，那么生成的 RDD 元素格式为(k,(v,w))，如果另外一个 otherRDD 匹配不到 k，则生成的 RDD 元素格式为(k,(v,None))。下面给出 leftOuterJoin 操作示例，如代码 4-76 所示。

代码 4-76　leftOuterJoin 操作示例：ch04/rdd_leftOuterJoin.py

```
01    import findspark
02    findspark.init()
03    ##############################################
04    from pyspark.sql import SparkSession
05    spark = SparkSession.builder \
06            .master("local[1]") \
07            .appName("RDD Demo") \
08            .getOrCreate();
09    sc = spark.sparkContext
10    ##############################################
11    x = sc.parallelize([("a", 1), ("b", 4)])
12    y = sc.parallelize([("a", 2), ("c", 8)])
13    rdd = x.leftOuterJoin(y)
14    #[('b', (4, None)), ('a', (1, 2))]
15    print(rdd.collect())
16    rdd = x.rightOuterJoin(y)
17    #[('c', (None, 8)), ('a', (1, 2))]
18    print(rdd.collect())
```

```
19    ##############################################
20    sc.stop()
```

代码 4-76 中，与代码 4-71 一样，11 行和 12 行分别创建了元素格式为 KV 的 RDD。13 行 rdd=x.leftOuterJoin(y)对 x 和 y 进行左外部连接，首先将 x 的 Key 取出，即["a","b"]，然后依次到 x 和 y 中取匹配 Key 对应的值，如果匹配不到，则返回 None，即[('b', (4, None)), ('a', (1, 2))]。

同样地，16 行 rdd=x.rightOuterJoin(y)中的 rightOuterJoin 是右连接操作，方向上与 leftOuterJoin 相反，首先将 y 的 Key 取出，即["a","c"]，然后依次到 x 和 y 中取匹配 Key 对应的值，如果匹配不到，则返回 None。即[('c', (None, 8)), ('a', (1, 2))]。

4.3.51 aggregate 操作

aggregate 操作是一个动作操作，它的调用形式为 rdd.aggregate(zeroValue, seqOp, combOp)，其中使用给定的 seqOp 函数和给定的零值 zeroValue 来聚合每个分区上的元素，然后再用 combOp 函数和给定的零值 zeroValue 汇总所有分区的结果。下面给出 aggregate 操作示例，如代码 4-77 所示。

代码 4-77　aggregate 操作示例：ch04/rdd_aggregate.py

```
01    import findspark
02    findspark.init()
03    ##############################################
04    from pyspark.sql import SparkSession
05    spark = SparkSession.builder \
06            .master("local[1]") \
07            .appName("RDD Demo") \
08            .getOrCreate();
09    sc = spark.sparkContext
10    ##############################################
11    data=[1,3,5,7,9,11,13,15,17]
12    #2 个分区
13    rdd=sc.parallelize(data,2)
14    #打印分区的值
15    print(rdd.glom().collect())
16    seqOp = (lambda x, y: (x[0] + y, x[1] + 1))
17    combOp = (lambda x, y: (x[0] + y[0], x[1] + y[1]))
18    a=rdd.aggregate((0,0),seqOp,combOp)
19    #(81, 9)=(0,0)+(16,4)+(65,5)
20    print(a)
21    #求每个分区的最大值的和
22    fmax = lambda x, y : ( x[0] if x[0] > y else y , x[1]+1)
23    # zeroValue 初始值形式是(x,y)
24    a=rdd.aggregate((0,0),fmax,combOp)
25    #(24, 9)=(0,0)+(7,4)+(17,5)
```

```
26      print(a)
27      #求每个分区的最小值的和
28      fmin = lambda x, y : ( x[0] if x[0] < y else y , x[1]+1)
29      a=rdd.aggregate((6,0),fmin,combOp)
30      #第一个分区和6比较,最小值是1
31      #第二个分区和6比较,最小值是6
32      #(13, 9)= (6,0)+(1,4)+(6,5)
33      print(a)
34      ##################################################
35      sc.stop()
```

代码 4-77 中,13 行 rdd=sc.parallelize(data,2)将元素[1,3,5,7,9,11,13,15,17]分成两个分区,假设第一个分区为[1,3,5,7],第二个分区结果为[9,11,13,15,17]。

aggregate 操作需要三个 zeroValue、seqOp、combOp。初始值 zeroValue 形式是(x,y),例如(0,0)。seqOp 和 combOP 是两个函数,它们都接受 2 个参数,其中 seqOp 函数是对每个分区上的数据信息操作,而 combOp 函数对每个分区的计算结果再进行合并操作。

16 行 seqOp=(lambda x, y: (x[0] + y, x[1] + 1))和 17 行 combOp=(lambda x, y: (x[0] + y[0], x[1] + y[1]))给出的 seqOp 和 combOP 是两个函数定义,结合 18 行 a=rdd.aggregate((0,0),seqOp,combOp)给出的 zeroValue 初始值(0,0),下面给出具体的操作步骤。

(1)由于 RDD 是两个分区,首先使用初始值(0,0)和第一个分区[1,3,5,7]的第一个值进行 seqOp 计算,具体过程如下:

- 第 1 次遍历时,由于 x 是(0,0),y 是 1,则(x[0] + y, x[1] + 1)返回结果为(0+1,0+1),即(1,1)。
- 第 2 次遍历时,由于 x 是(1,1),y 是 3,则(x[0] + y, x[1] + 1)返回结果为(1+3,1+1),即(4,2)。
- 第 3 次遍历时,由于 x 是(4,2),y 是 5,则(x[0] + y, x[1] + 1)返回结果为(4+5,2+1),即(9,3)。
- 第 4 次遍历时,由于 x 是(9,3),y 是 7,则(x[0] + y, x[1] + 1)返回结果为(9+7,3+1),即(16,4)。

(2)第一个分区计算完成后,再计算第二个分区,即依次遍历列表[9,11,13,15,17],具体的 seqOp 计算过程如下:

- 第 1 次遍历时,由于 x 是(0,0),y 是 9,则(x[0] + y, x[1] + 1)返回结果为(0+9,0+1),即(9,1)。
- 第 2 次遍历时,由于 x 是(9,1),y 是 11,则(x[0] + y, x[1] + 1)返回结果为(9+11,1+1),即(20,2)。
- 第 3 次遍历时,由于 x 是(20,2),y 是 13,则(x[0] + y, x[1] + 1)返回结果为(20+13,2+1),即(33,3)。
- 第 4 次遍历时,由于 x 是(33,3),y 是 15,则(x[0] + y, x[1] + 1)返回结果为

(33+15,3+1),即(48,4)。

- 第 5 次遍历时,由于 x 是(48,4),y 是 17,则(x[0] + y, x[1] + 1)返回结果为(48+17,4+1),即(65,5)。

(3)当两个分区上的 seqOp 计算完成后,combOp 函数再对 2 个分区的结果以及初始值本身进行计算。具体过程如下:

- 第 1 次遍历时,由于 x 是(0,0),y 是(16,4),则(x[0] + y[0], x[1] + y[1])返回结果为(0 + 16, 0+ 4),即(16,4)。
- 第 2 次遍历时,由于 x 是(16,4),y 是(65,5),则(x[0] + y[0], x[1] + y[1])返回结果为(16+65,4+5),即(81, 9)。

其实,在 RDD 操作中,不同的函数参数到底代表什么,数据格式是什么,在不了解这些信息的情况下,如 seqOp=(lambda x, y: (x[0] + y, x[1] + 1))中,x 数据什么格式,y 数据什么格式,如果要打破疑问,就需要借助 print 函数将每次迭代的 x 和 y 打印出来即可。下面给出一个示例,用于打印 x 和 y 的值。如代码 4-78 所示。

代码 4-78　aggregate 输出中间结果示例:ch04/rdd_aggregate2.py

```
01  import findspark
02  findspark.init()
03  ###############################################
04  from pyspark.sql import SparkSession
05  spark = SparkSession.builder \
06          .master("local[1]") \
07          .appName("RDD Demo") \
08          .getOrCreate();
09  sc = spark.sparkContext
10  ###############################################
11  data=[1,3,5,7,9,11,13,15,17]
12  rdd=sc.parallelize(data,2)
13  def seqOp(x,y):
14      print("seqOp x->",x)
15      print("seqOp y->",y)
16      return (x[0] + y, x[1] + 1)
17  def combOp(x,y):
18      print("combOp x->",x)
19      print("combOp y->",y)
20      return (x[0] + y[0], x[1] + y[1])
21  a=rdd.aggregate((0,0),seqOp,combOp)
22  print(a)
23  # (81, 9)
24  ###############################################
25  sc.stop()
```

对于代码 4-78 中,执行 python rdd_aggregate2.py 命令,输出结果如下所示:

```
[Stage 0:>                                                    (0 + 1) / 2]
seqOp x-> (0, 0)
seqOp y-> 1
seqOp x-> (1, 1)
seqOp y-> 3
seqOp x-> (4, 2)
seqOp y-> 5
seqOp x-> (9, 3)
seqOp y-> 7
[Stage 0:==============================>                      (1 + 1) / 2]
seqOp x-> (0, 0)
seqOp y-> 9
seqOp x-> (9, 1)
seqOp y-> 11
seqOp x-> (20, 2)
seqOp y-> 13
seqOp x-> (33, 3)
seqOp y-> 15
seqOp x-> (48, 4)
seqOp y-> 17
combOp x-> (0, 0)
combOp y-> (16, 4)
combOp x-> (16, 4)
combOp y-> (65, 5)
(81, 9)
```

从这个输出过程就可以非常容易查看每一步的调用过程。

4.3.52 aggregateByKey 操作

aggregateByKey 操作是一个变换操作,它的调用形式为 rdd.aggregateByKey(zeroValue, seqFunc, combFunc, numPartitions=None, partitionFunc=\<function portable_hash>),其中 zeroValue 代表每次按 Key 分组之后的每个组的初始值。seqFunc 函数用来对每个分区内的数据按照 key 分别进行逻辑计算。combFunc 对经过 seqFunc 处理过的数据按照 key 分别进行逻辑计算。下面给出一个 aggregateByKey 操作示例,如代码 4-79 所示。

代码 4-79　aggregateByKey 操作示例:ch04/rdd_aggregateByKey.py

```
01    import findspark
02    findspark.init()
03    #################################################
04    from pyspark.sql import SparkSession
05    spark = SparkSession.builder \
06            .master("local[1]") \
07            .appName("RDD Demo") \
```

```
08            .getOrCreate();
09      sc = spark.sparkContext
10      ###############################################
11      data=[("a",1),("b",2),("a",3),("b",4),("a",5),("b",6),("a",7),
("b",8),("a",9),("b",10)]
12      #2个分区
13      rdd=sc.parallelize(data,2)
14      #打印分区的值
15      #[[('a', 1), ('b', 2), ('a', 3), ('b', 4), ('a', 5)],
16      # [('b', 6), ('a', 7), ('b', 8), ('a', 9), ('b', 10)]]
17      print(rdd.glom().collect())
18      def seqFunc(x,y):
19            # seqOp x-> 0
20            # seqOp y-> 1
21            print("seqOp x->",x)
22            print("seqOp y->",y)
23            return x + y
24      def combFunc(x,y):
25            #combOp x-> 6
26            #combOp y-> 16
27            #combOp x-> 9
28            #combOp y-> 16
29            print("combOp x->",x)
30            print("combOp y->",y)
31            return x + y
32      a=rdd.aggregateByKey(0,seqFunc,combFunc)
33      # [('b', 30), ('a', 25)]
34      print(a.collect())
35      ###############################################
36      sc.stop()
```

代码 4-79 中，如果用 python rdd_aggregateByKey.py 执行的话，则输出结果如下：

```
[[('a', 1), ('b', 2), ('a', 3), ('b', 4), ('a', 5)], [('b', 6), ('a', 7), ('b', 8), ('a', 9), ('b', 10)]]
[Stage 1:>                          (0 + 1) / 2]
seqOp x-> 0
seqOp y-> 1
seqOp x-> 0
seqOp y-> 2
seqOp x-> 1
seqOp y-> 3
seqOp x-> 2
seqOp y-> 4
seqOp x-> 4
seqOp y-> 5
```

```
[Stage 1:==============================>(1 + 1) / 2]
seqOp x-> 0
seqOp y-> 6
seqOp x-> 0
seqOp y-> 7
seqOp x-> 6
seqOp y-> 8
seqOp x-> 7
seqOp y-> 9
seqOp x-> 14
seqOp y-> 10
[Stage 2:>                              (0 + 1) / 2]
combOp x-> 6
combOp y-> 24
[Stage 2:==============================> (1 + 1) / 2]
combOp x-> 9
combOp y-> 16
[('b', 30), ('a', 25)]
```

4.3.53 cartesian 操作

cartesian 操作是一个变换操作，它的调用形式为 rdd.cartesian(otherRDD)，它返回自身元素和另外一个 otherRDD 中元素的笛卡尔积。下面给出 cartesian 操作示例代码，如代码 4-80 所示。

代码 4-80　cartesian 操作示例：ch04/rdd_cartesian.py

```
01   import findspark
02   findspark.init()
03   ##################################################
04   from pyspark.sql import SparkSession
05   spark = SparkSession.builder \
06           .master("local[1]") \
07           .appName("RDD Demo") \
08           .getOrCreate();
09   sc = spark.sparkContext
10   ##################################################
11   rdd = sc.parallelize([1, 2])
12   rdd2 = sc.parallelize([3, 7])
13   rdd3 = sorted(rdd.cartesian(rdd2).collect())
14   #[(1, 3), (1, 7), (2, 3), (2, 7)]
15   print(rdd3)
16   rdd4 = sorted(rdd2.cartesian(rdd).collect())
17   #[(3, 1), (3, 2), (7, 1), (7, 2)]
18   print(rdd4)
```

```
19    ##################################################
20    sc.stop()
```

代码 4-80 中,11 行 rdd=sc.parallelize([1, 2])和 12 行 rdd2=sc.parallelize([3, 7])分别创建了一个 RDD 对象,其中 rdd1 元素为[1, 2],rdd2 元素为[3, 7],则 rdd.cartesian(rdd2)进行二者的笛卡尔积计算为[(1, 3), (1, 7), (2, 3), (2, 7)],即首先用 rdd1 中第一个元素 1 作为 key,去和 rdd2 中的所有元素作为 value 进行配对,再用第二个元素 2 去和 rdd2 中的所有元素作为 value 进行配对。

> **注 意**
>
> 如果 rdd1 和 rdd2 元素个数比较多,直接进行 cartesian 计算可能会出现内存不足的情况。

4.3.54 cache 操作

cache 操作会使用默认存储级别(MEMORY_ONLY)保留该 RDD,防止多次进行创建,从而提高效率。它的调用形式为 rdd.cache()。下面给出 cache 操作示例代码,如代码 4-81 所示。

代码 4-81 cache 操作示例:ch04/rdd_cache.py

```
01    import findspark
02    findspark.init()
03    ##################################################
04    from pyspark.sql import SparkSession
05    spark = SparkSession.builder \
06            .master("local[1]") \
07            .appName("RDD Demo") \
08            .getOrCreate();
09    sc = spark.sparkContext
10    ##################################################
11    #0...999
12    rdd =sc.parallelize(range(1000))
13    #缓存
14    rdd.cache()
15    #最大值 999
16    print(rdd.max())
17    ##################################################
18    sc.stop()
```

代码 4-81 中,14 行 rdd.cache()在 RDD 对象上进行缓存操作,后续的 RDD 操作会直接从内存中加载数据进行计算。另外,Spark 当中还有一个类似的缓存操作 rdd.persist(storageLevel),它可以制定存储级别 storageLevel。

4.3.55 saveAsTextFile 操作

saveAsTextFile 操作的调用形式为 rdd.saveAsTextFile(path, compressionCodecClass

=None），它的作用是保存 RDD 对象为一个文件，其中元素以字符串的形式体现。path 代码保存的文件路径，compressionCodecClass 参数用于压缩，默认为"org.apache.hadoop.io.compress.GzipCodec"。下面给出 saveAsTextFile 操作示例代码，如代码 4-82 所示。

代码 4-82　saveAsTextFile 操作示例：ch04/rdd_saveAsTextFile.py

```
01    import findspark
02    findspark.init()
03    ###############################################
04    from pyspark.sql import SparkSession
05    spark = SparkSession.builder \
06            .master("local[1]") \
07            .appName("RDD Demo") \
08            .getOrCreate();
09    sc = spark.sparkContext
10    ###############################################
11    rdd =sc.range(1,10,2)
12    #[1, 3, 5, 7, 9]
13    print(rdd.collect())
14    #spark-rdd 是目录,且不能存在此目录
15    rdd.saveAsTextFile("c://spark-rdd2")
16    ###############################################
17    sc.stop()
```

在代码 4-82 中，rdd.saveAsTextFile("c://spark-rdd2")将 rdd 对象的数据保存到目录 c://spark-rdd2 下，但是要注意，当这个目录存在时，执行此操作则会报错。生成的数据是多个文件组成的，具体如图 4.24 所示。

图 4.24　生成的数据由多个文件组成

关于 Spark RDD 还有其他的相关操作，具体信息请查阅官网地址：

http://spark.apache.org/docs/2.4.5/api/python/pyspark.html#pyspark.RDD

4.4 共享变数

如果想在 Spark 集群的不同节点之间共享变数（变量），那么 Spark 软件提供了两种特定的共享方式：即广播变量和累加器。下面分别进行阐述。

4.4.1 广播变量

广播变量允许程序缓存一个只读的变量在集群的每台机器上，而不是每个任务保存一个拷贝。借助广播变量，可以用一种更高效的方式来共享一些数据，比如一个全局配置文件，可以通过广播变量共享给所有节点。

具体来说，一个广播变量 brVar 可以通过调用 brVar=SparkContext.broadcast(v)方法从一个普通变量 v 中创建出来。广播变量是 v 的一个包装变量，它的值可以通过 value 方法访问，即各个节点都可以通过 brVar.value 来引用广播的数据。下面给出一个广播变量的示例，具体如代码 4-83 所示。

代码 4-83　广播变量的示例：ch04/broadcast.py

```
01  import findspark
02  findspark.init()
03  #################################################
04  from pyspark.sql import SparkSession
05  spark = SparkSession.builder \
06          .master("local[1]") \
07          .appName("RDD Demo") \
08          .getOrCreate();
09  sc = spark.sparkContext
10  #################################################
11  conf = {"ip":"192.168.1.1","key":"cumt"}
12  #广播变量
13  brVar = sc.broadcast(conf)
14  #获取广播变量值
15  a = brVar.value
16  #{'ip': '192.168.1.1', 'key': 'cumt'}
17  print(a)
18  #cumt
19  print(a["key"])
20  #更新广播变量
21  brVar.unpersist()
22  conf["key"] = "jackwang"
23  #再次广播
24  brVar = sc.broadcast(conf)
```

```
25    #获取广播新变量值
26    a = brVar.value
27    #{'ip': '192.168.1.1', 'key': 'jackwang'}
28    print(a)
29    #destroy()可将广播变量的数据和元数据一同销毁,销毁后不能使用
30    brVar.destroy()
31    ##################################################
32    sc.stop()
```

代码 4-83 中,11 行 conf={"ip":"192.168.1.1","key":"cumt"}创建了一个字段对象 conf,用于模拟配置文件信息。13 行 brVar=sc.broadcast(conf)将普通变量通过 sc.broadcast 函数进行封装,并创建出一个广播变量 brVar,这个广播变量 brVar 可以在集群的其他节点上进行共享。

在不同的节点上,可以通过 a=brVar.value 获取广播变量 brVar 的值。当然,如果要更新广播变量 brVar 的值,需要先调用 21 行的 brVar.unpersist()操作,然后通过修改原始变量 conf 的值来再次修改广播变量 brVar 的值,这个值需要再次广播出去才能被其他节点获取。

30 行 brVar.destroy()可以把广播变量的数据和元数据一起销毁掉,销毁后不能再使用。

4.4.2 累加器

除了广播变量进行变数共享外,Spark 还提供了一种累加器用于在集群中共享数据。累加器是一种只能利用关联操作做"加"操作的变数,因此它能够快速执行操作。Spark 原生支持数值类型的累加器,开发人员可以根据自己的需求来支持其他数据类型。

累加器的一个常见的作用是,在调试时对作业的执行过程中的相关事件进行计数。调用 SparkContext.accumulator(v)方法可根据初始变量 v 创建出累加器对象。

Spark 集群上,不同节点上的计算任务都可以利用 add 方法或者使用+=操作来给累加器加值。累加器是一种只可加的变数对象,比如不能执行-=操作。下面给出累加器示例,具体如代码 4-84 所示。

代码 4-84　累加器示例:ch04/accumulator.py

```
01    import findspark
02    findspark.init()
03    ##################################################
04    from pyspark.sql import SparkSession
05    spark = SparkSession.builder \
06            .master("local[1]") \
07            .appName("RDD Demo") \
08            .getOrCreate();
09    sc = spark.sparkContext
10    ##################################################
11    rdd = sc.range(1,101)
12    #创建累加器,初始值 0
13    acc = sc.accumulator(0)
14    def fcounter(x):
```

```
15            global acc
16            if x % 2 == 0 :
17                acc += 1
18   rdd_counter = rdd.map(fcounter)
19   #获取累加器值
20   #0
21   print(acc.value)
22   #保证多次正确获取累加器值
23   rdd_counter.persist()
24   #100
25   print(rdd_counter.count())
26   #50
27   print(acc.value)
28   #100
29   print(rdd_counter.count())
30   #50
31   print(acc.value)
32   ###############################################
33   sc.stop()
```

代码 4-84 中，11 行 rdd=sc.range(1,101)创建了一个元素个数为 100 的 RDD 对象。13 行 acc=sc.accumulator(0)根据初始值 0 创建了一个累加器 acc。18 行 rdd_counter= rdd.map(fcounter) 在 RDD 对象上执行一个 map 操作，map 函数体中首先用 global acc 引入一个全局累加器 acc，即 13 行创建的 acc 对象，而不是局部变量。

fcounter 函数中，参数 x 如果满足 x%2==0，则对累加器 acc 进行加 1 操作。21 行 print(acc.value)获取的累加器 acc 的值为 0，这个值并不是期望的 50，这是由于此时还未真正执行动作操作，即 fcounter 函数的逻辑还未执行，因此这也是 acc.value 为初始值 0 的原因。

当执行 rdd_counter.count()进行求和后，实际上这时才触发 fcounter 函数的逻辑，此时 acc.value 会变成 50。要想保证多次正确获取累加器值，则需要先执行 rdd_counter.persist()，否则当我们再次执行 29 行的 print(rdd_counter.count())时，累加器会再次执行，那么就会变成 50+50=100，但是 23 行的 rdd_counter.persist()切断了动作操作的链条，只会执行一次，则值仍为 50。

> **注　意**
>
> 使用累加器时，为了保证准确性，只能使用一次动作操作。如果需要使用多次动作操作，则在 RDD 对象上执行 cache 或 persist 操作来切断依赖。

4.5 DataFrames 与 Spark SQL

4.5.1 DataFrame 建立

在 Spark 中，除了 RDD 这种数据容器外，还有一种更容易操作的一个分布式数据容器 DataFrame，它更像传统关系型数据库的二维表，除了包括数据自身以外，还包括数据的结构信息（Schema），这就可以利用类似 SQL 的语言来进行数据访问。

在 Spark 中，DataFrame 也支持嵌套数据类型，如 array 和 map。从易用性上来说，DataFrame API 提供了一套更高层的关系操作，比函数式的 RDD API 要更加友好，门槛也更低。因此，Spark DataFrame 具备传统单机数据分析的开发体验。

DataFrame 可以从多种数据来源上进行构建，比如结构化数据文件、Hive 中的表、外部数据库或现有 RDD。DataFrame API 在 Scala、Java、Python 和 R 中都是可用的。因此 PySpark 中同样可以使用 DataFrame。

那么 DataFrame 这种数据结构如何创建呢？下面给出一个基本的 DataFrame 示例，如代码 4-85 所示。

代码 4-85　DataFrame 基本示例：ch04/df_demo01.py

```
01  import findspark
02  findspark.init()
03  ##############################################
04  from pyspark.sql import SparkSession
05  spark = SparkSession.builder \
06          .master("local[1]") \
07          .appName("RDD Demo") \
08          .getOrCreate();
09  ##############################################
10  a = [('Jack', 32),('Smith', 33)]
11  df = spark.createDataFrame(a)
12  #[Row(_1='Jack', _2=32), Row(_1='Smith', _2=33)]
13  print(df.collect())
14  df.show()
15  # +-----+---+
16  # |  _1| _2|
17  # +-----+---+
18  # | Jack| 32|
19  # |Smith| 33|
20  # +-----+---+
21  df2 = spark.createDataFrame(a, ['name', 'age'])
22  #[Row(name='Jack', age=32), Row(name='Smith', age=33)]
23  print(df2.collect())
```

```
24      df2.show()
25      # +-----+---+
26      # | name|age|
27      # +-----+---+
28      # | Jack| 32|
29      # |Smith| 33|
30      # +-----+---+
31      ##################################################
```

代码4-85中,10行a=[('Jack', 32),('Smith', 33)]创建了一个列表,列表的元素是元组,这个数据结构可以代表一种二维数据。11 行 df=spark.createDataFrame(a)用 createDataFrame 方法基于变量 a 创建出一个 DataFrame 对象 df。

23 行 print(df.collect())打印 DataFrame 对象 df,输出结构为[Row(_1='Jack', _2=32), Row(_1='Smith', _2=33)],这里可以看到 DataFrame 是 Row 构成的一个数组,且每个 Row 里面有 2 列,给出的列名为_1 和_2。

14 行 df.show()可以用表格这种更加直观的方式将 DataFrame 对象 df 的数据打印出来,具体如下所示:

```
+-----+---+
|   _1| _2|
+-----+---+
| Jack| 32|
|Smith| 33|
+-----+---+
```

如果学过数据库,那么对这种数据格式将非常熟悉,这种表格化的数据,是可以通过 Spark SQL 进行数据操作的,因此非常好用。在大数据工具下,用传统的 SQL 来进行数据操作一直是很多大数据用户的迫切需求。

当然,这种默认给出的列名_1 和_2 非常不直观,在 createDataFrame 方法创建 DataFrame 对象时,可以制定列名,比如 21 行 df2=spark.createDataFrame(a, ['name', 'age'])可以给出列名['name', 'age'],这样在执行 34 行的 df2.show()操作时,结果如下所示:

```
+-----+---+
| name|age|
+-----+---+
| Jack| 32|
|Smith| 33|
+-----+---+
```

使用这种有意义的列名显示数据就更加直观了。

前面提到 DataFrame 对象是由 Row 这个数据结构构成的,因此也可以用 Row 来创建 DataFrame 对象。下面给出一个使用 Row 创建 DataFrame 示例,如代码 4-86 所示。

代码 4-86 Row 创建 DataFrame 示例:ch04/df_demo02.py

```
01  import findspark
```

```
02    findspark.init()
03    #################################################
04    from pyspark.sql import SparkSession
05    spark = SparkSession.builder \
06            .master("local[1]") \
07            .appName("RDD Demo") \
08            .getOrCreate();
09    sc = spark.sparkContext
10    #################################################
11    a = [('Jack', 32),('Smith', 33)]
12    rdd = sc.parallelize(a)
13    from pyspark.sql import Row
14    Person = Row('name', 'age')
15    person = rdd.map(lambda r: Person(*r))
16    df = spark.createDataFrame(person)
17    #[Row(name='Jack', age=32), Row(name='Smith', age=33)]
18    print(df.collect())
19    df.show()
20    # +-----+---+
21    # | name|age|
22    # +-----+---+
23    # | Jack| 32|
24    # |Smith| 33|
25    # +-----+---+
26    #################################################
```

代码 4-86 中，11 行和 12 行创建了一个 RDD 对象。13 行 from pyspark.sql import Row 先导入 Row。14 行 Person=Row('name', 'age')实际上创建了一个包含列名的 Row。15 行 person=rdd.map(lambda r: Person(*r))将 rdd 对象的元素进行映射，转换成一个 Person 对象，并返回一个新 RDD 对象，其值为[Row(name='Jack', age=32), Row(name='Smith', age=33)]。

16 行 df=spark.createDataFrame(person)基于 RDD 对象 person 创建出一个 DataFrame 对象 df。19 行 df.show()可以用表格的方式对数据进行打印，具体如下所示：

```
+-----+---+
| name|age|
+-----+---+
| Jack| 32|
|Smith| 33|
+-----+---+
```

这个示例也说明了 RDD 可以通过 createDataFrame 创建出 DataFrame 对象。上述两个示例都没能给定每个字段的类型，比如列名 name 是字符串类型，而列名 age 是数值类型。下面给出一个示例，可以创建具有字段类型的 DataFrame 对象，如代码 4-87 所示。

代码 4-87　具有类型的 DataFrame 对象示例：ch04/df_demo03.py

```
01    import findspark
```

```
02   findspark.init()
03   ##################################################
04   from pyspark.sql import SparkSession
05   spark = SparkSession.builder \
06       .master("local[1]") \
07       .appName("RDD Demo") \
08       .getOrCreate();
09   sc = spark.sparkContext
10   ##################################################
11   a = [('Jack', 32),('Smith', 33)]
12   rdd = sc.parallelize(a)
13   from pyspark.sql.types import *
14   schema = StructType([
15       StructField("name", StringType(), True),
16       StructField("age", IntegerType(), True)])
17   df = spark.createDataFrame(rdd, schema)
18   #[Row(name='Jack', age=32), Row(name='Smith', age=33)]
19   print(df.collect())
20   df.show()
21   # +-----+---+
22   # | name|age|
23   # +-----+---+
24   # | Jack| 32|
25   # |Smith| 33|
26   # +-----+---+
27   df.printSchema()
28   # root
29   #  |-- name: string (nullable = true)
30   #  |-- age: integer (nullable = true)
31   ##################################################
```

在代码 4-87 中，13 行 from pyspark.sql.types import *导入了 sql.types 类型。14~16 行用 StructType 方法创建了一个表 Schema，其中的元素为 StructField 类型，比如 StructField("name", StringType(), True)说明字段名为"name"，字段类型为 string 类型，True 代表是否可以为空，如果是 True，则可以为空。

17 行 df=spark.createDataFrame(rdd, schema)从 RDD 中创建了 DataFrame 对象 df，同时给出了数据的 Schema。20 行 df.show()打印的数据表显示如下：

```
+-----+---+
| name|age|
+-----+---+
| Jack| 32|
|Smith| 33|
+-----+---+
```

27 行 df.printSchema()可以打印 df 对象的 Schema 结构定义，具体显示如下：

```
root
 |-- name: string (nullable = true)
 |-- age: integer (nullable = true)
```

借助 StructType 方法可以创建类型化的 DataFrame 对象，但是操作起来有点繁琐，下面介绍一个简单一点的方法，同样可以创建具备字段类型的 DataFrame 对象，如代码 4-88 所示。

代码 4-88　类型的 DataFrame 对象创建示例 2：ch04/df_demo04.py

```
01  import findspark
02  findspark.init()
03  ###############################################
04  from pyspark.sql import SparkSession
05  spark = SparkSession.builder \
06          .master("local[1]") \
07          .appName("RDD Demo") \
08          .getOrCreate();
09  sc = spark.sparkContext
10  ###############################################
11  a = [('Jack', 32),('Smith', 33)]
12  rdd = sc.parallelize(a)
13  df = spark.createDataFrame(rdd, "name: string, age: int")
14  #[Row(name='Jack', age=32), Row(name='Smith', age=33)]
15  print(df.collect())
16  df.show()
17  # +-----+---+
18  # | name|age|
19  # +-----+---+
20  # | Jack| 32|
21  # |Smith| 33|
22  # +-----+---+
23  df.printSchema()
24  # root
25  #  |-- name: string (nullable = true)
26  #  |-- age: integer (nullable = true)
27  rdd2 = rdd.map(lambda row: row[0])
28  df2 = spark.createDataFrame(rdd2, "string")
29  #[Row(value='Jack'), Row(value='Smith')]
30  print(df2.collect())
31  df2.show()
32  # +-----+
33  # |value|
34  # +-----+
35  # | Jack|
36  # |Smith|
```

```
37  # +-----+
38  df2.printSchema()
39  # root
40  #  |-- value: string (nullable = true)
41  ################################################
```

在代码 4-88 中,13 行 df=spark.createDataFrame(rdd, "name: string, age: int")使用一个字符串"name: string, age: int"对表结构中的字段类型进行定义。16 行 df.show()打印数据表显示如下:

```
+-----+---+
| name|age|
+-----+---+
| Jack| 32|
|Smith| 33|
+-----+---+
```

23 行 df.printSchema()可以打印 df 对象的 Schema 结构定义,具体显示如下:

```
root
 |-- name: string (nullable = true)
 |-- age: integer (nullable = true)
```

由此可以看出,这种操作比代码 4-87 要简化不少。

27 行 rdd2=rdd.map(lambda row: row[0])提取了 rdd 对象中的第一列元素构成一个新的 RDD。28 行 df2=spark.createDataFrame(rdd2, "string")则基于 rdd2 创建了一个类型为 string 的 DataFrame 对象 df2。

31 行 df2.show()打印数据表显示如下:

```
+-----+
|value|
+-----+
| Jack|
|Smith|
+-----+
```

38 行 df2.printSchema()可以打印 df 对象的 Schema 结构定义,具体显示如下:

```
root
 |-- value: string (nullable = true)
```

4.5.2　Spark SQL 基本用法

Spark SQL 可以用类似 SQL 的语句对 DataFrame 对象中的数据进行各种操作,比如查询、过滤、分组统计和变换等。这也是很多大数据工具的发展方向,用标准的 SQL 来对大数据进行操作可以进一步降低 Spark 的学习门槛,让更多的人快速上手。

下面给出一个 Spark SQL 的查询示例,具体如代码 4-89 所示。

代码 4-89　Spark SQL 的查询示例：ch04/df_demo05.py

```
01    import findspark
02    findspark.init()
03    ###############################################
04    from pyspark.sql import SparkSession
05    spark = SparkSession.builder \
06            .master("local[1]") \
07            .appName("RDD Demo") \
08            .getOrCreate();
09    sc = spark.sparkContext
10    ###############################################
11    a = [('Jack', 32),('Smith', 33),('李四', 36)]
12    rdd = sc.parallelize(a)
13    df = spark.createDataFrame(rdd, "name: string, age: int")
14    #3
15    print(df.count())
16    df.createOrReplaceTempView("user")
17    df2 = spark.sql("select count(*) as counter from user")
18    df2.show()
19    # +-------+
20    # |counter|
21    # +-------+
22    # |      3|
23    # +-------+
24    df2 = spark.sql("select *,age+1 as next from user where age < 36")
25    df2.show()
26    # +-----+---+----+
27    # | name|age|next|
28    # +-----+---+----+
29    # | Jack| 32|  33|
30    # |Smith| 33|  34|
31    # +-----+---+----+
32    ###############################################
```

代码 4-89 中，11~13 行共同创建了一个 3 行 2 列的 DataFrame 对象。16 行 df.createOrReplaceTempView("user")创建了一个名为 user 的表。因为 SQL 就是用来对一个表进行各种操作，所以，需要将 DataFrame 对象 df 映射出一个表名，然后就可以通过表名来进行各类操作。

17 行 df2=spark.sql("select count(*) as counter from user")利用 spark.sql 函数来进行 Spark SQL 操作，其中的 sql 语句从表 user 中统计行数。18 行 df2.show()显示查询结果如下所示：

```
+-------+
|counter|
+-------+
```

```
|      3|
+-------+
```

同样地，24 行 df2=spark.sql("select *,age+1 as next from user where age < 36")利用 Spark SQL 从表 user 中查询 age 小于 36 的数据，同时将 age 进行加 1 操作，具体显示如下：

```
+-----+---+----+
| name|age|next|
+-----+---+----+
| Jack| 32|  33|
|Smith| 33|  34|
+-----+---+----+
```

通过 SQL 方式操作 Spark 中的数据，真是太方便了。但是有些数据操作非常复杂，内置的 SQL 函数不方便解决，那么能不能支持自定义函数的方式，来扩展 SQL 中的内部函数呢？PySpark 是支持用户自定义函数的，下面给出 Spark SQL 自定义函数示例，具体如代码 4-90 所示。

代码 4-90　Spark SQL 自定义函数示例：ch04/df_demo06.py

```
01  import findspark
02  findspark.init()
03  ###############################################
04  from pyspark.sql import SparkSession
05  spark = SparkSession.builder \
06          .master("local[1]") \
07          .appName("RDD Demo") \
08          .config("spark.sql.shuffle.partitions",4) \
09          .getOrCreate();
10  sc = spark.sparkContext
11  ###############################################
12  conf = sc.getConf().get("spark.sql.shuffle.partitions")
13  print(conf)
14  strlen = spark.udf.register("strLen", lambda x: len(x))
15  a = [('Jack', 32),('Smith', 33),('李四', 36)]
16  rdd = sc.parallelize(a)
17  df = spark.createDataFrame(rdd, "name: string, age: int")
18  df.createOrReplaceTempView("user")
19  df2 = spark.sql("select *,strLen(name) as len from user")
20  df2.show()
21  # +-----+---+---+
22  # | name|age|len|
23  # +-----+---+---+
24  # | Jack| 32|  4|
25  # |Smith| 33|  5|
26  # | 李四| 36|  2|
27  # +-----+---+---+
```

```
28    ################################################
```

代码4-90中，14 行 strlen=spark.udf.register("strLen", lambda x: len(x))利用 spark.udf.register 方法注册了一个自定义的用户函数 strLen，它的逻辑是 lambda x: len(x)，即返回参数的长度。17 行 df=spark.createDataFrame(rdd, "name: string, age: int")创建一个 DataFrame 对象 df 后，同样需要注册一个表，即 df.createOrReplaceTempView("user")。

19 行 df2=spark.sql("select *,strLen(name) as len from user")的 SQL 语句中，有一个自定义的函数 strLen(name)。20 行 df2.show()显示的具体结果如下：

```
+-----+---+---+
| name|age|len|
+-----+---+---+
| Jack| 32|  4|
|Smith| 33|  5|
| 李四| 36|  2|
+-----+---+---+
```

4.5.3　DataFrame 基本操作

除了用 Spark SQL 对 DataFrame 对象进行操作外，DataFrame 和 RDD 一样，自身也支持各类数据操作。下面给出 DataFrame 基本操作示例，具体如代码 4-91 所示。

代码 4-91　DataFrame 基本操作示例：ch04/df_demo07.py

```
01    import findspark
02    findspark.init()
03    ################################################
04    from pyspark.sql import SparkSession
05    spark = SparkSession.builder \
06           .master("local[1]") \
07           .appName("RDD Demo") \
08           .getOrCreate();
09    sc = spark.sparkContext
10    ################################################
11    strlen = spark.udf.register("strLen", lambda x: len(x))
12    a = [('Jack', 32),('Smith', 33),('李四', 36)]
13    rdd = sc.parallelize(a)
14    df = spark.createDataFrame(rdd, "name: string, age: int")
15    df2 = df.select("name").where(strlen("name")>2)
16    df2.show()
17    # +-----+
18    # | name|
19    # +-----+
20    # | Jack|
21    # |Smith|
22    # +-----+
```

```
23     df2 = df.agg({"age": "max"})
24     # +--------+
25     # |max(age)|
26     # +--------+
27     # |      36|
28     # +--------+
29     df2.show()
30     df.describe(['age']).show()
31     # +--------+
32     # |sum(age)|
33     # +--------+
34     # |     101|
35     # +--------+
36     df.agg({"age": "sum"}).show()
37     ##################################################
```

在代码 4-91 中，15 行 df2=df.select("name").where(strlen("name")>2)在 DataFrame 对象 df 上执行 select 操作，其中参数"name"表示要查找的列名，然后再用 where 操作来过滤数据，条件是 strlen("name")>2。

16 行 df2.show()的执行结果如下：

```
+-----+
| name|
+-----+
| Jack|
|Smith|
```

23 行 df2=df.agg({"age": "max"})对 df 执行 agg 操作，求字段 age 的最大值。29 行 df2.show() 的执行结果如下：

```
+--------+
|max(age)|
+--------+
|      36|
+--------+
```

30 行 df.describe(['age']).show()则会对字段 age 进行统计描述，执行结果如下：

```
+-------+------------------+
|summary|               age|
+-------+------------------+
|  count|                 3|
|   mean|33.666666666666664|
| stddev|2.0816659994661326|
|    min|                32|
|    max|                36|
+-------+------------------+
```

36 行 df.agg({"age": "sum"}).show()对 df 执行 agg 操作，求字段 age 的 sum 和，执行结果如下：

```
+--------+
|sum(age)|
+--------+
|     101|
+--------+
```

实际应用中，数据很多都是从文件中读取的，下面给出一个读取 parquet 格式文件来创建 DataFrame 的示例，具体如代码 4-92 所示。

代码 4-92　读取 parquet 创建 DataFrame 示例：ch04/df_demo08.py

```
01  import findspark
02  findspark.init()
03  ###############################################
04  from pyspark.sql import SparkSession
05  spark = SparkSession.builder \
06          .master("local[1]") \
07          .appName("RDD Demo") \
08          .getOrCreate();
09  sc = spark.sparkContext
10  ###############################################
11  #Path : /src/ch04/users.parquet
12  a = [('Jack', 32),('Smith', 33),('李四', 36)]
13  rdd = sc.parallelize(a)
14  df = spark.createDataFrame(rdd, "name: string, age: int")
15  df.write.parquet("myuser.parquet")
16  peopleDf = spark.read.parquet("myuser.parquet")
17  peopleDf.show()
18  # +-----+---+
19  # | name|age|
20  # +-----+---+
21  # | Jack| 32|
22  # |Smith| 33|
23  # | 李四| 36|
24  # +-----+---+
25  peopleDf.filter(peopleDf.age > 32).show()
26  # +-----+---+
27  # | name|age|
28  # +-----+---+
29  # |Smith| 33|
30  # | 李四| 36|
31  # +-----+---+
32  ###############################################
```

代码 4-92 中，首先利用 15 行 df.write.parquet("myuser.parquet")来生成一个 myuser.parquet 格式的文件，myuser.parquet 实际上是一个目录，在目录 ch04 中创建。16 行 peopleDf = spark.read.parquet("myuser.parquet")从文件中读取数据，并创建 peopleDf 对象。

17 行 peopleDf.show()可以打印出读取的数据内容，具体如下所示：

```
+-----+---+
| name|age|
+-----+---+
| Jack| 32|
|Smith| 33|
| 李四| 36|
+-----+---+
```

25 行 peopleDf.filter(peopleDf.age > 32).show()利用 filter 对数据进行过滤，这里过滤出 age 大于 30 的记录，具体如下所示：

```
+-----+---+
| name|age|
+-----+---+
|Smith| 33|
| 李四 | 36|
+-----+---+
```

在传统的数据库当中，有时需要关联多个表进行查询，那么在 Spark 当中，能否对多个 DataFrame 进行关联呢？下面就以两个 DataFrame 对象为例，进行关联查询，具体如代码 4-93 所示。

代码 4-93　DataFrame 关联查询示例：ch04/df_demo09.py

```
01  import findspark
02  findspark.init()
03  ###############################################
04  from pyspark.sql import SparkSession
05  spark = SparkSession.builder \
06          .master("local[1]") \
07          .appName("RDD Demo") \
08          .getOrCreate();
09  sc = spark.sparkContext
10  ###############################################
11  a = [   ('01','张三', '男',32,5000),
12          ('01','李四', '男',33,6000),
13          ('01','王五', '女',38,5500),
14          ('02','Jack', '男',42,7000),
15          ('02','Smith', '女',27,6500),
16          ('02','Lily', '女',45,9500)
17      ]
18  rdd = sc.parallelize(a)
```

```
19    peopleDf = spark.createDataFrame(rdd,\
20      "deptId:string,name:string,gender:string,age:int,salary:int")
21    #peopleDf.show()
22    b = [   ('01','销售部'),
23            ('02','研发部')
24        ]
25    rdd2 = sc.parallelize(b)
26    deptDf = spark.createDataFrame(rdd2, "id:string,name:string")
27    #deptDf.show()
28    #join 函数第三个参数默认为inner，其他选项为:
29    # inner, cross, outer, full, full_outer, left, left_outer,
30    # right, right_outer, left_semi, and left_anti.
31    peopleDf.join(deptDf, peopleDf.deptId == deptDf.id,'inner') \
32      .groupBy(deptDf.name, "gender") \
33      .agg({"salary": "avg", "age": "max"}) \
34      .show()
```

代码 4-93 中，19 行和 26 行分别用 createDataFrame 方法创建了两个 DataFrame 对象 peopleDf 和 deptDf，这两个 DataFrame 可以通过部门 ID 进行关联。

31 行 peopleDf.join(deptDf, peopleDf.deptId == deptDf.id,'inner')对 peopleDf 和 deptDf 进行 join 操作，join 函数第 2 个参数表示连接条件，即 peopleDf.deptId==deptDf.id，第 3 个参数表示连接方式，默认是'inner'，也就是说两边都要匹配上。这里还可以用其他选项，比如 inner、cross、outer、full、full_outer、left、left_outer、right、right_outer、left_semi 和 left_anti。

32 行用 groupBy(deptDf.name, "gender")对 DataFrame 对象进行分组操作，分组字段可以用 deptDf.name 这种形式，也可以用"gender"这种形式。

33 行.agg({"salary": "avg", "age": "max"})对字段 salary 求均值，对 age 求最大值。执行结果如下：

```
+------+------+-----------+--------+
| name |gender|avg(salary)|max(age)|
+------+------+-----------+--------+
|研发部 |  男  |     7000.0|      42|
|销售部 |  男  |     5500.0|      33|
|销售部 |  女  |     5500.0|      38|
|研发部 |  女  |     8000.0|      45|
+------+------+-----------+--------+
```

在数据集中，有可能存在重复的数据，此时在查询时，根据需要有可能要进行去重处理。下面对 DataFrame 对象中的数据进行去重操作，具体示例如代码 4-94 所示。

代码 4-94 函数表达式示例：ch04/df_demo10.py

```
01    import findspark
02    findspark.init()
03    ############################################
04    from pyspark.sql import SparkSession
```

```
05    spark = SparkSession.builder \
06          .master("local[1]") \
07          .appName("RDD Demo") \
08          .getOrCreate();
09    sc = spark.sparkContext
10    ##############################################
11    a = [  ('01','张三', '男',32,5000),
12           ('01','李四', '男',33,6000),
13           ('01','王五', '女',38,5500),
14           ('02','Jack', '男',42,7000),
15           ('02','Smith', '女',27,6500),
16           ('02','Lily', '女',45,9500),
17           ('02','Lily', '女',45,9500)
18        ]
19    rdd = sc.parallelize(a)
20    peopleDf = spark.createDataFrame(rdd,\
21      "deptId:string,name:string,gender:string,age:int,salary:int")
22    #['deptId', 'name', 'gender', 'age', 'salary']
23    print(peopleDf.columns)
24    peopleDf.distinct().show()
```

代码4-94中，20行用 spark.createDataFrame 创建了 peopleDf 这个 DataFrame 对象后，23 行 print(peopleDf.columns)可以用 peopleDf.columns 获取对象的所有列名，此时输出结果为 ['deptId', 'name', 'gender', 'age', 'salary']。

24行 peopleDf.distinct().show()直接调用 distinct()操作即可去重，具体结果如下：

```
+------+-----+------+---+------+
|deptId| name|gender|age|salary|
+------+-----+------+---+------+
|    01|   王五|    女| 38|  5500|
|    02| Smith|    女| 27|  6500|
|    01|   李四|    男| 33|  6000|
|    02|  Lily|    女| 45|  9500|
|    02|  Jack|    男| 42|  7000|
|    01|   张三|    男| 32|  5000|
+------+-----+------+---+------+
```

另外，某些场景下需要删除某些不需要的数据列信息，在 DataFrame 中可以通过 drop 操作实现，下面给出删除列的示例，如代码4-95所示。

代码4-95 删除 DataFrame 列示例：ch04/df_demo11.py

```
01    import findspark
02    findspark.init()
03    ##############################################
04    from pyspark.sql import SparkSession
05    spark = SparkSession.builder \
```

```
06              .master("local[1]") \
07              .appName("RDD Demo") \
08              .getOrCreate();
09      sc = spark.sparkContext
10      ################################################
11      a = [  ('01','张三', '男',32,5000),
12             ('01','李四', '男',33,6000),
13             ('01','王五', '女',38,5500),
14             ('02','Jack', '男',42,7000),
15             ('02','Smith', '女',27,6500),
16             ('02','Lily', '女',45,9500),
17          ]
18      rdd = sc.parallelize(a)
19      peopleDf = spark.createDataFrame(rdd,\
20        "deptId:string,name:string,gender:string,age:int,salary:int")
21      peopleDf.drop("gender","age").show()
```

代码 4-95 中，21 行 peopleDf.drop("gender","age").show()在创建的 peopleDf 对象上执行 drop 操作，它可以接受不定参数，用于删除数据列，这里 drop("gender","age")将同时删除 gender 和 age 列，输出的结果如下：

```
+------+-----+------+
|deptId| name|salary|
+------+-----+------+
|    01| 张三|  5000|
|    01| 李四|  6000|
|    01| 王五|  5500|
|    02| Jack|  7000|
|    02|Smith|  6500|
|    02| Lily|  9500|
+------+-----+------+
```

上面的 drop 操作是从列上进行数据的移除，但是在某些情况下，可能需要从一个 DataFrame 的数据中移除掉另外一个 DataFrame 中的数据。下面给出从行上进行数据移除的一种方式，具体如代码 4-96 所示。

代码 4-96   exceptAll 示例：ch04/df_demo12.py

```
01      import findspark
02      findspark.init()
03      ################################################
04      from pyspark.sql import SparkSession
05      spark = SparkSession.builder \
06              .master("local[1]") \
07              .appName("RDD Demo") \
08              .getOrCreate();
09      sc = spark.sparkContext
```

```
10      #################################################
11      df1 = spark.createDataFrame(
12          [("a", 1), ("a", 1), ("a", 1), ("a", 2), ("b", 3), ("c", 4)], ["C1", "C2"])
13      df2 = spark.createDataFrame([("a", 1), ("b", 3)], ["C1", "C2"])
14      df1.exceptAll(df2).show()
```

代码 4-96 中,14 行 df1.exceptAll(df2).show()将从 df1 中排除掉 df2 的数据,但是需要注意,如果有重复的数据,那么只排除 df2 中特定个数的数据即可。例如,df1 中有 3 个重复的 ("a", 1), ("a", 1), ("a", 1),而 df2 中有一个("a", 1),那么 exceptAll 将 df2 中一个("a", 1)从 df1 中排除即可,因此还剩 2 个 ("a", 1), ("a", 1)。

因此,df1.exceptAll(df2).show()执行结果如下:

```
+---+---+
| C1| C2|
+---+---+
|  a|  1|
|  a|  1|
|  a|  2|
|  c|  4|
+---+---+
```

如果执行 df1.intersectAll(df2).sort("C1", "C2").show(),即求 df1 和 df2 的交集,那么输出结果为:

```
+---+---+
| C1| C2|
+---+---+
|  a|  1|
|  b|  3|
+---+---+
```

现实中的数据往往有残缺,比如某个字段的值在某一行是确实的,但是算法不能对空值进行自动处理,那么在正式计算前,必须根据需要将空值用默认值替换掉或者直接删除掉。下面介绍一种空值的替换方法,具体如代码 4-97 所示。

代码 4-97 DataFrame 空值替换示例:ch04/df_demo13.py

```
01    import findspark
02    findspark.init()
03    #################################################
04    from pyspark.sql import SparkSession
05    spark = SparkSession.builder \
06        .master("local[1]") \
07        .appName("RDD Demo") \
08        .getOrCreate();
09    sc = spark.sparkContext
```

```
10    ###########################################
11    a = [  ('01','张三', '男',32,5000),
12           ('01', None, '男',33,6000),
13           ('01','王五', '女',36,None),
14           ('02','Jack', '男',42,7000),
15           ('02','Smith', '女',27,6500),
16           ('02','Lily', '女',45,None),
17    ]
18    rdd = sc.parallelize(a)
19    peopleDf = spark.createDataFrame(rdd,\
20      "deptId:string,name:string,gender:string,age:int,salary:int")
21    #None 值显示为 null
22    peopleDf.show()
23    #将空值进行替换
24    peopleDf.na.fill({'salary': 0, 'name': 'unknown'}).show()
```

代码 4-97 中，11 行模拟出的数据故意将某些值设置为 None。22 行 peopleDf.show()对数据进行显示时，会将 None 空值显示为 null，具体如下：

```
+------+-----+------+---+------+
|deptId| name|gender|age|salary|
+------+-----+------+---+------+
|    01|   张三|    男| 32|  5000|
|    01| null|    男| 33|  6000|
|    01|   王五|    女| 36|  null|
|    02| Jack|    男| 42|  7000|
|    02|Smith|    女| 27|  6500|
|    02| Lily|    女| 45|  null|
+------+-----+------+---+------+
```

24 行 peopleDf.na.fill({'salary': 0, 'name': 'unknown'}).show()通过执行 na.fill 操作，即可以对空值进行替换，具体执行结果如下：

```
+------+-------+------+---+------+
|deptId|   name|gender|age|salary|
+------+-------+------+---+------+
|    01|    张三|    男| 32|  5000|
|    01|unknown|    男| 33|  6000|
|    01|    王五|    女| 36|     0|
|    02|   Jack|    男| 42|  7000|
|    02|  Smith|    女| 27|  6500|
|    02|   Lily|    女| 45|     0|
+------+-------+------+---+------+
```

另外，DataFrame 对象还支持修改列名，也能根据给出的计算列的表达式，来重新生成其他列。下面给出一个 DataFrame 对象综合操作的示例，具体如代码 4-98 所示。

代码 4-98　DataFrame 综合操作示例：ch04/df_demo14.py

```
01  import findspark
02  findspark.init()
03  ###################################################
04  from pyspark.sql import SparkSession
05  spark = SparkSession.builder \
06          .master("local[1]") \
07          .appName("RDD Demo") \
08          .getOrCreate();
09  sc = spark.sparkContext
10  ###################################################
11  a = [  ('01','张三', '男',32,5000),
12         ('01','李四', '男',33,6000),
13         ('01','王五', '女',38,5500),
14         ('02','Jack', '男',42,7000),
15         ('02','Smith', '女',27,6500),
16         ('02','Lily', '女',45,9500)
17      ]
18  rdd = sc.parallelize(a)
19  peopleDf = spark.createDataFrame(rdd,\
20      "deptId:string,name:string,gender:string,age:int,salary:int")
21  #转成JSON格式
22  print(peopleDf.toJSON().collect())
23  peopleDf.summary().show()
24  #添加age2列
25  peopleDf.withColumn("age2",peopleDf.age+1) \
26          .withColumnRenamed("name","姓名") \
27          .show()
28  #选择表达式
29  peopleDf.selectExpr("age+1","salary*1.2").show()
```

代码 4-98 中，22 行 print(peopleDf.toJSON().collect())在 peopleDf 对象上执行 toJSON()操作，即将数据格式转换成 JSON 格式，执行结果如下：

```
['{"deptId":"01","name":"张三","gender":"男","age":32,"salary":5000}',
 '{"deptId":"01","name":"李四","gender":"男","age":33,"salary":6000}',
 '{"deptId":"01","name":"王五","gender":"女","age":38,"salary":5500}',
 '{"deptId":"02","name":"Jack","gender":"男","age":42,"salary":7000}',
 '{"deptId":"02","name":"Smith","gender":"女","age":27,"salary":6500}',
 '{"deptId":"02","name":"Lily","gender":"女","age":45,"salary":9500}']
```

23 行 peopleDf.summary().show()给出 peopleDf 对象的概览统计结果，具体结果如下：

```
+-------+------------------+------+------+------------------+------------------+
|summary|            deptId|  name|gender|               age|            salary|
+-------+------------------+------+------+------------------+------------------+
|  count|                 6|     6|     6|                 6|                 6|
|   mean|               1.5|  null|  null|36.166666666666664| 6583.333333333333|
| stddev|0.5477225575051661|  null|  null| 6.735478206235001|1594.2605391424158|
|    min|                01|  Jack|     女|                27|              5000|
|    25%|               1.0|  null|  null|                32|              5500|
|    50%|               1.0|  null|  null|                33|              6000|
|    75%|               2.0|  null|  null|                42|              7000|
|    max|                02|  王五|     男|                45|              9500|
+-------+------------------+------+------+------------------+------------------+
```

25~27 行在 peopleDf 对象上执行 withColumn 操作和 withColumnRenamed 操作，对数据的列进行增加计算列和改名操作，输出结果如下：

```
+------+-----+------+---+------+----+
|deptId| 姓名|gender|age|salary|age2|
+------+-----+------+---+------+----+
|    01| 张三|    男| 32|  5000|  33|
|    01| 李四|    男| 33|  6000|  34|
|    01| 王五|    女| 38|  5500|  39|
|    02| Jack|    男| 42|  7000|  43|
|    02|Smith|    女| 27|  6500|  28|
|    02| Lily|    女| 45|  9500|  46|
+------+-----+------+---+------+----+
```

29 行 peopleDf.selectExpr("age+1","salary*1.2").show()使用 selectExpr 操作对列进行计算，其中一列是将 age 的值加 1，第二列将 salary 的值乘以 1.2，具体输出如下：

```
+---------+--------------+
|(age + 1)|(salary * 1.2)|
+---------+--------------+
|       33|        6000.0|
|       34|        7200.0|
|       39|        6600.0|
|       43|        8400.0|
|       28|        7800.0|
|       46|       11400.0|
+---------+--------------+
```

如果做过 Web 开发，那么一定对 JSON 这种数据格式非常熟悉，那 Spark 能否直接读取 JSON 数据呢？可以的。下面介绍 Spark 读取 JSON 数据的示例，如代码 4-99 所示。

代码 4-99　Spark 读取 JSON 示例：ch04/df_demo15.py

```
01    import findspark
02    findspark.init()
03    ##################################################
04    from pyspark.sql import SparkSession
05    spark = SparkSession.builder \
```

```
06          .master("local[1]") \
07          .appName("RDD Demo") \
08          .getOrCreate();
09   sc = spark.sparkContext
10   ################################################
11   #注意：json数组不能有[]
12   df = spark.read.format('json') \
13          .load('user.json')
14   #打印字段的类型
15   print(df.dtypes)
16   df.show()
17   #透视
18   df2 = df.groupBy("deptId") \
19          .pivot("gender") \
20          .sum("salary")
21   df2.show()
22   #条件选择
23   df.select("name",df.salary.between(6000,9500)).show()
24   df.select("name","age").where(df.name.like("Smi%")).show()
```

代码4-99中，12行df=spark.read.format('json').load('user.json')从user.json目录下读取文件，并转换成DataFrame对象，其中的user.json格式为：

```
{"deptId":"01","name":"张三","gender":"男","age":32,"salary":5000},
{"deptId":"01","name":"李四","gender":"男","age":33,"salary":6000},
{"deptId":"01","name":"王五","gender":"女","age":38,"salary":5500},
{"deptId":"02","name":"Jack","gender":"男","age":42,"salary":7000},
{"deptId":"02","name":"Smith","gender":"女","age":27,"salary":6500},
{"deptId":"02","name":"Lily","gender":"女","age":45,"salary":9500}
```

这个JSON数值并没有使用[]进行包裹，15行print(df.dtypes)可以打印出df对象的字段类型信息，具体输出格式如下：

```
[('age', 'bigint'), ('deptId', 'string'), ('gender', 'string'), ('name',
'string'), ('salary', 'bigint')]
```

16行df.show()可以打印出JSON文件user.json中的数据，具体如下：

```
+---+------+------+-----+------+
|age|deptId|gender| name|salary|
+---+------+------+-----+------+
| 32|    01|    男| 张三|  5000|
| 33|    01|    男| 李四|  6000|
| 38|    01|    女| 王五|  5500|
| 42|    02|    男| Jack|  7000|
| 27|    02|    女|Smith|  6500|
| 45|    02|    女| Lily|  9500|
```

```
+---+------+------+-----+------+
```

18 行 df2=df.groupBy("deptId").pivot("gender").sum("salary")首先按照字段 deptId 分组，并将 gender 字段上的值转置到列上，形成透视表，表格中的汇总字段为 salary 的和。21 行 df2.show()打印的数据具体如下：

```
+------+-----+-----+
|deptId|   女|   男|
+------+-----+-----+
|    01| 5500|11000|
|    02|16000| 7000|
+------+-----+-----+
```

23 行 df.select("name",df.salary.between(6000,9500)).show()选择列名为 name 的列，同时判断 salary 值是否在 6000~9500 之间，如果是，则值为 True；如果否，则值是 False。这个 df.salary.between(6000,9500)实际上是一个字段表达式，而不是 where 操作中的过滤条件，因此输出结果如下：

```
+-----+------------------------------------+
| name|((salary >= 6000) AND (salary <= 9500))|
+-----+------------------------------------+
| 张三|                               false|
| 李四|                                true|
| 王五|                               false|
| Jack|                                true|
|Smith|                                true|
| Lily|                                true|
+-----+------------------------------------+
```

24 行 df.select("name","age").where(df.name.like("Smi%")).show()从 df 中选择 name 和 age 两列，筛选条件 where 为 df.name.like("Smi%")，则满足条件的数据如下：

```
+-----+---+
| name|age|
+-----+---+
|Smith| 27|
+-----+---+
```

在很多业务单据中，都有日期或者时间的字段，有时候需要对日期或者时间字段进行计算，比如计算单据日期的前一天或者前一周的时间是多少。下面给出 Spark 当中如何对日期数据进行处理的示例，如代码 4-100 所示。

代码 4-100　DataFrame 日期处理示例：ch04/df_demo16.py

```
01    import findspark
02    findspark.init()
03    ################################################
04    from pyspark.sql import SparkSession
```

```
05      spark = SparkSession.builder \
06              .master("local[1]") \
07              .appName("RDD Demo") \
08              .getOrCreate();
09      sc = spark.sparkContext
10      #################################################
11      df = spark.createDataFrame([('2020-05-10',),('2020-05-09',)], ['dt'])
12      from pyspark.sql.functions import add_months
13      df.select(add_months(df.dt, 1).alias('next_month')) \
14        .show()
```

在代码 4-100 中,11 行 df=spark.createDataFrame([('2020-05-10',),('2020-05-09',)], ['dt'])创建了包含 2 条数据的 DataFrame 对象,其中的数据是日期格式的字符串'2020-05-10',其字段名称为 dt。如果要计算 dt 列数据的下个月是什么日期,该如何处理呢?此时 12 行 from pyspark.sql.functions import add_months 导入 add_months 函数。13 行 df.select(add_months(df.dt, 1).alias('next_month'))可以用 add_months 函数对 dt 字段加 1 处理,即下个月的日期。此外用 alias('next_month'))对该字段进行重命名,具体显示结果如下:

```
# +----------+
# |next_month|
# +----------+
# |2020-06-10|
# |2020-06-09|
# +----------+
```

最后介绍一下在 Spark 中,如何将 DataFrame 数据以 csv 格式进行存储。下面给出 df.write.csv 函数写数据的示例,如代码 4-101 所示。

代码 4-101　DataFrame 数据以 csv 格式存储示例:ch04/df_demo17.py

```
01      import findspark
02      findspark.init()
03      #################################################
04      from pyspark.sql import SparkSession
05      spark = SparkSession.builder \
06              .master("local[1]") \
07              .appName("RDD Demo") \
08              .getOrCreate();
09      sc = spark.sparkContext
10      #################################################
11      #注意:json 数组不能有[]
12      df = spark.read.format('json') \
13              .load('user.json')
14      #mode : overwrite | append ...
15      df.write.csv("user.csv","append")
16      spark.read.csv("user.csv").show()
```

代码 4-101 中，首先 12 行用 spark.read.format('json').load('user.json') 来读取 JSON 文件数据，15 行用 df.write.csv("user.csv","append") 将数据写入 user.csv 文件中，写入方式有：覆盖模式 overwrite 和追加模式 append。

同样地，16 行 spark.read.csv("user.csv").show() 可以直接读取 user.csv 文件，并显示数据，具体如下：

```
+---+---+---+-----+----+
|_c0|_c1|_c2|  _c3| _c4|
+---+---+---+-----+----+
| 32| 01| 男| 张三|5000|
| 33| 01| 男| 李四|6000|
| 38| 01| 女| 王五|5500|
| 42| 02| 男| Jack|7000|
| 27| 02| 女|Smith|6500|
| 45| 02| 女| Lily|9500|
+---+---+---+-----+----+
```

df.write.csv("user.csv","append") 对应的 user.csv 其实是一个目录，并不是传统意义上的 .csv 文件，目录下的文件如图 4.25 所示。

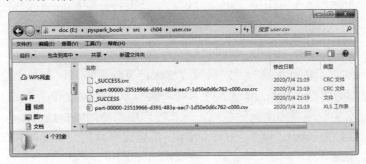

图 4.25　spark 写入 csv 目录

> **注　意**
>
> df.write.csv 函数给定的参数是数据存储的路径，而不是文件名。

4.6　撰写第一个 Spark 程序

前面详细介绍了 PySpark 如何对 RDD 和 DataFrame 进行操作，熟练掌握这些操作，对于高效利用 Spark 进行大数据处理来说至关重要。之前给出的大部分示例都可以在命令行或者 Visual Studio Code 中直接用 python file.py 这种方式来执行。

下面给出一个计算圆周率 Pi 值的 Spark 程序，这也是官方安装包下的一个示例，具体如代码 4-102 所示。

代码 4-102　计算圆周率 Pi 值的 Spark 程序示例：ch04/first_pyspark_pi.py

```
01  from pyspark.sql import SparkSession
02  from random import random
03  from operator import add
04  spark = SparkSession.builder \
05      .master("local[*]") \
06      .appName("Pi Demo") \
07      .getOrCreate();
08  sc = spark.sparkContext
09  ################################################
10  n = 100000 * 20
11  #n = 100000 * 2000
12  def f(_):
13      x = random() * 2 - 1
14      y = random() * 2 - 1
15      return 1 if x ** 2 + y ** 2 <= 1 else 0
16  count = sc.parallelize(range(1, n + 1), 20) \
17      .map(f).reduce(add)
18  print("Pi is roughly %f" % (4.0 * count / n))
```

代码 4-102 中，01 行并没有用 import findspark 导入相关库，由于正式的 Spark 程序都是提交到 Spark 集群中执行的，因此，可以自动找到相关的 Spark 执行环境。

这个计算 Pi 的理论依据是蒙特卡洛模拟方法来计算圆周率 Pi，在一个边长为 2 的正方形内画个圆，正方形的面积 S1=4，圆的半径 R=1，面积 S2=Pi*R^2=Pi，现在只需要计算出 S2 就可以知道 Pi，这里取圆心为坐标轴原点，在正方向中不断地随机选点，总共选 n 个点，计算在圆内的点的数目为 count，则 Pi=S1*count/n。当然这个只是一种近似的算法，理论上 n 取的次数越多，计算越精确。

4.7　提交你的 Spark 程序

一般来说，当 Python 编写完成一个脚本文件.py 时，需要提交到 Spark 集群上进行执行，那么就需要提交（递交）开发好的.py 文件，此时需要用到的命令为 spark-submit。该命令有多个参数，且 Spark 的提交有多种方式。下面介绍 spark-submit 的主要参数：

- --master local 或 local[k] 或 spark://HOST:PORT 或 yarn 或 mesos://HOST:PORT：设置集群的 URL，用于决定任务提交到何处执行。其中，local 提交到本地服务器执行，并分配单个线程。local[k] 提交到本地服务器执行，并分配 k 个线程。spark://HOST:PORT 提交到 Standalone 模式部署的 Spark 集群中，并指定主节点的 IP 与端口。YARN 提交到 YARN 模式部署的集群中。mesos://HOST:PORT 提交到 mesos 模式部署的集群中，并指定主节点的 IP 与端口。

- --deploy-mode client或cluster：client默认的方式，在客户端上启动Driver，这样逻辑运算在Client上执行，任务执行在集群上。cluster逻辑运算与任务执行均在集群上，该模式暂时不支持Mesos集群或Python应用程序。
- --class CLASS_NAME：指定应用程序的类入口，即主类。仅针对Java和Scala程序，不作用于Python程序。
- --name NAME：应用程序的名称，用于区分不同的程序。
- --jars JARS：用逗号隔开的Driver本地jar包列表以及Executor类路径，将程序代码及依赖资源打包成jar包。
- --packages：包含在Driver和Executor的CLASSPATH中的jar包。
- --exclude-packages：为了避免冲突，指定参数从--package中排除的jars包。
- --py-files PY_FILES：逗号隔开的.zip、.egg和.py文件，这些文件会放置在PYTHONPATH下，该参数仅针对Python应用程序。
- --conf PROP=VALUE：指定Spark配置属性的值，格式为PROP=VALUE，例如spark.executor.extraJavaOptions="-XX:MaxPermSize=512m"。
- --properties-file FILE：指定需要额外加载的配置文件，用逗号分隔，如果不指定，则默认为 conf/spark-defaults.conf。
- --driver-memory MEM：配置Driver内存，默认为1GB。
- --driver-java-options：传递给Driver的额外选项。
- --driver-library-path：传递给Driver的额外的库路径。
- --driver-class-path：传递给Driver 的额外的类路径，用--jars 添加的jar包会自动包含在类路径里。
- --executor-memory MEM：每个Executor的内存，默认是1GB。

提交 Python 编写的.py 程序非常简单，可以用如下命令：

```
ch04>spark-submit  first_pyspark_pi.py --master yarn --deploy-mode client
Pi is roughly 3.140004
ch04>spark-submit  first_pyspark_pi.py --master local
Pi is roughly 3.141858
ch04>spark-submit  first_pyspark_pi.py
Pi is roughly 3.140300
```

在 ch04 目录下，打开命令行执行即可，结果如图 4.26 所示。

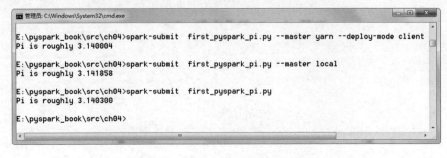

图 4.26　spark 不同的提交任务方式

> **注　意**
>
> 如果需要提交的程序由多个.py 文件构成,且彼此之间有调用关系,那么需要将用到的 Python 文件打包成一个 zip 文件后再提交。

4.8　小结

本章是全书最核心的一章,涉及大量的知识点,非常重要。

第一,就 Python 的基本语法进行了说明,包括变量、数据类型、列表、元组、字典、基本的逻辑控制语句、运算符、函数和模块等。Python 的基本语法是学习 PySpark 的基础,必须掌握。

第二,对 Spark 中的核心概念 RDD 进行介绍,并详细介绍了 RDD 上的相关操作,总的来说,有两类操作,一类是变换操作,另一类是动作操作。在执行变换操作时,实际并不会触发计算,直至调用动作计算才会真正地触发计算。熟练掌握 RDD 上的各种操作,对于利用 Spark 进行大数据处理来说非常重要。

第三,为了解决在 Spark 集群中进行全局变数的共享,介绍了两种方式:广播变量和累计器。

第四,对 Spark 中的结构化数据集合 DataFrame 进行了详细的介绍,它就如同传统数据库当中的二维表,具有字段和字段类型等信息,可以用 Spark SQL 进行相关操作,非常方便。

第五,对编写 Spark 程序以及如何提交 Spark 程序进行了介绍。在实际生产环境下,编写的.py 文件必须通过 spark-submit 提交到 Spark 集群中执行。

第 5 章

PySpark ETL 实战

ETL 是 Extract、Transform 和 Load 的简称,用来描述将数据从数据源经过抽取(Extract)、转换(Transform)和加载(Load)至终端的一系列处理过程。ETL 可以说是大数据分析、数据挖掘和机器学习中必不可少的一个重要环节,在不少大数据或者机器学习项目中,大部分的精力与时间都用在 ETL 工具进行数据处理上。本章重点介绍如何使用 PySpark 对数据进行基本的 ETL 处理,其中涉及一些数据的加载和观察、数据的选择、筛选和聚合,最后将处理好的数据进行保存。

本章主要涉及的知识点有:

- PySpark对数据进行抽取。
- PySpark对数据进行转换。
- PySpark对数据进行存储。

5.1 认识资料单元格式

在实际项目中,要对客户需求进行深入调研,并掌握客户已经上线了哪些管理信息系统,各个系统能够提供什么数据,以及数据的格式是什么。在综合考虑之后,要给出一套合理的、符合客户实际情况的技术方案来确定数据源。

对于一个大型项目来说,数据源可能非常多,来自不同的异构数据库,采用的文件格式也不同。数据源有的是Oracle 的数据库,有的是SQL Server数据库,也有的是MySQL,这些数据源的数据都是结构化的。还有一些非结构化的数据,比如.xls 文档、.txt 文档以及日志文件等,最后可能还有一些音视频数据。

对于这些结构化的、半结构化和非结构化数据,如何经过数据处理来解决客户问题,是一个值得深入思考的课题,也非常具有挑战性。

数据 ETL 处理有一个普遍的难题是,异构系统中的基础数据不统一,由于是不同时期上线的系统,在组织、职工、类别等数据上可能各个系统都不一样。例如,同样的职工性别字段,有的系统用字符串男和女来表示,有的系统用 0 和 1 来表示。这种情况就是字段值和字段类型都不一致。

那么在 ETL 进行整合的时候,就需要对数据进行观察和综合考虑,汇总到一处时,要取一个统一的数据存储方式以及数据格式。

同样地,在 Apache Spark 中,对大数据进行 ETL 处理,首先就是要确定数据源,并明确从数据源中获取哪些数据,并通过观察来确定每个数据资料单元格的格式,即确定单元格的数据类型、字段长度、取值范围和能否为空等。

对于一些数据,有些字段的值可能缺失非常严重,那么要考虑如何进行补全或者处理,如何通过其他字段进行推断,比如年龄可以通过职工的身份证号进行推断。合理的数据类型是机器学习或者数据分析的基础,至关重要。很多机器学习算法不能直接处理文本数据,而是将文本数据先转换成数值,比如性别是男或者女,那么可以转换成数值 1 和 0。

ETL 的处理前提是需要有数据,这里采用公开的数据集进行 ETL 处理。在浏览器中输入 https://grouplens.org/datasets/movielens/ 下载电影评价的数据集,具体界面如图 5.1 所示。

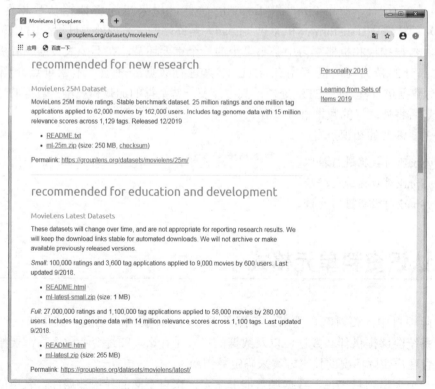

图 5.1 电影评价的数据集下载网站

其中电影评价的数据集,完整的有几千万条,即 ml-latest.zip,大约有 265MB。这里下载一个精简示例数据集 ml-latest-small.zip,大约有 1MB。下载完成后,进行解压。不管数据量多少，ETL 过程的基本步骤是一致的。解压的目录如图 5.2 所示。

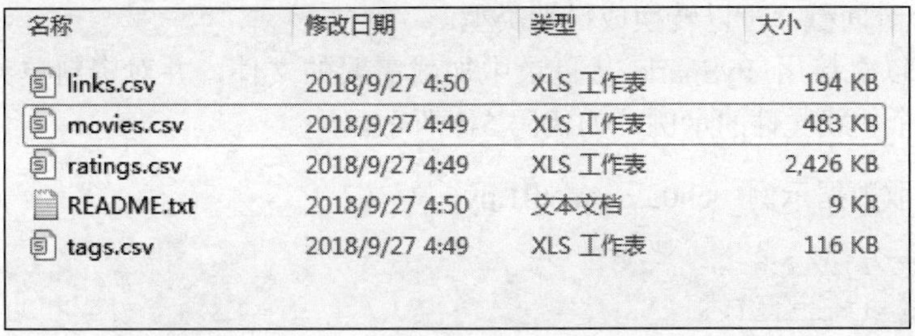

名称	修改日期	类型	大小
links.csv	2018/9/27 4:50	XLS 工作表	194 KB
movies.csv	2018/9/27 4:49	XLS 工作表	483 KB
ratings.csv	2018/9/27 4:49	XLS 工作表	2,426 KB
README.txt	2018/9/27 4:50	文本文档	9 KB
tags.csv	2018/9/27 4:49	XLS 工作表	116 KB

图 5.2　示例数据集 ml-latest-small 目录截图

为了直观了解这些文件当中，都保存着什么数据，可以先阅读一下 README.txt 文件(不过是英文的），从 README.txt 文件了解到，ratings.csv 文件是电影评分记录，其中 userId 代表给电影评价的用户 ID，movieId 是电影的 ID，rating 是用户给电影的打分（5 分为满分，一般来说，分数越大代表越满意）。timestamp 是用户给出评价的时间戳。

然后可以依次用 Office 软件打开查看一下数据。例如，可以用 WPS 软件打开 ratings.csv 这个评价打分文件，观察单元格格式，如图 5.3 所示。

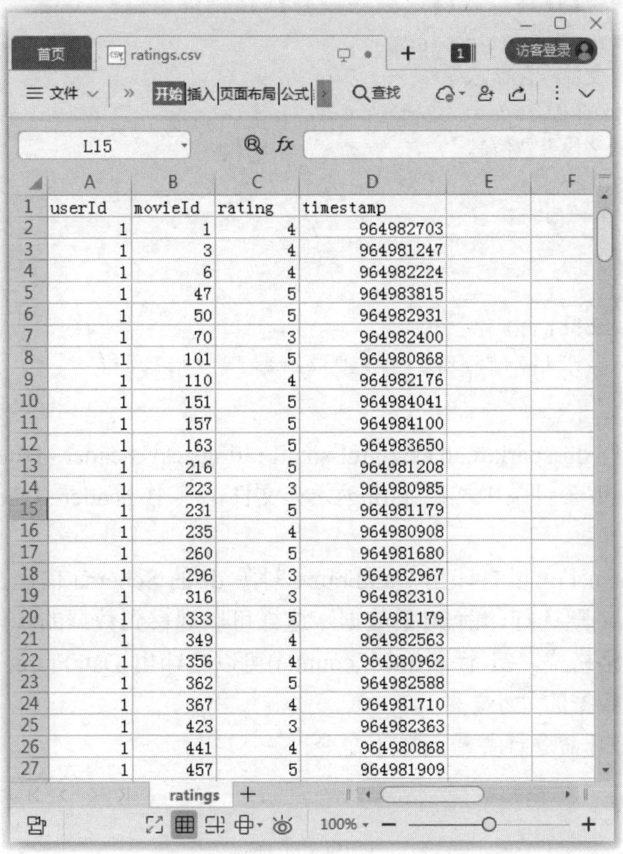

	A	B	C	D	E	F
1	userId	movieId	rating	timestamp		
2	1	1	4	964982703		
3	1	3	4	964981247		
4	1	6	4	964982224		
5	1	47	5	964983815		
6	1	50	5	964982931		
7	1	70	3	964982400		
8	1	101	5	964980868		
9	1	110	4	964982176		
10	1	151	5	964984041		
11	1	157	5	964984100		
12	1	163	5	964983650		
13	1	216	5	964981208		
14	1	223	3	964980985		
15	1	231	5	964981179		
16	1	235	4	964980908		
17	1	260	5	964981680		
18	1	296	3	964982967		
19	1	316	3	964982310		
20	1	333	5	964981179		
21	1	349	4	964982563		
22	1	356	4	964980962		
23	1	362	5	964982588		
24	1	367	4	964981710		
25	1	423	3	964982363		
26	1	441	4	964980868		
27	1	457	5	964981909		

图 5.3　ratings.csv 部分数据

从图 5.3 中可以看出，ratings.csv 文件共有 4 个字段，分别是 userId、movieId、rating 和

timestamp。从数据类型上来看，userId、movieId、rating 和 timestamp 都是数值类型，而 timestamp 是一个时间戳，可以转换成日期类型。

当然，也可以直接用 PySpark 从目录中加载需要的文件，并对资料单元格格式进行分析。下面给出一个加载文件的示例，如代码 5-1 所示。

代码 5-1 抽取数据示例：ch05\extract01.py

```
01    import findspark
02    findspark.init()
03    ###############################################
04    from pyspark.sql import SparkSession
05    from pyspark.sql.context import SQLContext
06    from pyspark.sql.functions import to_timestamp
07    spark = SparkSession.builder \
08            .master("local[*]") \
09            .appName("PySpark ETL") \
10            .getOrCreate();
11    sc = spark.sparkContext
12    ###############################################
13    sqlContext=SQLContext(sc)
14    #相对路径，文件包含标题行
15    df = spark.read.csv('./ml-small/ratings.csv',header=True)
16    #打印默认的字段类型信息
17    df.printSchema()
18    #打印前 20 条数据
19    df.show()
20    #打印总行数
21    print(df.count())
22    ###############################################
23    sc.stop()
```

代码 5-1 中，15 行 df=spark.read.csv('./ml-small/ratings.csv',header=True)用 spark.read.csv 从当前目录下的 ml-small 子目录中加载 ratings.csv 文件，其中 header=True 表示第一行是标题行。

17 行 df.printSchema()可以打印出 DataFrame 对象 df 的 Schema 信息，其中包括字段类型等信息。19 行 df.show()默认打印前 20 条数据，这样可以观察到数据的具体内容，也可以更加直观地认识资料单元格格式。21 行 print(df.count())可以打印出 DataFrame 对象 df 中数据的总行数，用于评估一下数据的大小。

在 ch05 目录下打开命令行并输入如下命令：

```
ch05>python extract01.py
```

按回车键执行后，会显示结果信息，如图 5.4 所示。

```
Setting default log level to "WARN".
To adjust logging level use sc.setLogLevel(newLevel).
root
 |-- userId: string (nullable = true)
 |-- movieId: string (nullable = true)
 |-- rating: string (nullable = true)
 |-- timestamp: string (nullable = true)

+------+-------+------+---------+
|userId|movieId|rating|timestamp|
+------+-------+------+---------+
|     1|      1|   4.0|964982703|
|     1|      3|   4.0|964981247|
|     1|      6|   4.0|964982224|
|     1|     47|   5.0|964983815|
|     1|     50|   5.0|964982931|
|     1|     70|   3.0|964982400|
|     1|    101|   5.0|964980868|
|     1|    110|   4.0|964982176|
|     1|    151|   5.0|964984041|
|     1|    157|   5.0|964984100|
|     1|    163|   5.0|964983650|
|     1|    216|   5.0|964981208|
|     1|    223|   3.0|964980985|
|     1|    231|   5.0|964981179|
|     1|    235|   4.0|964980908|
|     1|    260|   5.0|964981680|
|     1|    296|   3.0|964982967|
|     1|    316|   3.0|964982310|
|     1|    333|   5.0|964981179|
|     1|    349|   4.0|964982563|
+------+-------+------+---------+
only showing top 20 rows

100836
```

图 5.4　extract01.py 示例运行结果

从图 5.4 中的输出结果上，可以看到文件 ratings.csv 共有记录 100836 行，其中有 4 列数据，分别是 userId、movieId、rating 和 timestamp。

但是要注意到 15 行 spark.read.csv 读取文件后，df.printSchema 方法打印出各个字段类型都是 string，显然这个不满足业务的实际情况，因此需要人工进行单元格式转换，将字符串转换成数值类型。

那么在 Spark 中，能否利用 spark.read.csv 直接按照数据的内容来自动推断数据类型呢？答案是可以的。下面给出一个自动推断数据类型的文件加载示例，如代码 5-2 所示。

代码 5-2　自动类型推断的抽取数据示例：ch05\extract02.py

```
01    import findspark
02    findspark.init()
03    ##########################################
04    from pyspark.sql import SparkSession
05    from pyspark.sql.context import SQLContext
06    from pyspark.sql.functions import to_timestamp
07    spark = SparkSession.builder \
08            .master("local[*]") \
09            .appName("PySpark ETL") \
```

```
10        .getOrCreate();
11    sc = spark.sparkContext
12    ###############################################
13    #inferSchema=True 自动推断数据类型
14    df = spark.read.csv('./ml-small/ratings.csv',header=True,
inferSchema=True)
15    df.printSchema()
16    df.show(5)
17    print(df.count())
18    ###############################################
19    df2 = spark.read.csv('./ml-small/tags.csv',header=True,
inferSchema=True)
20    df2.printSchema()
21    df2.show(5)
22    print(df2.count())
23    ###############################################
24    df3 = spark.read.csv('./ml-small/movies.csv',header=True,
inferSchema=True)
25    df3.printSchema()
26    df3.show(5)
27    print(df3.count())
28    ###############################################
29    df4 = spark.read.csv('./ml-small/links.csv',header=True,
inferSchema=True)
30    df4.printSchema()
31    df4.show(5)
32    print(df4.count())
33    ###############################################
34    sc.stop()
```

在代码 5-2 中，14 行 spark.read.csv 读取 ratings.csv 文件时，设置了 inferSchema=True 参数，此时启动数据类型自动推断功能。16 行 df2.show(5)显示记录数时，给出了参数值 5，表示显示前 5 条记录。

同样地，19~22 行加载 tags.csv 文件进行数据类型推断，后续依序加载 movies.csv 和 links.csv，这里不再赘述。

在 ch05 目录下打开命令行并输入如下命令：

```
ch05>python extract02.py
```

按回车键执行后，会显示结果信息，部分信息如图 5.5 所示。

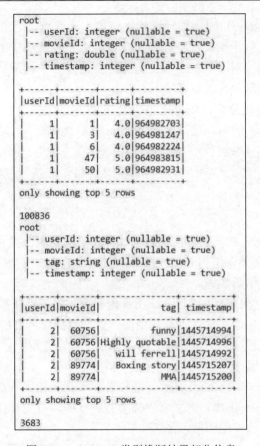

图 5.5　ratings.csv 类型推断结果部分信息

5.2　观察资料

通过上述的资料读取，并显示前 N 条记录，可以基本了解资料的单元格式，比如数据的类型和值等。但是由于默认识别的资料单元格式类型可能推断不合理，需要重新转换，才能更好地进行资料的分析和后续的机器学习。比如 movieId 既可以当作数值类型也可以当作字符串类型，具体还是要根据实际问题进行分析。

除了认识基本的资料单元格式，有时候还需要对资料进行深入的观察，比如看看每个字段的基本统计信息，如均值、最大值和最小值等。另外，可以借助图形的方式直观对数据进行观察，比如数据是否符合正态分布等，有没有野点（异常点），比如脱离其他点非常多，那么这个点是不是有异常，具体在运用模型进行计算时，是否需要剔除该点的数据。

除此之外，某些情况下，还需要观察，其中若干字段数据是否线性相关，对于线性相关的数据，往往只需要保留一个即可。

上述的这些常见问题，就涉及对资料的进一步转换、观察和统计，当然转换不限于字段类型的转换，比如将字符串转换成数值，数值转换成日期类型等，有时还需要更加复杂的操作，比如增加一列，这个列是基于某一列或者其他列进行逻辑计算而来，比如可以通过评价时间字段,推断用户的电影评价时间距现在的年份数,这就需要用当前时间减去评价时间。

最后,通过对资料进行全面的观察和分析,可能会发现资料中的某些字段值缺失,或者存在错误数据,这时就需要对缺失的字段值进行修复处理,从而最终构建一个数据质量高的资料,以便用于后续的机器学习或数据挖掘。

对于资料数据的图形化分析,Python 中有非常好用的工具。Python 进行数据分析和计算,经常需要用到一些开源的库,这里先安装 NumPy、Pandas 和 Matplotlib。打开命令行终端,输入如下命令:

```
pip3 install numpy
pip3 install matplotlib
pip3 install pandas
```

其中 NumPy 是 Python 的一种开源的数值计算扩展。这种工具可用来存储和处理大型矩阵,比 Python 自身的嵌套列表结构要高效得多,支持大量的维度数组与矩阵运算,此外也针对数组运算提供大量的数学函数库。

Pandas 是基于 NumPy 的一种工具,该工具为解决数据分析任务而创建。Pandas 纳入了大量库和一些标准的数据模型,提供了高效地操作大型数据集所需的工具。Pandas 提供了大量能使我们快速便捷地处理数据的函数和方法。你很快就会发现,它是 Python 成为强大而高效的数据分析环境的重要因素之一。

Matplotlib 是一个 Python 的 2D 绘图库,它以各种硬拷贝格式和跨平台的交互式环境生成高质量的图形。通过 Matplotlib 库,开发者仅需要几行代码,便可以生成各种图形,例如:直方图、功率谱、条形图、错误图和散点图等。

这里我们还是在 Windows 操作系统上进行库的安装,安装过程如图 5.6 所示。

图 5.6 pip 安装 Python 库过程界面

当这些库成功安装后，在正式介绍如何观察资料前，先介绍一下如何用 Matplotlib 进行数据的图形化分析，这也是数据可视化观察非常重要的基础。

关于 Matplotlib 库的系统学习，可以参考官网 https://matplotlib.org/。其中官网给出了很多示例，网址为：https://matplotlib.org/gallery/index.html。Matplotlib 绘图功能强大得让人惊讶，非常适合于生成高质量的图形。

下面给出一个用 Matplotlib 绘制折线图的示例，具体如代码 5-3 所示。

代码 5-3　Matplotlib 绘制折线图示例：ch05\matplot01.py

```
01   import matplotlib
02   import matplotlib.pyplot as plt
03   import numpy as np
04   #支持中文，否则乱码
05   plt.rcParams['font.family'] = ['sans-serif']
06   plt.rcParams['font.sans-serif'] = ['SimHei']
07   #准备数据
08   t = np.arange(0.0, 2.0, 0.01)
09   s = 1 + np.sin(2 * np.pi * t)
10   fig, ax = plt.subplots()
11   #设置窗口标题
12   fig.canvas.set_window_title('折线图示例')
13   #绘图，折线图
14   ax.plot(t, s)
15   #坐标轴设置
16   ax.set(xlabel='时间 (s)', ylabel='电压 (mV)',
17          title='折线图')
18   ax.grid()
19   #当前目录下保存图片
20   fig.savefig("line.png")
21   #显示图片
22   plt.show()
```

在代码 5-3 中，首先需要导入相关的库，如 import matplotlib 和 import matplotlib.pyplot as plt。为了快速生成示例数据，需要导入 NumPy 库，如 import numpy as np。

如果要支持中文，防止乱码，则需要设置一下字体，05 行 plt.rcParams['font.sans-serif']=['SimHei']和 06 行 plt.rcParams['font.sans-serif']=['SimHei']均是设置字体为 SimHei。如果系统中并没有安装此字体，需要手动下载并安装。

08 将 t=np.arange(0.0, 2.0, 0.01)生成 x 轴的数据 t，09 行 s=1+np.sin(2 * np.pi * t)生成 sin(x)的值，实际上这个操作生成非常密集的散点，本质上折线图也是由一个个散点构成的。

10 行 fig,ax=plt.subplots() 从 plt 对象上创建处理一个图形对象 fig。12 行 fig.canvas.set_window_title('折线图示例')可以设置打开的窗口标题。14 行 ax.plot(t, s)在图形区域进行 plot 绘图，以 t 为横坐标，s 为纵坐标进行绘制。

16 行 ax.set(xlabel='时间 (s)', ylabel='电压 (mV)',title='折线图')可以设置绘图区域的 xlabel、ylabel 和 title 的值。18 行 ax.grid()显示网格线。

20 行 fig.savefig("line.png")将保存当前图片到文件 line.png。22 行 plt.show()打开新的窗口，显示图形。

在 ch05 目录下打开命令行并输入如下命令：

```
ch05>python matplot01.py
```

按回车键执行后，会显示折线图，如图 5.7 所示。

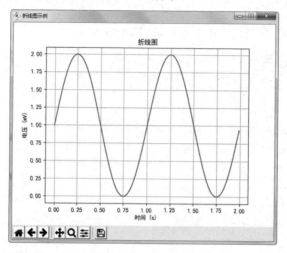

图 5.7　绘制折线图界面

在数据统计中，经常会用到直方图（Histogram），它是一种统计报告图，由一系列高度不等的纵向条纹或线段表示数据分布的情况。一般用横轴表示数据类型，纵轴表示分布情况。直方图是数值数据分布的精确图形表示，是一个连续变量的概率分布的估计。

为了构建直方图，第一步是将值按照范围进行分组，即将整个值的范围分成一系列间隔，然后计算每个间隔中数据的个数。下面给出一个用 Matplotlib 绘制直方图的示例，具体如代码 5-4 所示。

代码 5-4　Matplotlib 绘制直方图示例：ch05\matplot02.py

```
01    import matplotlib
02    import matplotlib.pyplot as plt
03    import numpy as np
04    #支持中文，否则乱码
05    plt.rcParams['font.family'] = ['sans-serif']
06    plt.rcParams['font.sans-serif'] = ['SimHei']
07    #准备数据
08    np.random.seed(20170907)
09    mu = 100  # 均值
10    sigma = 15  # 标准差
11    x = mu + sigma * np.random.randn(1024)
12    num_bins = 50
13    fig, ax = plt.subplots()
14    #设置窗口标题
```

```
15    fig.canvas.set_window_title('直方图示例')
16    #直方图数据
17    n, bins, patches = ax.hist(x, num_bins, density=1)
18    #添加'best fit'线
19    y = ((1 / (np.sqrt(2 * np.pi) * sigma)) *
20        np.exp(-0.5 * (1 / sigma * (bins - mu))**2))
21    #绘图，折线图
22    ax.plot(bins, y, '--')
23    #坐标轴设置
24    ax.set_xlabel('人数')
25    ax.set_ylabel('概率密度')
26    ax.set_title(r'$\mu=100$, $\sigma=15$')
27    #调整间距以防止 ylabel 剪切
28    fig.tight_layout()
29    #当前目录下保存图片
30    fig.savefig("histogram.png")
31    #显示图片
32    plt.show()
```

在代码 5-4 中，08 行 np.random.seed(20170907)设定了随机数生成器种子参数为 20170907，不同的种子产生的数据是不同的。09 行 mu=100 限定了整天分布的均值。10 行 sigma=15 给定了分布的标准差。

11 行用 x=mu+sigma*np.random.randn(1024)随机生成 1024 个数据，数据范围在[0,1]之间。17 行 n, bins, patches=ax.hist(x, num_bins, density=1)使用 ax.hist 函数绘制直方图。

在 ch05 目录下打开命令行并输入如下命令：

```
ch05>python matplot02.py
```

按回车键执行后，会显示直方图，界面如图 5.8 所示。

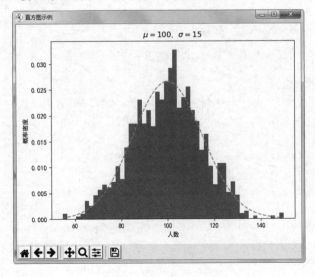

图 5.8　绘制直方图界面

Matplotlib 不但可以绘制单个图形，还可以将画图进行分区，同时绘制多个图形，比如将画图划分为 4 份，每一份可以单独进行绘图。下面给出一个用 Matplotlib 绘制多个子图的示例，具体如代码 5-5 所示。

代码 5-5　Matplotlib 绘制多个子图示例：ch05\matplot03.py

```
01   import matplotlib
02   import matplotlib.pyplot as plt
03   import numpy as np
04   import matplotlib.gridspec as gridspec
05   #支持中文，否则乱码
06   plt.rcParams['font.family'] = ['sans-serif']
07   plt.rcParams['font.sans-serif'] = ['SimHei']
08   # 解决保存图像时负号'-'显示为方块的问题
09   plt.rcParams['axes.unicode_minus'] = False
10   # plt.rcParams['savefig.dpi'] =300
11   # plt.rcParams['figure.dpi'] = 300
12   # 分配2x2 个区域进行绘图
13   fig, ((ax1, ax2), (ax3, ax4)) = plt.subplots(2, 2)
14   #设置窗口标题
15   fig.canvas.set_window_title('多图示例')
16   ###############################################
17   #第1 个图绘制
18   delta = 0.025
19   x = np.arange(-3.0, 3.0, delta)
20   y = np.arange(-2.0, 2.0, delta)
21   X, Y = np.meshgrid(x, y)
22   Z1 = np.exp(-X**2 - Y**2)
23   Z2 = np.exp(-(X - 1)**2 - (Y - 1)**2)
24   Z = (Z1 - Z2) * 2
25   CS = ax1.contour(X, Y, Z)
26   ax1.clabel(CS, inline=1, fontsize=10)
27   ax1.set(title='等高线')
28   #第2 个图绘制
29   x = ['a', 'b', 'c', 'd', 'e', 'f', 'g', 'h', 'i', 'j']
30   y1 = [6, 5, 8, 5, 6, 6, 8, 9, 8, 10]
31   y2 = [5, 3, 6, 4, 3, 4, 7, 4, 4, 6]
32   y3 = [4, 1, 2, 1, 2, 1, 6, 2, 3, 2]
33   #柱状图
34   ax2.bar(x, y1, label="label1", color='red')
35   ax2.bar(x, y2, label="label2",color='orange')
36   ax2.bar(x, y3, label="label3", color='green')
37   ax2.set(title='柱状图',ylabel='数量',xlabel='类型')
38   #第3 个图绘制
39   w = 3
```

```
40    Y, X = np.mgrid[-w:w:100j, -w:w:100j]
41    U = -1 - X**2 + Y
42    V = 1 + X - Y**2
43    speed = np.sqrt(U**2 + V**2)
44    gs = gridspec.GridSpec(nrows=3, ncols=2, height_ratios=[1, 1, 2])
45    #streamplot
46    ax3.streamplot(X, Y, U, V, density=[0.5, 1])
47    ax3.set_title('密度')
48    #第4个图绘制
49    np.random.seed(20170907)
50    N = 100
51    r0 = 0.6
52    x = 0.9 * np.random.rand(N)
53    y = 0.9 * np.random.rand(N)
54    area = (20 * np.random.rand(N))**2
55    c = np.sqrt(area)
56    r = np.sqrt(x ** 2 + y ** 2)
57    area1 = np.ma.masked_where(r < r0, area)
58    area2 = np.ma.masked_where(r >= r0, area)
59    ax4.scatter(x, y, s=area1, marker='^', c=c)
60    ax4.scatter(x, y, s=area2, marker='o', c=c)
61    theta = np.arange(0, np.pi / 2, 0.01)
62    ax4.plot(r0 * np.cos(theta), r0 * np.sin(theta))
63    ax4.set_title('分类示例')
64    ######################################################
65    fig.tight_layout()
66    fig.savefig("muliPlot.png")
67    plt.show()
```

代码 5-5 中，08 行 plt.rcParams['axes.unicode_minus']=False 主要解决绘制时负号'-'显示为乱码（方块）的问题。plt.rcParams 还可以设置其他参数，比如 plt.rcParams['figure.dpi']可以设置图片的显示质量高低。

13 行 fig, ((ax1, ax2), (ax3, ax4)) = plt.subplots(2, 2)则将绘图区域分割成 2×2 的网格，每个绘图区域对象分别是 ax1、ax2 和 ax3、ax4。因此可以分别用这些对象进行单独绘图。

在 ch05 目录下打开命令行并输入如下命令：

ch05>python matplot03.py

按回车键执行后，会显示多图信息，界面如图 5.9 所示。

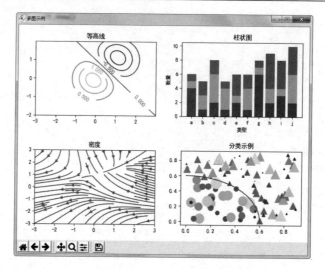

图 5.9 绘制多图界面

另外，在现实世界中，很多实物都是三维的，那么当数据是三维的情况下，比如球体，就需要绘制 3D 图形。Matplotlib 绘图工具绘制 3D 图形也是非常简单的，下面给出绘制 3D 图形的示例，具体如代码 5-6 所示。

代码 5-6　Matplotlib 绘制 3D 图示例：ch05\matplot04.py

```
01  import matplotlib
02  import matplotlib.pyplot as plt
03  import numpy as np
04  import matplotlib.gridspec as gridspec
05  #支持中文，否则乱码
06  plt.rcParams['font.family'] = ['sans-serif']
07  plt.rcParams['font.sans-serif'] = ['SimHei']
08  plt.rcParams['axes.unicode_minus'] = False
09  #洛伦兹吸引子(Lorenz attractor)用于混沌现象——蝴蝶效应
10  def lorenz(x, y, z, s=10, r=28, b=2.667):
11      x_dot = s*(y - x)
12      y_dot = r*x - y - x*z
13      z_dot = x*y - b*z
14      return x_dot, y_dot, z_dot
15  dt = 0.01
16  num_steps = 20000
17  xs = np.empty(num_steps + 1)
18  ys = np.empty(num_steps + 1)
19  zs = np.empty(num_steps + 1)
20  #初始值
21  xs[0], ys[0], zs[0] = (0., 1., 1.05)
22  for i in range(num_steps):
23      x_dot, y_dot, z_dot = lorenz(xs[i], ys[i], zs[i])
24      xs[i + 1] = xs[i] + (x_dot * dt)
```

```
25          ys[i + 1] = ys[i] + (y_dot * dt)
26          zs[i + 1] = zs[i] + (z_dot * dt)
27   #绘图
28   fig = plt.figure()
29   #设置窗口标题
30   fig.canvas.set_window_title('3D图')
31   ax = fig.gca(projection='3d')
32   #lw 是 linewidth 缩写,线条宽度
33   ax.plot(xs, ys, zs, lw=1,color='red')
34   ax.set_xlabel("X轴")
35   ax.set_ylabel("Y轴")
36   ax.set_zlabel("Z轴")
37   ax.set_title("3D图形")
38   fig.tight_layout()
39   #当前目录下保存图片
40   fig.savefig("3d.png")
41   plt.show()
```

代码 5-6 中,10 行定义了一个 lorenz 函数,它代表洛伦兹吸引子(Lorenz attractor),用于描述混沌现象,即现实当中说的蝴蝶效应。洛伦兹方程是大气流体动力学模型的一个简化的常微分方程组,具体描述如下:

$$\begin{cases} \dfrac{dx}{dt} = -\sigma x + \sigma y \\ \dfrac{dy}{dt} = rx - y - xz \\ \dfrac{dz}{dt} = -bz + xy \end{cases}$$

该方程组可以模拟大气对流,可用于天气预报、空气污染和全球气候变化等领域。洛伦兹方程是非线性方程组,因此无法求出解析解,必须使用数值方法求解上述微分方程组。洛伦兹用数值解绘制结果图,并发现了混沌现象。整个图形绘制完毕后,很像一只展翅飞翔的蝴蝶,因此称为蝴蝶效应。

在 ch05 目录下打开命令行并输入如下命令:

```
ch05>python matplot04.py
```

按回车键执行后,会显示 3D 图信息,界面如图 5.10 所示。

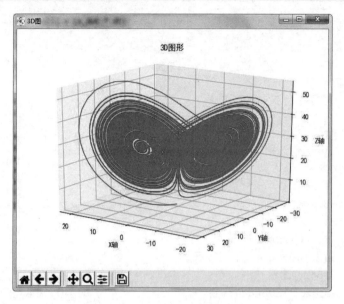

图 5.10　绘制 3D 图界面

在简要介绍了 Matplotlib 绘图工具的基本用法后,接下来介绍如何用 Spark 对数据资料进行观察。下面给出一个观察资料示例,具体如代码 5-7 所示。

代码 5-7　观察资料示例:ch05\observe.py

```
01    import findspark
02    findspark.init()
03    ##################################################
04    from pyspark.sql import SparkSession
05    from pyspark.sql.context import SQLContext
06    from pyspark.sql.functions import from_unixtime, to_timestamp
07    spark = SparkSession.builder \
08            .master("local[*]") \
09            .appName("PySpark ETL") \
10            .getOrCreate();
11    sc = spark.sparkContext
12    ##################################################
13    df = spark.read.csv('./ml-small/ratings.csv',header=True, inferSchema=True)
14    df.show(10)
15    df.printSchema()
16    df.summary().show()
17    #df.select("rating").summary().show()
18    #打印资料的行数量和列数量
19    print(df.count(),len(df.columns))
20    #删除所有列的空值
21    dfNotNull=df.na.drop()
22    print(dfNotNull.count(),len(dfNotNull.columns))
```

```
23    #创建视图movie
24    df.createOrReplaceTempView("movie")
25    #spark sql
26    df2 = spark.sql("select count(*) as counter, rating from \
27      movie group by rating order by rating asc")
28    df2.show()
29    #################################################
30    from matplotlib import pyplot as plt
31    #Pandas >= 0.19.2 must be installed
32    pdf = df2.toPandas()
33    x = pdf["rating"]
34    y = pdf["counter"]
35    plt.xlabel("rating")
36    plt.ylabel("counter")
37    plt.title("movie rating")
38    plt.bar(x,y)
39    #显示数值标签
40    for x1,y1 in zip(x,y):
41        plt.text(x1, y1+0.05, '%.0f' % y1, ha='center', va= 'bottom', fontsize=11)
42    plt.show()
43    #################################################
44    sc.stop()
```

代码 5-7 中，13 行用 spark.read.csv 方法读取 ratings.csv 文件，14 行 df.show(10)打印前 10 条记录进行数据观察，15 行 df.printSchema()可以观察每个字段的数据类型。16 行 df.summary().show()可以将 df 对象中的数据进行统计分析，虽然有些字段从数值上进行统计分析并没有太多意义，但是对于数量、金额等字段进行统计分析是有意义的，可以观察到最大值、最小值、均衡、标准差和行数等。

当然也可以对特定有意义的字段进行统计分析，如 df.select("rating").summary().show()只对字段 rating 上的数据进行统计分析。

19 行 print(df.count(),len(df.columns))可以打印出 df 对象有多少行多少列。21 行 dfNotNull=df.na.drop()可以删除所有列的空值。

26 行用 Spark SQL 对资料数据进行统计汇总，select count(*) as counter, rating from movie group by rating order by rating asc 这个语句实际上按照用户评分进行分组，并统计每个分组的用户评价记录数量。

一般来说，这种用于评分应该基本符合正态分布，为了验证这个猜测，可以用 Matplotlib 绘图工具绘制图形进行直观观察。

32 行 pdf=df2.toPandas()将 DataFrame 对象数据转换成 Pandas 对象的格式。38 行 plt.bar(x,y)用柱状图进行图形绘制。40~41 行用循环的方式绘制每个分组图形上的具体数量标签。

在 ch05 目录下打开命令行并输入如下命令：

```
ch05>python observe.py
```

按回车键执行后，会显示如图 5.11、图 5.12 所示的界面。

```
+------+-------+------+----------+
|userId|movieId|rating|timestamp |
+------+-------+------+----------+
|     1|      1|   4.0|964982703 |
|     1|      3|   4.0|964981247 |
|     1|      6|   4.0|964982224 |
|     1|     47|   5.0|964983815 |
|     1|     50|   5.0|964982931 |
|     1|     70|   3.0|964982400 |
|     1|    101|   5.0|964980868 |
|     1|    110|   4.0|964982176 |
|     1|    151|   5.0|964984041 |
|     1|    157|   5.0|964984100 |
+------+-------+------+----------+
only showing top 10 rows

root
 |-- userId: integer (nullable = true)
 |-- movieId: integer (nullable = true)
 |-- rating: double (nullable = true)
 |-- timestamp: integer (nullable = true)

+-------+------------------+------------------+------------------+--------------------+
|summary|            userId|           movieId|            rating|           timestamp|
+-------+------------------+------------------+------------------+--------------------+
|  count|            100836|            100836|            100836|              100836|
|   mean|326.12756356856676|19435.2957177992 |3.501556983616962 |1.2059460873684695E9|
| stddev| 182.6184914635004|35530.9871987003 |1.0425292390606342|2.1626103599513078E8|
|    min|                 1|                 1|               0.5|           828124615|
|    25%|               177|              1199|               3.0|          1018535155|
|    50%|               325|              2991|               3.5|          1186086516|
|    75%|               477|              8092|               4.0|          1435993828|
|    max|               610|            193609|               5.0|          1537799250|
+-------+------------------+------------------+------------------+--------------------+
100836 4
100836 4
```

图 5.11　资料观察示例部分界面

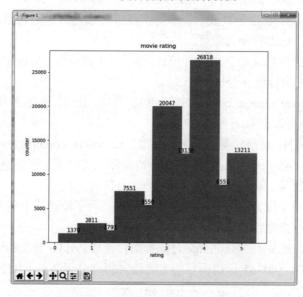

图 5.12　资料观察示例评分柱状图

> **注 意**
>
> 在 DataFrame 对象上执行 df.toPandas()操作,必须安装 Pandas 0.19.2 或以上版本,否则会报错。

上述输出的信息进行观察得知,数据有 100836 行,共 4 列,而且经过排除空值操作后,仍然是 100836 行,由此可见数据比较完整。

5.3 选择、筛选与聚合

观察数据资料的目的,是根据需求对特定数据进行预处理,比如转换数据类型、删除一列、添加一列等。在这个过程中,涉及数据的选择、筛选、过滤和聚合等操作。下面介绍如何用 Spark 对数据资料进行观察,先给出一个观察资料示例,具体如代码 5-8 所示。

代码 5-8 资料选择,筛选与聚合示例:ch05\transform.py

```
01  import findspark
02  findspark.init()
03  ##################################################
04  from pyspark.sql import SparkSession
05  from pyspark.sql.context import SQLContext
06  from pyspark.sql.functions import from_unixtime, to_timestamp
07  spark = SparkSession.builder \
08          .master("local[*]") \
09          .appName("PySpark ETL") \
10          .getOrCreate();
11  ##################################################
12  #相对路径,文件包含标题行
13  df = spark.read.csv('./ml-small/ratings.csv',header=True)
14  #转换 rating 类型
15  df = df.withColumn("rating", df.rating.cast("double"))
16  #新增一列 date
17  df = df.withColumn("date",from_unixtime(df.timestamp.cast("bigint"),'yyyy-MM-dd'))
18  df = df.withColumn("date",df.date.cast("date"))
19  #删除 timestamp 列
20  df = df.drop("timestamp")
21  ##################################################
22  df2 = spark.read.csv('./ml-small/movies.csv',header=True)
23  #'movieId'不明确,需要用 df.movieId
24  df3 = df.join(df2, df.movieId == df2.movieId,"inner") \
25          .select("userId",df.movieId,"title","date","rating")
26  from pyspark.sql.functions import udf
```

```
27  #定义普通的python函数
28  def isLike(v):
29     if v > 4:
30        return True
31     else:
32        return False
33  #创建udf函数
34  from pyspark.sql.types import BooleanType
35  udf_isLike=udf(isLike,BooleanType())
36  df3 = df3.withColumn("isLike",udf_isLike(df3["rating"]))
37  #df3.show()
38  ###############################################
39  from pyspark.sql.functions import pandas_udf, PandasUDFType
40  #定义pandas udf函数,用于GroupedData
41  @pandas_udf("string", PandasUDFType.GROUPED_AGG)
42  def fmerge(v):
43     return ','.join(v)
44  df5 = spark.read.csv('./ml-small/tags.csv',header=True)
45  df5 = df5.drop("timestamp")
46  #groupBy聚合
47  df7 = df5.groupBy(["userId","movieId"]).agg(fmerge(df5["tag"]))
48  df7 = df7.withColumnRenamed("fmerge(tag)","tags")
49  #select选择
50  df6 = df3.join(df7,(df3.movieId == df7.movieId) & (df3.userId == df7.userId))\
51     .select(df3.userId,df3.movieId,"title","date","tags","rating","isLike") \
52     .orderBy(["date"], ascending=[0])
53  #filter筛选
54  df6 = df6.filter(df.date>'2015-10-25')
55  df6.show(20)
56  #df6.show(20,False)
57  ###############################################
58  spark.stop()
```

代码5-8中,13行spark.read.csv读取ratings.csv数据时,并没有指定类型推断,这次我们先进行数据类型转换,15行df=df.withColumn("rating", df.rating.cast("double"))利用cast方法将rating字段转换成double类型。

17行新增了一个date列,这里用到from_unixtime方法,将数据转换成'yyyy-MM-dd'的格式。18行df=df.withColumn("date",df.date.cast("date"))将date列数据cast转换成date类型。

20行df=df.drop("timestamp")删除掉timestamp列。28行def isLike(v)定义了一个函数,根据评分来确定用户是否喜爱此电影,如果评分大于4分,那么则表示喜爱,返回True,否则返回False。

35行udf_isLike=udf(isLike,BooleanType())创建了一个udf函数,即用户自定义函数。通

过 udf 将普通的 Python 函数 isLike 封装成 udf 函数，同时给定函数返回类型为 BooleanType 类型。

36 行 df3=df3.withColumn("isLike",udf_isLike(df3["rating"]))利用 udf_isLike 函数对字段 rating 值进行计算，将结果存到新列 isLike 中。

41 行@pandas_udf("string", PandasUDFType.GROUPED_AGG)对函数 def fmerge(v)进行修饰，表示定义的是一个 Pandas UDF 函数。47 行对 df5 对象进行聚合操作，调用 fmerge 函数对 tag 字段进行聚合，即同一个 userId 对同一个 movieId 可能都有多个 tag，那么可以汇总到一处，用逗号分隔。

54 行 df6=df6.filter(df.date>'2015-10-25')对数据进行筛选和过滤。在 ch05 目录下打开命令行并输入如下命令：

```
ch05>python transform.py
```

按回车键执行后，会显示如下信息，界面如图 5.13 所示。

```
+------+-------+--------------------+----------+--------------------+------+------+
|userId|movieId|               title|      date|                tags|rating|isLike|
+------+-------+--------------------+----------+--------------------+------+------+
|   184|   2579|     Following (1998)|2018-09-16| black and white,C...|   4.0| false|
|   184|   6283|  Cowboy Bebop: The...|2018-09-16| amazing artwork,a...|   4.0| false|
|   184|   4226|       Memento (2000)|2018-09-16| dark,Mindfuck,non...|   5.0|  true|
|   184|  27156|  Neon Genesis Evan...|2018-09-16| anime,end of the ...|   4.5|  true|
|   184| 193565| Gintama: The Movi...|2018-09-16| anime,comedy,gint...|   3.5| false|
|   184|   3793|        X-Men (2000)|2018-09-16| action,comic book...|   3.5| false|
|   184|   4896|  Harry Potter and ...|2018-09-16| alan rickman,harr...|   3.5| false|
|   184|   5388|      Insomnia (2002)|2018-09-16| atmospheric,insom...|   3.5| false|
|    62|  46976| Stranger than Fic...|2018-09-14| emma thompson,Mag...|   4.0| false|
|    62|  49530|  Blood Diamond (2006)|2018-09-14| Africa,corruption...|   4.5|  true|
|    62|  38061|  Kiss Kiss Bang Ba...|2018-07-28| black comedy,clev...|   4.0| false|
|    62|  27831|     Layer Cake (2004)|2018-07-28| British gangster,...|   4.5|  true|
|    62| 111743|  A Million Ways to...|2018-07-02| Charlize Theron,L...|   3.5| false|
|    62| 135518|     Self/less (2015)|2018-07-02| Ben Kingsley,ethi...|   3.5| false|
|    62|   5388|      Insomnia (2002)|2018-06-30| Al Pacino,atmosph...|   4.5|  true|
|    62|  37729|  Corpse Bride (2005)|2018-06-30| gothic,helena bon...|   4.0| false|
|    62|  71535|   Zombieland (2009)|2018-06-24| Bill Murray,dark ...|   3.5| false|
|    62|  96861|       Taken 2 (2012)|2018-06-22| Istanbul,Liam Nee...|   3.5| false|
|    62| 107348|   Anchorman 2: The...|2018-06-14| comedy,Steve Care...|   4.0| false|
|    62| 187595|  Solo: A Star Wars...|2018-06-14| Emilia Clarke,sta...|   4.0| false|
+------+-------+--------------------+----------+--------------------+------+------+
only showing top 20 rows
```

图 5.13 资料经选择、筛选和聚合示例

其中，Pandas UDF 是在 PySpark 2.3 中新引入的 API，由 Spark 使用 Arrow 传输数据，使用 Pandas 处理数据。Pandas UDF 是使用关键字 pandas_udf 作为装饰器或包装函数来定义的，不需要额外的配置。目前有两种类型的 Pandas_UDF，分别是 Scalar（标量映射）和 Grouped Map（分组映射）。

5.4 存储数据

数据经过观察，并根据业务需求进行数据类型转换、数据选择、筛选和聚合等处理后，需要将处理后的结果进行存储，否则下次还需要重新执行一下预处理操作，费时费力。下面

给出一个存储数据的示例，具体如代码 5-9 所示。

代码 5-9 存储数据示例：ch05\load.py

```
01    import findspark
02    findspark.init()
03    ###############################################
04    from pyspark.sql import SparkSession
05    from pyspark.sql.context import SQLContext
06    from pyspark.sql.functions import from_unixtime, to_timestamp
07    spark = SparkSession.builder \
08            .master("local[*]") \
09            .appName("PySpark ETL") \
10            .getOrCreate();
11    ###############################################
12    df = spark.read.csv('./ml-small/ratings.csv',header=True).cache()
13    df = df.withColumn("rating", df.rating.cast("double"))
14    df = df.withColumn("date",from_unixtime(df.timestamp.cast("bigint"),
'yyyy-MM-dd'))
15    df = df.withColumn("date",df.date.cast("date"))
16    df = df.drop("timestamp")
17    df2 = spark.read.csv('./ml-small/movies.csv',header=True).cache()
18    df3 = df.join(df2, df.movieId == df2.movieId,"inner") \
19            .select("userId",df.movieId,"title","date","rating").cache()
20    from pyspark.sql.functions import udf
21    def isLike(v):
22        if v > 4:
23            return True
24        else:
25            return False
26    from pyspark.sql.types import BooleanType
27    udf_isLike=udf(isLike,BooleanType())
28    df3 = df3.withColumn("isLike",udf_isLike(df3["rating"]))
29    from pyspark.sql.functions import pandas_udf, PandasUDFType
30    @pandas_udf("string", PandasUDFType.GROUPED_AGG)
31    def fmerge(v):
32        return ','.join(v)
33    df5 = spark.read.csv('./ml-small/tags.csv',header=True).cache()
34    df5 = df5.drop("timestamp")
35    df7 = df5.groupBy(["userId","movieId"]).agg(fmerge(df5["tag"])).cache()
36    df7 = df7.withColumnRenamed("fmerge(tag)","tags")
37    df6 = df3.join(df7,(df3.movieId == df7.movieId) & (df3.userId == df7.userId))\
38            .select(df3.userId,df3.movieId,"title","date","tags","rating","isLike") \
```

```
39            .orderBy(["date"], ascending=[0]).cache()
40     df6 = df6.filter(df.date>'2015-10-25').cache()
41     df6.show(20)
42     #存储数据
43     df6.rdd.coalesce(1).saveAsTextFile("movie-out")
44     #存储数据CSV格式
45     df6.coalesce(1).write.format("csv") \
46            .option("header","true").save("movie-out-csv")
47     #parquet格式
48     df6.write.format('parquet').save("movie-out-parquet")
49     #json格式
50     df6.coalesce(1).write.format("json") \
51            .save("movie-out-json")
52     ################################################
53     spark.stop()
```

在 ch05 目录下打开命令行并输入如下命令：

ch05>python load.py

按回车键执行后，会显示如下信息，界面如图 5.14 所示。

图 5.14　数据存储到文件示例

> **注 意**
>
> saveAsTextFile 在进行数据存储时,如果目录存在,则会报错。另外,对于实际项目来说,数据量可能非常大,那么存储需要放到 Hadoop HDFS 系统上。

5.5 Spark 存储数据到 SQL Server

对于 Spark 处理的数据,如果要显示到 UI 上,比如从日志里面计算出不同页面的访问次数,即使原始数据量很大,但分组统计的数量并不太大,每日增量统计后可以存储到关系型数据库当中,这样可以在秒级水平上进行数据查询和展现。下面给出一个将数据存储到 SQL Server 数据库的示例,具体如代码 5-10 所示。

代码 5-10　存储数据到 SQL Server 示例:ch05\loadSqlServer.py

```
01   import findspark
02   findspark.init()
03   ################################################
04   from pyspark.sql import SparkSession
05   from pyspark.sql.context import SQLContext
06   from pyspark.sql.functions import from_unixtime, to_timestamp
07   spark = SparkSession.builder \
08         .master("local[*]") \
09         .appName("PySpark ETL") \
10         .getOrCreate();
11   sc = spark.sparkContext
12   ################################################
13   sqlContext=SQLContext(sc)
14   df = spark.read.csv('./ml-small/ratings.csv',header=True).cache()
15   df = df.withColumn("rating", df.rating.cast("double"))
16   df = df.withColumn("date",from_unixtime(df.timestamp.cast("bigint"),
'yyyy-MM-dd'))
17   df = df.withColumn("date",df.date.cast("date"))
18   df = df.drop("timestamp")
19   df2 = spark.read.csv('./ml-small/movies.csv',header=True).cache()
20   df3 = df.join(df2, df.movieId == df2.movieId,"inner") \
21         .select("userId",df.movieId,"title","date","rating").cache()
22   from pyspark.sql.functions import udf
23   def isLike(v):
24       if v > 4:
25           return True
26       else:
```

```
27          return False
28     from pyspark.sql.types import BooleanType
29     udf_isLike=udf(isLike,BooleanType())
30     df3 = df3.withColumn("isLike",udf_isLike(df3["rating"]))
31     from pyspark.sql.functions import pandas_udf, PandasUDFType
32     @pandas_udf("string", PandasUDFType.GROUPED_AGG)
33     def fmerge(v):
34         return ','.join(v)
35     df5 = spark.read.csv('./ml-small/tags.csv',header=True).cache()
36     df5 = df5.drop("timestamp")
37     df7 = df5.groupBy(["userId","movieId"]).agg(fmerge(df5["tag"])).cache()
38     df7 = df7.withColumnRenamed("fmerge(tag)","tags")
39     df6 = df3.join(df7,(df3.movieId == df7.movieId) & (df3.userId == df7.userId))\
40         .select(df3.userId,df3.movieId,"title","date","tags","rating","isLike") \
41         .orderBy(["date"], ascending=[0]).cache()
42     df6 = df6.filter(df.date>'2015-10-25').cache()
43     #save to file
44     db_url = "jdbc:sqlserver://localhost:1433;databaseName=bg_data;user=root;password=root"
45     db_table = "movie"
46     #overwrite 会重新生成表 append
47     df6.write.mode("overwrite").jdbc(db_url, db_table)
48     ##################################################
49     #sc.stop()
```

代码 5-10 中，关于数据的加载、变换、选择、刷选和聚合等细节都不再赘述，重点看一下 47 行 df6.write.mode("overwrite").jdbc(db_url, db_table)，这里采用覆盖模式 overwrite 进行数据存储，数据存储方式通过 jdbc 进行连接，需要提供数据库连接 db_url 信息，同时指定数据存储的具体表名 db_table。

数据库连接 db_url 信息格式如下：

```
jdbc:sqlserver://localhost:1433;databaseName=bg_data;user=root;password=root
```

其中指定了数据库类型 sqlserver，数据库的 IP 地址和端口 localhost:1433，数据库名称 databaseName=bg_data，数据库的用户名和密码 user=root;password=root。

当然前提是 Spark 可以加载到正确的 jar 驱动程序。因此首先要将 SQL Server 数据库的驱动程序 jar 包（mssql-jdbc-8.2.2.jre8.jar）放于 Spark 安装目录的 jars 目录下，如图 5.15 所示。

图 5.15　sqlserver 数据库的驱动程序 jar 包存储目录

下面还需要在 SQL Server 数据库上创建数据库和对应的表结构，同时需要创建 SQL 用户登录和管理。关于这部分的内容这里不细说，不熟悉的读者可以自行学习相关知识。下面给出 SQL Server 数据库的表 dbo.move 的表结构，如图 5.16 所示。

图 5.16　dbo.movie 表结构

在 ch05 目录下打开命令行并输入如下命令：

```
ch05>python loadSqlServer.py
```

按回车键成功执行后，打开 SQL Server 数据库，浏览 movie 表数据时，可以看到数据如如图 5.17 所示。

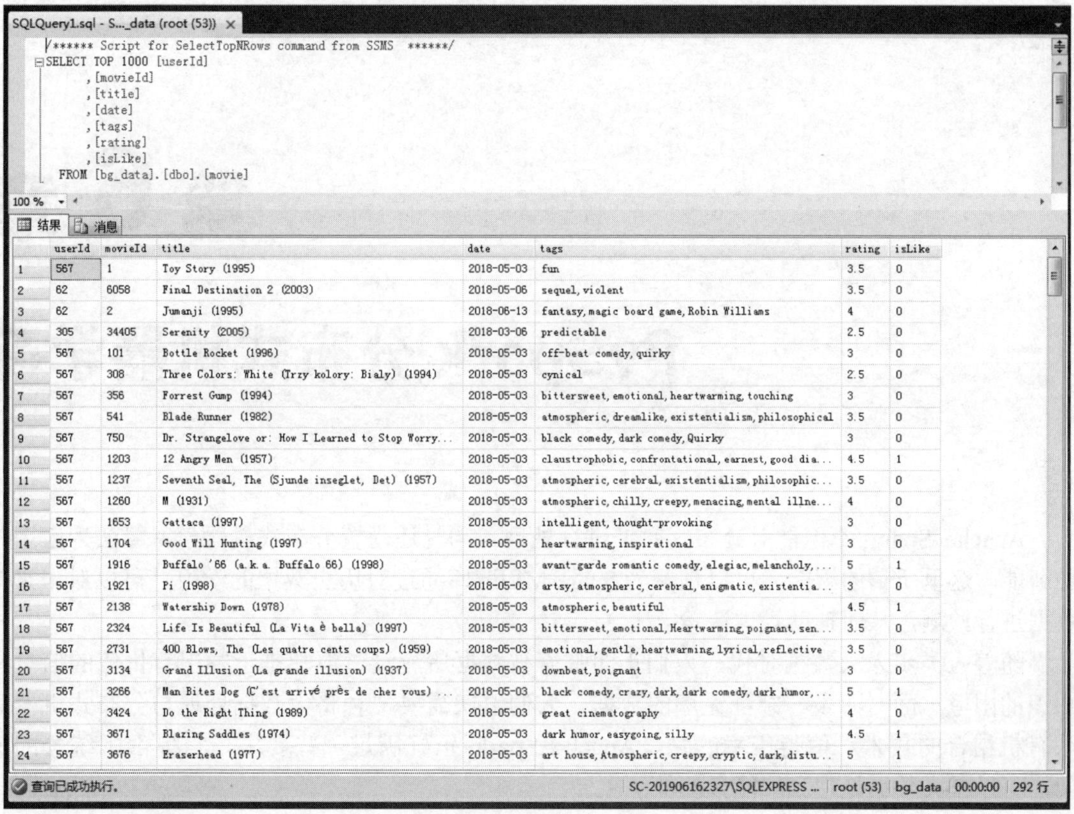

	userId	movieId	title	date	tags	rating	isLike
1	567	1	Toy Story (1995)	2018-05-03	fun	3.5	0
2	62	6058	Final Destination 2 (2003)	2018-05-06	sequel, violent	3.5	0
3	62	2	Jumanji (1995)	2018-06-13	fantasy, magic board game, Robin Williams	4	0
4	305	34405	Serenity (2005)	2018-03-06	predictable	2.5	0
5	567	101	Bottle Rocket (1996)	2018-05-03	off-beat comedy, quirky	3	0
6	567	308	Three Colors: White (Trzy kolory: Bialy) (1994)	2018-05-03	cynical	2.5	0
7	567	356	Forrest Gump (1994)	2018-05-03	bittersweet, emotional, heartwarming, touching	3	0
8	567	541	Blade Runner (1982)	2018-05-03	atmospheric, dreamlike, existentialism, philosophical	3.5	0
9	567	750	Dr. Strangelove or: How I Learned to Stop Worry...	2018-05-03	black comedy, dark comedy, Quirky	3	0
10	567	1203	12 Angry Men (1957)	2018-05-03	claustrophobic, confrontational, earnest, good dia...	4.5	1
11	567	1237	Seventh Seal, The (Sjunde inseglet, Det) (1957)	2018-05-03	atmospheric, cerebral, existentialism, philosophic...	3.5	0
12	567	1260	M (1931)	2018-05-03	atmospheric, chilly, creepy, menacing, mental illne...	4	0
13	567	1653	Gattaca (1997)	2018-05-03	intelligent, thought-provoking	3	0
14	567	1704	Good Will Hunting (1997)	2018-05-03	heartwarming, inspirational	3	0
15	567	1916	Buffalo '66 (a.k.a. Buffalo 66) (1998)	2018-05-03	avant-garde romantic comedy, elegiac, melancholy, ...	5	1
16	567	1921	Pi (1998)	2018-05-03	artsy, atmospheric, cerebral, enigmatic, existentia...	3	0
17	567	2138	Watership Down (1978)	2018-05-03	atmospheric, beautiful	4.5	1
18	567	2324	Life Is Beautiful (La Vita è bella) (1997)	2018-05-03	bittersweet, emotional, Heartwarming, poignant, sen...	3.5	0
19	567	2731	400 Blows, The (Les quatre cents coups) (1959)	2018-05-03	emotional, gentle, heartwarming, lyrical, reflective	3.5	0
20	567	3134	Grand Illusion (La grande illusion) (1937)	2018-05-03	downbeat, poignant	3	0
21	567	3266	Man Bites Dog (C'est arrivé près de chez vous) ...	2018-05-03	black comedy, crazy, dark, dark comedy, dark humor, ...	5	1
22	567	3424	Do the Right Thing (1989)	2018-05-03	great cinematography	4	0
23	567	3671	Blazing Saddles (1974)	2018-05-03	dark humor, easygoing, silly	4.5	1
24	567	3676	Eraserhead (1977)	2018-05-03	art house, Atmospheric, creepy, cryptic, dark, distu...	5	1

图 5.17　movie 表数据

5.6　小结

本章主要介绍了 Spark ETL 数据处理的基本过程，首先通过文件系统加载资料数据，并进行资料的观察和统计分析，为后期的数据预处理提供基础。

其次，Spark 提供了许多方法对数据进行转换操作，其中可以对数据类型进行转换，对数据进行删除列，增加列，也支持对空值数据进行删除或者替换。

在数据转换的基础上，可以对数据进行选择、筛选和过滤，也可以将数据聚合，这些处理后的数据应该存储到物理文件中，以便下次可以直接进行再次加工和处理。

第 6 章

PySpark 分布式机器学习

　　Apache Spark 不但能对分布式数据进行处理，同时还内置分布式机器学习算法为应用添加智能。这里所谓的智能，可以理解为 Spark MLlib 库通过对历史数据的学习，可以对未来的数据进行预测，从而辅助管理决策。

　　随着人类步入大数据时代，人们正面临着被数据所淹没，但却难于发现有价值的信息和知识的困境。面对海量、杂乱无序的数据，人们迫切需要一种将大数据处理与分布式机器算法有机结合的技术。值得庆幸的是，Apache Spark 正好满足一些要求，它提供了统一的框架，可以在大数据处理和智能预测算法上做到兼顾。

　　本章主要涉及的知识点有：

- 认识数据格式和描述统计：掌握数据格式，并能对数据进行描述统计。
- 数据清理与变形：根据业务需求，对原始数据进行清理和变形处理，以符合特定模型的需要。
- 认识Pipeline：机器学习是一个任务流，可以使用Pipeline将数据加载、清理、变形、训练和预测等过程有序组织到一起。
- 逻辑回归原理与应用：了解逻辑回归原理和Spark MLlib中如何应用逻辑回归算法来进行预测。
- 决策树原理与应用：了解决策树原理和Spark MLlib中如何应用决策树算法来进行分类。
- 建立预测模型：掌握如何使用Spark MLlib建立预测模型。

6.1 认识数据格式

Kaggle 网站主要为开发商和数据科学家提供举办机器学习竞赛、托管数据、编写和分享代码的平台。该平台已经吸引了数百万用户的关注。通过这个平台，不但可以阅读他人提交的代码来进行学习，而且可以从平台上获取开放的数据集以用于实践。如果能在 Kaggle 举办的比赛中获得好名次，还可以获得奖金乃至好工作。

本章选用泰坦尼克号（Titanic）幸存者预测这个数据集作为研究对象。Titanic 幸存预测是 Kaggle 网站上参赛人数最多的竞赛之一，它要求参赛选手通过训练数据集分析出哪些乘客更可能幸存。该竞赛的网址为 https://www.kaggle.com/c/titanic，通过浏览器打开后，界面如图 6.1 所示。

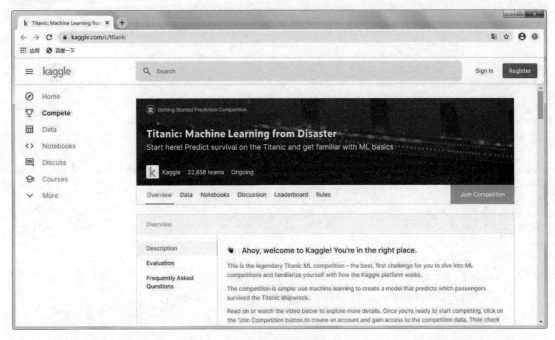

图 6.1　Titanic 幸存者预测竞赛网页

构建一个预测效果满意的机器学习模型不会是一蹴而就的，而是一个逐渐优化的过程。一般来说，首选需要对数据进行观察，并认识数据格式，在此基础上对数据进行一些统计描述和探索分析，由于不少数据集都存在缺失数据的问题，因此要综合考虑，选用一个合适的方式对缺失数据进行填补。

针对要解决的实际问题，对数据特征进行选择，即删除一些无关的数据，或者派生新的数据等。在此过程中，可能需要对数据格式进行变换和处理，从而提高机器学习模型的预测效果。

最后，要从众多的机器学习算法中，选择一个或者多个合适的算法进行构建，通过对多个算法构建的模型进行对比，最终选用一个最优的模型来应用，当然这个最优的模型也可能是多个模型组合而成的。

下面就用 PySpark 从目录中加载需要的文件，并对 Titanic 幸存者预测数据的格式进行分析。抽取 Titanic 幸存者预测数据的示例，如代码 6-1 所示。

代码 6-1　抽取数据示例：ch06\01dataType.py

```
01    import findspark
02    findspark.init()
03    ################################################
04    from pyspark.sql import SparkSession
05    from pyspark.sql.context import SQLContext
06    spark = SparkSession.builder \
07           .master("local[*]") \
08           .appName("PySpark ML") \
09           .getOrCreate()
10    sc = spark.sparkContext
11    ################################################
12    print("Titanic train.csv Info")
13    df_train = spark.read.csv('./data/titanic-train.csv',header=True,inferSchema=True).cache()
14    df_train.printSchema()
15    print(df_train.count(),len(df_train.columns))
16    df_train.show()
17    print("################################################")
18    print("Titanic test.csv Info")
19    df_test = spark.read.csv('./data/titanic-test.csv',header=True,inferSchema=True).cache()
20    df_test.printSchema()
21    print(df_test.count(),len(df_test.columns))
22    df_test.show()
23    ################################################
24    sc.stop()
```

代码 6-1 中，13 行 spark.read.csv('./data/titanic-train.csv',header=True,inferSchema=True)从当前目录下的 data 目录中加载 titanic-train.csv 文件，其中 header=True 表示第一行有列名，inferSchema=True 表示自动推断数据类型。

14 行 df_train.printSchema()打印出训练集 DataFrame 对象 df_train 的 Schema 信息。15 行 print(df_train.count(),len(df_train.columns)) 打印出对象 df_train 的行数和列数。16 行 df_train.show()默认输出 20 条数据用于数据观察。

在 ch06 目录下打开命令行并输入如下命令：

```
ch06> python 01dataType.py
```

按回车键执行后，会显示 Titanic 训练集数据，如图 6.2 所示。
Titanic 测试数据输出如图 6.3 所示。

```
root
 |-- PassengerId: integer (nullable = true)
 |-- Survived: integer (nullable = true)
 |-- Pclass: integer (nullable = true)
 |-- Name: string (nullable = true)
 |-- Sex: string (nullable = true)
 |-- Age: double (nullable = true)
 |-- SibSp: integer (nullable = true)
 |-- Parch: integer (nullable = true)
 |-- Ticket: string (nullable = true)
 |-- Fare: double (nullable = true)
 |-- Cabin: string (nullable = true)
 |-- Embarked: string (nullable = true)

891 12
+-----------+--------+------+--------------------+------+----+-----+-----+----------------+-------+-----+--------+
|PassengerId|Survived|Pclass|                Name|   Sex| Age|SibSp|Parch|          Ticket|   Fare|Cabin|Embarked|
+-----------+--------+------+--------------------+------+----+-----+-----+----------------+-------+-----+--------+
|          1|       0|     3|Braund, Mr. Owen ...|  male|22.0|    1|    0|       A/5 21171|   7.25| null|       S|
|          2|       1|     1|Cumings, Mrs. Joh...|female|38.0|    1|    0|        PC 17599|71.2833|  C85|       C|
|          3|       1|     3|Heikkinen, Miss. ...|female|26.0|    0|    0|STON/O2. 3101282|  7.925| null|       S|
|          4|       1|     1|Futrelle, Mrs. Ja...|female|35.0|    1|    0|          113803|   53.1| C123|       S|
|          5|       0|     3|   Allen, Mr. Willia|  male|35.0|    0|    0|          373450|   8.05| null|       S|
|          6|       0|     3|    Moran, Mr. James|  male|null|    0|    0|          330877| 8.4583| null|       Q|
|          7|       0|     1|McCarthy, Mr. Tim...|  male|54.0|    0|    0|           17463|51.8625|  E46|       S|
|          8|       0|     3|Palsson, Master. ...|  male| 2.0|    3|    1|          349909| 21.075| null|       S|
|          9|       1|     3|Johnson, Mrs. Osc...|female|27.0|    0|    2|          347742|11.1333| null|       S|
|         10|       1|     2|Nasser, Mrs. Nich...|female|14.0|    1|    0|          237736|30.0708| null|       C|
|         11|       1|     3|Sandstrom, Miss. ...|female| 4.0|    1|    1|         PP 9549|   16.7|   G6|       S|
|         12|       1|     1|Bonnell, Miss. El...|female|58.0|    0|    0|          113783|  26.55| C103|       S|
|         13|       0|     3|Saundercock, Mr. ...|  male|20.0|    0|    0|       A/5. 2151|   8.05| null|       S|
|         14|       0|     3|Andersson, Mr. An...|  male|39.0|    1|    5|          347082| 31.275| null|       S|
|         15|       0|     3|Vestrom, Miss. Hu...|female|14.0|    0|    0|          350406| 7.8542| null|       S|
|         16|       1|     2|Hewlett, Mrs. (Ma...|female|55.0|    0|    0|          248706|   16.0| null|       S|
|         17|       0|     3|Rice, Master. Eugene|  male| 2.0|    4|    1|          382652| 29.125| null|       Q|
|         18|       1|     2|Williams, Mr. Cha...|  male|null|    0|    0|          244373|   13.0| null|       S|
|         19|       0|     3|Vander Planke, Mr...|female|31.0|    1|    0|          345763|   18.0| null|       S|
|         20|       1|     3|Masselmani, Mrs. ...|female|null|    0|    0|            2649|  7.225| null|       C|
+-----------+--------+------+--------------------+------+----+-----+-----+----------------+-------+-----+--------+
only showing top 20 rows
```

图 6.2　Titanic 训练集数据输出

```
root
 |-- PassengerId: integer (nullable = true)
 |-- Pclass: integer (nullable = true)
 |-- Name: string (nullable = true)
 |-- Sex: string (nullable = true)
 |-- Age: double (nullable = true)
 |-- SibSp: integer (nullable = true)
 |-- Parch: integer (nullable = true)
 |-- Ticket: string (nullable = true)
 |-- Fare: double (nullable = true)
 |-- Cabin: string (nullable = true)
 |-- Embarked: string (nullable = true)

418 11
+-----------+------+--------------------+------+----+-----+-----+----------------+-------+-----+--------+
|PassengerId|Pclass|                Name|   Sex| Age|SibSp|Parch|          Ticket|   Fare|Cabin|Embarked|
+-----------+------+--------------------+------+----+-----+-----+----------------+-------+-----+--------+
|        892|     3|    Kelly, Mr. James|  male|34.5|    0|    0|          330911| 7.8292| null|       Q|
|        893|     3|Wilkes, Mrs. Jame...|female|47.0|    1|    0|          363272|    7.0| null|       S|
|        894|     2|Myles, Mr. Thomas...|  male|62.0|    0|    0|          240276| 9.6875| null|       Q|
|        895|     3|   Wirz, Mr. Albert|  male|27.0|    0|    0|          315154| 8.6625| null|       S|
|        896|     3|Hirvonen, Mrs. Al...|female|22.0|    1|    1|         3101298|12.2875| null|       S|
|        897|     3|Svensson, Mr. Joh...|  male|14.0|    0|    0|            7538|  9.225| null|       S|
|        898|     3|Connolly, Miss. Kate|female|30.0|    0|    0|          330972| 7.6292| null|       Q|
|        899|     2|Caldwell, Mr. Alb...|  male|26.0|    1|    1|          248738|   29.0| null|       S|
|        900|     3|Abrahim, Mrs. Jos...|female|18.0|    0|    0|            2657| 7.2292| null|       C|
|        901|     3|Davies, Mr. John ...|  male|21.0|    2|    0|        A/4 48871|  24.15| null|       S|
|        902|     3|   Ilieff, Mr. Ylio|  male|null|    0|    0|          349220| 7.8958| null|       S|
|        903|     1|Jones, Mr. Charle...|  male|46.0|    0|    0|             694|   26.0| null|       S|
|        904|     1|Snyder, Mrs. John...|female|23.0|    1|    0|           21228|82.2667|  B45|       S|
|        905|     2|Howard, Mr. Benjamin|  male|63.0|    1|    0|           24065|   26.0| null|       S|
|        906|     1|Chaffee, Mrs. Her...|female|47.0|    1|    0|      W.E.P. 5734| 61.175|  E31|       S|
|        907|     2|del Carlo, Mrs. S...|female|24.0|    1|    0|    SC/PARIS 2167|27.7208| null|       C|
|        908|     2|  Keane, Mr. Daniel|  male|35.0|    0|    0|          233734|  12.35| null|       Q|
|        909|     3|   Assaf, Mr. Gerios|  male|21.0|    0|    0|            2692|  7.225| null|       C|
|        910|     3|Ilmakangas, Miss....|female|27.0|    1|    0|STON/O2. 3101270|  7.925| null|       S|
|        911|     3|"Assaf Khalil, Mr...|female|45.0|    0|    0|            2696|  7.225| null|       C|
+-----------+------+--------------------+------+----+-----+-----+----------------+-------+-----+--------+
only showing top 20 rows
```

图 6.3　Titanic 测试集数据输出

从上图可知，Titanic 训练集包含 891 条数据和 12 个字段，其中每个字段的含义，我们结合官网的说明，具体阐述如下：

- PassengerId：整型（integer），代表乘客的 ID，递增变量，一般来说对预测无帮助。
- Survived：整型（integer），代表该乘客是否幸存，其中 1 表示幸存，0 表示遇难。
- Pclass：整型（integer），代表乘客的社会经济状态，其中 1 代表 Upper，2 代表 Middle，3 代表 Lower。
- Name：字符型（string），代表乘客姓名，一般来说对预测无帮助。
- Sex：字符型（string），代表乘客性别，其中 female 代表女，male 代表男。
- Age：数值类型（double），代表乘客年龄，其中有 null，即有缺失值。
- SibSp：整型（integer），代表兄弟姐妹及配偶的个数，其中 Sib 代表 Sibling，即兄弟姐妹；Sp 代表 Spouse，即配偶。
- Parch：整型（integer），代表父母或子女的个数，其中 Par 代表 Parent，即父母；Ch 代表 Child，即子女。
- Ticket：字符型（string），代表乘客的船票号，一般来说对预测无帮助。
- Fare：数值型（double），代表乘客的船票价。
- Cabin：字符型（string），代表乘客所在的舱位，有缺失值。
- Embarked：字符型（string），代表乘客登船口岸。

同样地，Titanic 测试集包含 418 条数据和 11 个字段，比训练集少一个 Survived 字段，这个字段也是需要最终预测的信息。

6.2 描述统计

一般来说，统计分描述统计和推论统计。所谓的描述统计通过图表或数学方法，对数据资料进行整理、分析，并对数据的分布状态、字段数字特征和字段数值之间关系进行估计和描述。

描述统计分为集中趋势分析、离中趋势分析和相关分析三大部分。集中趋势分析指标主要有平均数、中数、众数等，表示数据的集中趋势。离中趋势分析主要靠最大值与最小值距离、四分差、平均差、方差、标准差等统计指标来研究数据的离中趋势。相关分析可以发现数据之间是否具有统计学上的关联性，例如，样本中某几个字段数据之间是否存在相关关系，人的收入和学历之间是否存在相关关系。

下面对 Titanic 幸存者预测数据的进行描述统计，其中包含平均值和方差等，同时通过统计汇总，分析是否幸存（Survived）与性别（Sex）和社会经济状态（Pclass）等因素的关系。Titanic 幸存者预测数据的描述统计示例，如代码 6-2 所示。

代码 6-2　数据描述统计示例：ch06\02dataDesc.py

```
01    import findspark
02    findspark.init()
```

```
03   #################################################
04   from pyspark.sql import SparkSession
05   from pyspark.sql.context import SQLContext
06   spark = SparkSession.builder \
07        .master("local[*]") \
08        .appName("PySpark ML") \
09        .getOrCreate()
10   sc = spark.sparkContext
11   #################################################
12   df_train = spark.read.csv('./data/titanic-train.csv',header=True,inferSchema=True) \
13        .cache()
14   #df_test = spark.read.csv('./data/titanic-test.csv',header=True,inferSchema=True).cache()
15   #计算基本的统计描述信息
16   df_train.describe("Age","Pclass","SibSp","Parch").show()
17   df_train.describe("Sex","Cabin","Embarked","Fare","Survived").show()
18   pdf = df_train.groupBy('sex','Survived') \
19        .agg({'PassengerId': 'count'}) \
20        .withColumnRenamed("count(PassengerId)","count") \
21        .orderBy("sex") \
22        .toPandas()
23   #       sex  Survived  count
24   # 0  female         1    233
25   # 1  female         0     81
26   # 2    male         0    468
27   # 3    male         1    109
28   print(pdf)
29   import numpy as np
30   import pandas as pd
31   import matplotlib.pyplot as plt
32   #防止中文乱码
33   plt.rcParams['font.sans-serif']=['SimHei']
34   plt.rcParams['axes.unicode_minus']=False
35   width = 0.35
36   fig, ax = plt.subplots()
37   labels = ["female",'male']
38   # print(pdf[pdf["Survived"]== 1])
39   # print(pdf[pdf["Survived"]== 0])
40   male_vs =pdf[pdf["Survived"]== 1]["count"]
41   female_vs = pdf[pdf["Survived"]== 0]["count"]
42   ax.bar(labels, male_vs, width,  label='Survived')
43   ax.bar(labels, female_vs, width, bottom=male_vs,
44        label='UnSurvived')
45   ax.set_ylabel('性别')
```

```
46    ax.set_title('Survived 和性别关系分析')
47    ax.legend()
48    plt.show()
49    pdf = df_train.groupBy('Pclass','Survived') \
50        .agg({'PassengerId': 'count'}) \
51        .withColumnRenamed("count(PassengerId)","count") \
52        .toPandas()
53    print(pdf)
54    pdf = df_train.groupBy('Parch','Survived') \
55        .agg({'PassengerId': 'count'}) \
56        .withColumnRenamed("count(PassengerId)","count") \
57        .toPandas()
58    print(pdf)
59    pdf = df_train.groupBy('SibSp','Survived') \
60        .agg({'PassengerId': 'count'}) \
61        .withColumnRenamed("count(PassengerId)","count") \
62        .toPandas()
63    print(pdf)
64    ##################################################
65    sc.stop()
```

代码 6-2 中，16 行 df_train.describe("Age","Pclass","SibSp","Parch").show()中的 describe 可以计算出基本的统计信息，比如均值、最大值、最小值、行数、标准差等。它接受的参数是字段名，可以在指定的字段上进行统计计算。

计算结果如图 6.4 所示。

```
+-------+------------------+-------------------+-------------------+-------------------+
|summary|               Age|             Pclass|              SibSp|              Parch|
+-------+------------------+-------------------+-------------------+-------------------+
|  count|               714|                891|                891|                891|
|   mean| 29.69911764705882|  2.308641975308642| 0.5230078563411896| 0.3815937149270482|
| stddev|14.526497332334035| 0.8360712409770491| 1.1027434322934315| 0.8060572211299488|
|    min|              0.42|                  1|                  0|                  0|
|    max|              80.0|                  3|                  8|                  6|
+-------+------------------+-------------------+-------------------+-------------------+

+-------+------+-----+--------+-----------------+-------------------+
|summary|   Sex|Cabin|Embarked|             Fare|           Survived|
+-------+------+-----+--------+-----------------+-------------------+
|  count|   891|  204|     889|              891|                891|
|   mean|  null| null|    null| 32.2042079685746| 0.3838383838383838|
| stddev|  null| null|    null|49.69342859718089| 0.48659245426485753|
|    min|female|  A10|       C|              0.0|                  0|
|    max|  male|    T|       S|           512.3292|                1|
+-------+------+-----+--------+-----------------+-------------------+
```

图 6.4 Titanic 描述统计结果

其中 count 统计的个数小于 891 的都说明其中有缺失数据，需要进行处理。18~22 行通过在对象 df_train 上调用 groupBy('sex','Survived').agg({'PassengerId': 'count'})操作，对 Sex 和 Survived 两个字段分组求乘客数，计算出的结果如下所示：

```
    sex  Survived  count
```

```
0    female    1    233
1    female    0     81
2      male    0    468
3      male    1    109
```

通过这个汇总统计，可以从 count 数量上分析出，什么 sex 更容易幸存。当然，为了更容易观察数据，可以通过图形的方式。

代码中，40 行 male_vs =pdf[pdf["Survived"]== 1]["count"]获取 Survived 为 1 的 count 数据。首先 pdf[pdf["Survived"]== 1]会输出如下结果：

```
      sex  Survived  count
0  female         1    233
3    male         1    109
```

其次 pdf[pdf["Survived"]== 1]["count"]从上述数据中获取 count 列，即数据如下：

```
count
233
109
```

42 行 ax.bar(labels, male_vs, width, label='Survived')绘制柱状图，48 行 plt.show()显示柱状图，如图 6.5 所示。

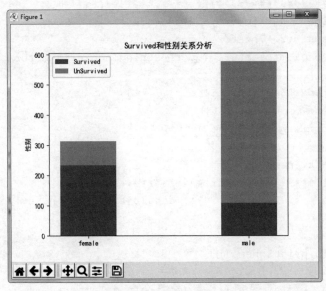

图 6.5　Survived 和性别关系分析图

由图 6.5 可知，虽然从人数来讲，男性比女性多，但是从幸存比例来分析，女性比男性更容易幸存。

6.3 资料清理与变形

一般来说，现实采集的数据，往往都有缺失值，或者说数据格式不符合特定机器学习算法的要求，因此需要进行资料的清理和变形。

通过上述的认识数据格式和描述统计分析，发现 Titanic 数据中有不少缺失值，因此需要进行特殊处理，具体如何处理，需要根据实际情况来确定，比如有的数值可以通过均值来替换缺失值，有的字段缺失可以删除整行记录。

在机器学习处理过程中，为了方便相关算法的实现，经常需要把字符串类型的标签（label）数据转换成数值类型索引。PySpark 中的 StringIndexer 转换器可以把一列标签型的特征进行数值化编码，这个过程可提高机器学习算法构建模型的效率。

下面给出 Titanic 幸存者预测数据进行资料清理与变形的示例，如代码 6-3 所示。

代码 6-3　资料清理与变形示例：ch06\03dataTrans.py

```
01   import findspark
02   findspark.init()
03   ##################################################
04   from pyspark.sql import SparkSession
05   from pyspark.sql.context import SQLContext
06   from pyspark.ml.feature import StringIndexer, VectorAssembler, VectorIndexer
07   spark = SparkSession.builder \
08           .master("local[*]") \
09           .appName("PySpark ML") \
10           .getOrCreate()
11   sc = spark.sparkContext
12   ##################################################
13   df_train = spark.read.csv('./data/titanic-train.csv',header=True, inferSchema=True) \
14           .cache()
15   #df_train.printSchema()
16   #891 12
17   #print(df_train.count(),len(df_train.columns))
18   #用平均值29.699替换缺失值
19   df_train = df_train.fillna({'Age': round(29.699,0)})
20   #用登录最多的港口'S'替换缺失值
21   df_train = df_train.fillna({'Embarked': 'S'})
22   #df_train = df_train.fillna({'Cabin': 'unknown'})
23   #删除列
24   df_train = df_train.drop("Cabin")
25   df_train = df_train.drop("Ticket")
```

```python
26    labelIndexer = StringIndexer(inputCol="Embarked", outputCol=
"iEmbarked")
27    model = labelIndexer.fit(df_train)
28    df_train = model.transform(df_train)
29    labelIndexer = StringIndexer(inputCol="Sex", outputCol="iSex")
30    model = labelIndexer.fit(df_train)
31    df_train = model.transform(df_train)
32    df_train.show()
33    # 特征选择
34    features = ['Pclass', 'iSex', 'Age', 'SibSp', 'Parch', 'Fare',
'iEmbarked','Survived']
35    train_features = df_train[features]
36    train_features.show()
37    # train_labels = df_train['Survived',]
38    # train_labels.show()
39    #将多个列转换成向量
40    df_assembler = VectorAssembler(inputCols=['Pclass', 'iSex', 'Age',
'SibSp', 'Parch', 'Fare', 'iEmbarked'], outputCol="features")
41    df = df_assembler.transform(train_features)
42    #df["features"].show()-> TypeError: 'Column' object is not callable
43    df["features",].show()
44    df["Survived",].show()
45    ###############################################
46    df_test = spark.read.csv('./data/titanic-test.csv',header=True,
inferSchema=True) \
47        .cache()
48    #用平均值29.699替换缺失值
49    df_test = df_test.fillna({'Age': round(29.699,0)})
50    #用登录最多的港口'S'替换缺失值
51    df_test = df_test.fillna({'Embarked': 'S'})
52    df_test = df_test.drop("Cabin")
53    df_test = df_test.drop("Ticket")
54    labelIndexer = StringIndexer(inputCol="Embarked", outputCol=
"iEmbarked")
55    model = labelIndexer.fit(df_test)
56    df_test = model.transform(df_test)
57    labelIndexer = StringIndexer(inputCol="Sex", outputCol="iSex")
58    model = labelIndexer.fit(df_test)
59    df_test = model.transform(df_test)
60    df_test.show()
61    features = ['Pclass', 'iSex', 'Age', 'SibSp', 'Parch', 'Fare',
'iEmbarked']
62    test_features = df_test[features]
63    test_features.show()
64    #将多个列转换成向量
```

```
65    df_assembler = VectorAssembler(inputCols=['Pclass', 'iSex', 'Age',
'SibSp', 'Parch', 'Fare', 'iEmbarked'], outputCol="features")
66    df2 = df_assembler.transform(test_features)
67    df2["features",].show()
68    ##################################################
69    sc.stop()
```

代码 6-3 中，19 行 df_train = df_train.fillna({'Age': round(29.699,0)})对数据集 df_train 中的 Age 字段用其平均值进行替换，其中 round(29.699,0)采取四舍五入的方式，即计算结果为 30.0。21 行 df_train = df_train.fillna({'Embarked': 'S'})用登录最多的港口'S'替换缺失值。

24 行 df_train = df_train.drop("Cabin")从数据集 df_train 中删除 Cabin 列，对于这些与幸存没有关系的列，可以进行删除操作，以降低内存占用。

对于机器学习算法，数据集中若有字符串类型的标签数据，往往需要进行数值化处理。例如，Embarked 和 Sex 则是一个标签数据，因此需要借助 StringIndexer 将其数值化。

26 行 labelIndexer=StringIndexer(inputCol="Embarked", outputCol="iEmbarked")将输入的字段 Embarked 数值化为 iEmbarked。27 行 model=labelIndexer.fit(df_train)将这个 labelIndexer 在数据集 df_train 上进行 fit 操作。28 行 df_train=model.transform(df_train)最终对数据集 df_train 进行数据转换。

57 行 labelIndexer=StringIndexer(inputCol="Sex", outputCol="iSex")也是类似的操作，这里不再赘述。最后数值化后的数据集结果如图 6.6 所示。

```
+-----------+--------+------+--------------------+------+----+-----+-----+----------+-------+--------+---------+----+
|PassengerId|Survived|Pclass|                Name|   Sex| Age|SibSp|Parch|    Ticket|   Fare|Embarked|iEmbarked|iSex|
+-----------+--------+------+--------------------+------+----+-----+-----+----------+-------+--------+---------+----+
|          1|       0|     3|Braund, Mr. Owen ...|  male|22.0|    1|    0| A/5 21171|   7.25|       S|      0.0| 0.0|
|          2|       1|     1|Cumings, Mrs. Joh...|female|38.0|    1|    0|  PC 17599|71.2833|       C|      1.0| 1.0|
|          3|       1|     3|Heikkinen, Miss. ...|female|26.0|    0|    0|STON/O2. 3101282|  7.925|       S|      0.0| 1.0|
|          4|       1|     1|Futrelle, Mrs. Ja...|female|35.0|    1|    0|    113803|   53.1|       S|      0.0| 1.0|
|          5|       0|     3|Allen, Mr. Willia...|  male|35.0|    0|    0|    373450|   8.05|       S|      0.0| 0.0|
|          6|       0|     3|    Moran, Mr. James|  male|30.0|    0|    0|    330877| 8.4583|       Q|      2.0| 0.0|
|          7|       0|     1|McCarthy, Mr. Tim...|  male|54.0|    0|    0|     17463|51.8625|       S|      0.0| 0.0|
|          8|       0|     3|Palsson, Master. ...|  male| 2.0|    3|    1|    349909| 21.075|       S|      0.0| 0.0|
|          9|       1|     3|Johnson, Mrs. Osc...|female|27.0|    0|    2|    347742|11.1333|       S|      0.0| 1.0|
|         10|       1|     2|Nasser, Mrs. Nich...|female|14.0|    1|    0|    237736|30.0708|       C|      1.0| 1.0|
|         11|       1|     3|Sandstrom, Miss. ...|female| 4.0|    1|    1|   PP 9549|   16.7|       S|      0.0| 1.0|
|         12|       1|     1|Bonnell, Miss. El...|female|58.0|    0|    0|    113783|  26.55|       S|      0.0| 1.0|
|         13|       0|     3|Saundercock, Mr. ...|  male|20.0|    0|    0| A/5. 2151|   8.05|       S|      0.0| 0.0|
|         14|       0|     3|Andersson, Mr. An...|  male|39.0|    1|    5|    347082| 31.275|       S|      0.0| 0.0|
|         15|       0|     3|Vestrom, Miss. Hu...|female|14.0|    0|    0|    350406| 7.8542|       S|      0.0| 1.0|
|         16|       1|     2|Hewlett, Mrs. (Ma...|female|55.0|    0|    0|    248706|   16.0|       S|      0.0| 1.0|
|         17|       0|     3|Rice, Master. Eugene|  male| 2.0|    4|    1|    382652| 29.125|       Q|      2.0| 0.0|
|         18|       1|     2|Williams, Mr. Cha...|  male|30.0|    0|    0|    244373|   13.0|       S|      0.0| 0.0|
|         19|       0|     3|Vander Planke, Mr...|female|31.0|    1|    0|    345763|   18.0|       S|      0.0| 1.0|
|         20|       1|     3|Masselmani, Mrs. ...|female|30.0|    0|    0|      2649|  7.225|       C|      1.0| 1.0|
+-----------+--------+------+--------------------+------+----+-----+-----+----------+-------+--------+---------+----+
only showing top 20 rows
```

图 6.6 训练集 StringIndexer 数值化后的结果

34 行 features=['Pclass', 'iSex', 'Age', 'SibSp', 'Parch', 'Fare', 'iEmbarked','Survived']进行特征选取，选取数值类型的字段用于后期的 Survived 值预测，其中选取的字段为 Pclass、iSex、Age、SibSp、Parch、Fare、iEmbarked、Survived。35 行 train_features=df_train[features]对数据列进行过滤。36 行 train_features.show()显示前 20 条数据，如图 6.7 所示。

```
+------+---+----+-----+-----+-------+---------+
|Pclass|iSex|Age|SibSp|Parch|   Fare|iEmbarked|
+------+---+----+-----+-----+-------+---------+
|     3|0.0|22.0|    1|    0|   7.25|      0.0|
|     1|1.0|38.0|    1|    0|71.2833|      1.0|
|     3|1.0|26.0|    0|    0|  7.925|      0.0|
|     1|1.0|35.0|    1|    0|   53.1|      0.0|
|     3|0.0|35.0|    0|    0|   8.05|      0.0|
|     3|0.0|30.0|    0|    0| 8.4583|      2.0|
|     1|0.0|54.0|    0|    0|51.8625|      0.0|
|     3|0.0| 2.0|    3|    1| 21.075|      0.0|
|     3|1.0|27.0|    0|    2|11.1333|      0.0|
|     2|1.0|14.0|    1|    0|30.0708|      1.0|
|     3|1.0| 4.0|    1|    1|   16.7|      0.0|
|     1|1.0|58.0|    0|    0|  26.55|      0.0|
|     3|0.0|20.0|    0|    0|   8.05|      0.0|
|     3|0.0|39.0|    1|    5| 31.275|      0.0|
|     3|1.0|14.0|    0|    0| 7.8542|      0.0|
|     2|1.0|55.0|    0|    0|   16.0|      0.0|
|     3|0.0| 2.0|    4|    1| 29.125|      2.0|
|     2|0.0|30.0|    0|    0|   13.0|      0.0|
|     3|1.0|31.0|    1|    0|   18.0|      0.0|
|     3|1.0|30.0|    0|    0|  7.225|      1.0|
+------+---+----+-----+-----+-------+---------+
only showing top 20 rows
```

图 6.7 训练集字段筛选结果

40 行 df_assembler=VectorAssembler(inputCols=['Pclass', 'iSex', 'Age', 'SibSp', 'Parch', 'Fare', 'iEmbarked'], outputCol="features")语句中的 VectorAssembler 将给定的字段列表（类型必须为数值）转换成一个向量列。

除了 VectorAssembler 外，PySpark 当中还有其他操作，比如 VectorIndexer 将一个向量列进行特征索引，一般决策树常用这个方法。VectorAssembler 处理后的数据如图 6.8 所示。

```
+--------------------+
|            features|
+--------------------+
|[3.0,0.0,22.0,1.0...|
|[1.0,1.0,38.0,1.0...|
|[3.0,1.0,26.0,0.0...|
|[1.0,1.0,35.0,1.0...|
|(7,[0,2,5],[3.0,3...|
|[3.0,0.0,30.0,0.0...|
|(7,[0,2,5],[1.0,5...|
|[3.0,0.0,2.0,3.0,...|
|[3.0,1.0,27.0,0.0...|
|[2.0,1.0,14.0,1.0...|
|[3.0,1.0,4.0,1.0,...|
|[1.0,1.0,58.0,0.0...|
|(7,[0,2,5],[3.0,2...|
|[3.0,0.0,39.0,1.0...|
|[3.0,1.0,14.0,0.0...|
|[2.0,1.0,55.0,0.0...|
|[3.0,0.0,2.0,4.0,...|
|(7,[0,2,5],[2.0,3...|
|[3.0,1.0,31.0,1.0...|
|[3.0,1.0,30.0,0.0...|
+--------------------+
only showing top 20 rows
```

图 6.8 VectorAssembler 处理后的数据结果

6.4 认识 Pipeline

机器学习过程可以看作由一系列步骤组成的，就和做菜一样，第1步需要采购食材；第2步对食材进行清洗；第3步将食材进行加工（切分成块或者丝）；第4步烹饪；第5步装盘。这些步骤就像一条流水线一样，工序前后衔接。

同样地，在机器学习过程中，也需要运行一系列算法来处理数据并从中学习。例如，一个简单的文本数据处理工作流程可能包括几个阶段：

- 将每个文本拆分为单词。
- 将单词转换为数值特征向量。
- 使用特征向量和标签构建预测模型。
- 用预测模型对新数据进行预测。

PySpark 的 MLlib 库将这样的工作流程表示为 Pipeline，其中包含要按特定顺序运行的一系列 Pipeline Stages（Transformers 和 Estimators）。一般来说，Pipeline 的基本过程如图 6.9 所示。

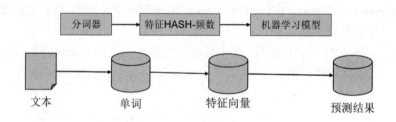

图 6.9 Pipeline 的基本过程示意图

一个 Pipeline 被指定为一个阶段序列，这些阶段按顺序运行，并且输入的 DataFrame 对象在通过每个阶段时都会进行转换。在 Transformer 阶段，在 DataFrame 对象上调用 transform() 方法。在 Estimator 阶段，将调用 fit() 方法来生成预测结果。

以图 6.9 为例，图第一行说明 Pipeline 有三个阶段，其中分词器（Tokenizer）和特征 HASH-频数（HashingTF）阶段是 Transformers，而机器学习模型阶段是 Estimator。

图 6.9 第二行表示流经管道（Pipeline）的数据，其中圆柱体表示 DataFrame 对象。首先调用 Tokenizer.transform() 方法将原始文本拆分为单词；其次调用 HashingTF.transform() 方法将单词列转换为特征向量；最后由于机器学习模型是一个 Estimator，因此可以调用模型的 fit() 方法产生一个预测结果。

下面给出 Pipeline 示例，如代码 6-4 所示。

代码 6-4　Pipeline 示例：ch06\04pipeline.py

```
01  import findspark
02  findspark.init()
```

```
03  ################################################
04  from pyspark.ml import Pipeline
05  from pyspark.ml.classification import LogisticRegression
06  from pyspark.ml.feature import HashingTF, Tokenizer
07  from pyspark.sql import SparkSession
08  spark = SparkSession.builder \
09          .master("local[*]") \
10          .appName("PySpark ML") \
11          .getOrCreate()
12  sc = spark.sparkContext
13  ################################################
14  #模拟训练数据,有PySpark的文本为1,其他为0
15  training = spark.createDataFrame([
16      (0, "Hello PySpark", 1.0),
17      (1, "Using Flink", 0.0),
18      (2, "PySpark 3.0", 1.0),
19      (3, "Test MySQL", 0.0)
20  ], ["id", "text", "label"])
21  # pipeline 三个阶段: tokenizer -> hashingTF -> logR.
22  tokenizer = Tokenizer(inputCol="text", outputCol="words")
23  hashingTF = HashingTF(inputCol=tokenizer.getOutputCol(), outputCol="features")
24  logR = LogisticRegression(maxIter=10, regParam=0.001)
25  pipeline = Pipeline(stages=[tokenizer, hashingTF, logR])
26  #训练数据上进行pipeline fit 操作,产生一个model
27  model = pipeline.fit(training)
28  ################################################
29  #测试集
30  test = spark.createDataFrame([
31      (4, "PySpark Pipeline"),
32      (5, "pipeline"),
33      (6, "PySpark python"),
34      (7, "julia c#")
35  ], ["id", "text"])
36  #model 执行transform,并预测
37  prediction = model.transform(test)
38  #预测结果显示
39  selected = prediction.select("id", "text", "probability", "prediction")
40  for row in selected.collect():
41      tid, text, prob, prediction = row
42      print("(%d, %s) --> prediction=%f,prob=%s" \
43          % (tid, text, prediction,str(prob)))
44  ################################################
45  sc.stop()
```

代码 6-4 中，25 行 pipeline=Pipeline(stages=[tokenizer, hashingTF, logR])用 Pipeline 方法将之前定义的三个阶段 tokenizer、hashingTF、logR 组装成一个 pipeline。27 行 model=pipeline.fit(training)在训练数据上进行 pipeline fit 操作，产生一个 model。37 行 prediction=model.transform(test)在测试集上用 model 执行 transform 操作，并预测出结果。最后打印的结果如下所示：

```
(4, PySpark Pipeline) --> prediction=1.000000,
prob=[0.029796174862816768,0.9702038251371833]
(5, pipeline) --> prediction=0.000000,
prob=[0.56611226449896,0.43388773550104]
(6, PySpark python) -->prediction=1.000000,
prob=[0.029796174862816768,0.9702038251371833]
(7, julia c#) --> prediction=0.000000,
prob=[0.56611226449896,0.43388773550104]
```

训练数据中的文本规律为，有 PySpark 这个单词的文本标签字段为 1.0，其他为 0.0。而在测试数据上的预测结果都和预期相符。

6.5 逻辑回归原理与应用

6.5.1 逻辑回归基本原理

根据百度百科，逻辑回归实际上就是 Logistic 回归分析，它是一种广义的线性回归分析模型，常用于数据挖掘、疾病自动诊断和经济预测等领域。Logistic 回归为概率型非线性回归模型，是研究二分类观察结果 y 与一些影响因素（x1,x2,x3,...,xn）之间关系的一种多变量分析方法。通常的问题是，研究某些影响因素条件下，某个结果是否发生的概率，比如医学中根据病人的一些症状来判断他是否患有某种疾病。

举例来说，探讨引发疾病的危险因素，并根据危险因素预测疾病发生的概率。以胃癌病情分析为例，选择两组人群，一组是胃癌组，一组是非胃癌组，两组人群必定具有不同的体征与生活方式等。因此，因变量就为是否胃癌，值为"是"或"否"；自变量就可以包括很多因素了，如年龄、性别、饮食习惯、幽门螺杆菌感染等。自变量既可以是连续的，也可以是分类的。然后通过 logistic 回归分析，得到自变量的权重，从而可以大致了解到底哪些因素是胃癌的危险因素。同时根据该权重值及其危险因素预测一个人患癌症的可能性。

影响关系研究是所有研究中最为常见的。我们都知道当 Y 是定量数据时，线性回归可以用来分析影响关系。如果现在想对某件事情发生的概率进行预估，比如一件衣服是否有人想购买？这里的 Y 是"是否愿意购买"，属于分类数据，所以不能使用回归分析。如果 Y 为定类数据，则研究影响关系的正确做法是选择 Logistic 回归分析。

Logistic 回归模型是有适用条件的，简要说明如下：

- 因变量为二分类的分类变量或某事件的发生率，并且是数值型变量。

- 各观测对象之间相互独立。
- 自变量和Logistic概率是线性关系。

考虑具有 n 个独立变量的向量 $x=(x_1,x_2,x_3,...,x_n)$，设条件概率 $p=P(y=1|x)$ 为观测量 x 相对于某事件发生的概率，那么 Logistic 回归模型可以表示为：

$$P(y=1|x) = \pi(x) = \frac{1}{1+e^{-g(x)}}$$

其中，$g(x) = w_0 + w_1x_1 + w_2x_2 + ... + w_nx_n$

Logistic 回归模型是围绕一个 Logistic 函数来展开的。在这个公式推导过程中，实际上重要的一步就是如何使用极大似然估计求分类器的参数，即 $w_0、w_1、w_2、...、w_n$ 的值。关于 Logistic 函数的公式推导这里不再赘述，感兴趣的读者可自行查找文档学习。

6.5.2 逻辑回归应用示例：Titanic 幸存者预测

下面利用逻辑回归模型对 Titanic 幸存者进行预测。这里需要从 pyspark.ml.classification 模块中导入 LogisticRegression 算法。下面给出 Logistic 模型训练的示例，如代码 6-5 所示。

代码 6-5 Logistic 模型训练示例：ch06\05logisticRegressionTrain.py

```
01    import findspark
02    findspark.init()
03    ###################################################
04    from pyspark.sql import SparkSession
05    from pyspark.sql.context import SQLContext
06    from pyspark.ml.feature import StringIndexer, VectorAssembler
07    spark = SparkSession.builder \
08        .master("local[*]") \
09        .appName("PySpark ML") \
10        .getOrCreate()
11    sc = spark.sparkContext
12    ###################################################
13    df_train = spark.read.csv('./data/titanic-train.csv',header=True,inferSchema=True) \
14        .cache()
15    df_train = df_train.fillna({'Age': round(29.699,0)})
16    df_train = df_train.fillna({'Embarked': 'S'})
17    df_train = df_train.drop("Cabin")
18    df_train = df_train.drop("Ticket")
19    labelIndexer = StringIndexer(inputCol="Embarked", outputCol="iEmbarked")
20    model = labelIndexer.fit(df_train)
21    df_train = model.transform(df_train)
22    labelIndexer = StringIndexer(inputCol="Sex", outputCol="iSex")
```

```
23    model = labelIndexer.fit(df_train)
24    df_train = model.transform(df_train)
25    features = ['Pclass', 'iSex', 'Age', 'SibSp', 'Parch', 'Fare',
'iEmbarked','Survived']
26    train_features = df_train[features]
27    df_assembler = VectorAssembler(inputCols=['Pclass', 'iSex', 'Age',
'SibSp',
28        'Parch', 'Fare', 'iEmbarked'], outputCol="features")
29    train = df_assembler.transform(train_features)
30    from pyspark.ml.classification import LogisticRegression
31    #LogisticRegression 模型
32    lg = LogisticRegression(labelCol='Survived')
33    lgModel = lg.fit(train)
34    #保存模型
35    lgModel.write().overwrite().save("./model/logistic-titanic")
36    print("save model to ./model/logistic-titanic")
37    trainingSummary = lgModel.summary
38    trainingSummary.roc.show()
39    print("areaUnderROC: " + str(trainingSummary.areaUnderROC))
40    #ROC curve is a plot of FPR against TPR
41    import matplotlib.pyplot as plt
42    plt.figure(figsize=(5,5))
43    plt.plot([0, 1], [0, 1], 'r--')
44    plt.plot(lgModel.summary.roc.select('FPR').collect(),
45        lgModel.summary.roc.select('TPR').collect())
46    plt.xlabel('FPR')
47    plt.ylabel('TPR')
48    plt.show()
49    ##############################################
50    sc.stop()
```

代码 6-5 中，13 行利用 spark.read.csv 方法读取训练集文件 titanic-train.csv，并通过 cache 方法缓存到内存中。1~16 行对数据的缺失值进行处理。35 行 lgModel.write().overwrite().save("./model/logistic-titanic")将训练好的模型进行持久化，保存到磁盘上，这样后期可以进行加载，而无须重新训练。其中 overwrite 方法会覆盖之前的模型。

> **注 意**
>
> 上述 save 方法保存的模型不是单个文件，而是一个文件夹，其中包含若干文件。

37 行 trainingSummary=lgModel.summary 可以获取模型的一些描述信息。38 行 trainingSummary.roc.show()显示 ROC 信息，ROC 是 Receiver Characteristic Operator 的缩写，它可以反映机器学习模型的预测效果。

一般来说，ROC 曲线下面的面积（trainingSummary.areaUnderROC）越大（趋近于 1），则模型对于训练集的评估效果越好（但要注意过拟合的问题）。执行上述代码，输出如图 6.10

所示。

```
save model to ./model/logistic-titanic
+--------------------+--------------------+
|                 FPR|                 TPR|
+--------------------+--------------------+
|                 0.0|                 0.0|
|0.001821493624772...|0.017543859649122806|
|0.001821493624772...| 0.04093567251461988|
|0.001821493624772...| 0.06140350877192982|
|0.001821493624772...| 0.08187134502923976|
|0.001821493624772...|  0.1023391812865497|
|0.001821493624772...| 0.12280701754385964|
|0.003642987249544...| 0.14035087719298245|
|0.003642987249544...|  0.160817134502924|
|0.003642987249544...| 0.18128654970760233|
|0.003642987249544...| 0.20175438596491227|
|0.003642987249544...|  0.2222222222222222|
| 0.005464480874316694| 0.23976608187134502|
| 0.005464480874316694| 0.26315789473684210|
| 0.005464480874316694| 0.28362573099415206|
| 0.007285974499089253| 0.30409356725146197|
| 0.007285974499089253| 0.32456140350877194|
| 0.007285974499089253|  0.347953216374269|
| 0.007285974499089253| 0.3684210526315789|
| 0.009107468123861567| 0.38596491228070173|
+--------------------+--------------------+
only showing top 20 rows

areaUnderROC: 0.8569355233864868
```

图 6.10 Logistic 回归模型 ROC 信息

为了更加直观地对模型的效果进行对比和评估，业界一般做法是绘制 ROC 曲线。41 行 import matplotlib.pyplot as plt 导入绘图库 matplotlib。43 行 plt.plot([0, 1], [0, 1], 'r--')则绘制了一个随机模型 ROC 曲线（它的面积为 0.5，代表随机猜测概率上有一半的概率是正确的）。绘制的 ROC 曲线如图 6.11 所示。

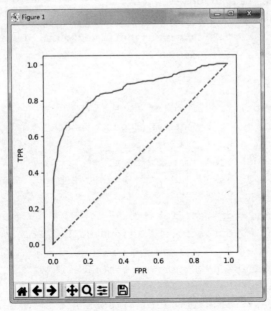

图 6.11 Logistic 回归模型 ROC 曲线

一旦模型训练完毕，且通过效果评估，预测准确率还可以接受的话，那么就可以利用训练好的模型对新的数据进行预测。下面给出利用 Logistic 模型对数据进行预测的示例，如代码 6-6 所示。

代码 6-6　Logistic 模型对数据进行预测示例：ch06\05logisticRegressionPredict.py

```
01    import findspark
02    findspark.init()
03    ##################################################
04    from pyspark.sql import SparkSession
05    from pyspark.sql.context import SQLContext
06    from pyspark.ml.feature import StringIndexer, VectorAssembler
07    spark = SparkSession.builder \
08        .master("local[*]") \
09        .appName("PySpark ML") \
10        .getOrCreate()
11    sc = spark.sparkContext
12    ##################################################
13    df_test = spark.read.csv('./data/titanic-test.csv',header=True, inferSchema=True) \
14        .cache()
15    df_test = df_test.fillna({'Age': round(29.699,0)})
16    df_test = df_test.fillna({'Embarked': 'S'})
17    #有一个 null
18    df_test = df_test.fillna({'Fare': 36.0})
19    df_test = df_test.drop("Cabin")
20    df_test = df_test.drop("Ticket")
21    #新增 Survived 列，默认值为 0
22    df_test = df_test.withColumn("Survived",0 * df_test["Age"])
23    labelIndexer = StringIndexer(inputCol="Embarked", outputCol="iEmbarked")
24    model = labelIndexer.fit(df_test)
25    df_test = model.transform(df_test)
26    labelIndexer = StringIndexer(inputCol="Sex", outputCol="iSex")
27    model = labelIndexer.fit(df_test)
28    df_test = model.transform(df_test)
29    features = ['Pclass', 'iSex', 'Age', 'SibSp', 'Parch', 'Fare', 'iEmbarked','Survived']
30    test_features = df_test[features]
31    df_assembler = VectorAssembler(inputCols=['Pclass', 'iSex', 'Age', 'SibSp', 'Parch',
32        'Fare', 'iEmbarked'], outputCol="features")
33    test = df_assembler.transform(test_features)
34    from pyspark.ml.classification import LogisticRegressionModel
35    lgModel = LogisticRegressionModel.load("./model/logistic-titanic")
36    testSummary =lgModel.evaluate(test)
37    results=testSummary.predictions
```

```
38    results["features","rawPrediction","probability","prediction"].show()
39    #############################################
40    sc.stop()
```

在代码 6-6 中,13 行利用 spark.read.csv 方法读取 titanic-test.csv 文件。35 行 lgModel=LogisticRegressionModel.load("./model/logistic-titanic")通过 load 方法加载训练好的模型。

36 行 testSummary=lgModel.evaluate(test)对测试集 test 对象进行预测评估。37 行 results=testSummary.predictions 获取到预测结果信息。执行上述代码,输出结果如图 6.12 所示。

```
+------------------+--------------------+--------------------+----------+
|          features|       rawPrediction|         probability|prediction|
+------------------+--------------------+--------------------+----------+
|[3.0,0.0,34.5,0.0...|[1.99328605097899...|[0.88009035220072...|       0.0|
|[3.0,1.0,47.0,1.0...|[0.633740318449710...|[0.65333708360849...|       0.0|
|[2.0,0.0,62.0,0.0...|[1.97058477648159...|[0.87767391006101...|       0.0|
|(7,[0,2,5],[3.0,2...|[2.21170839644084...|[0.90129601257823...|       0.0|
|[3.0,1.0,22.0,1.0...|[-0.2919725495559...|[0.42752102300610...|       1.0|
|(7,[0,2,5],[3.0,1...|[1.68822917787023...|[0.84399113755992...|       0.0|
|[3.0,1.0,30.0,0.0...|[-0.9032166903750...|[0.28838991532794...|       1.0|
|[3.0,0.0,26.0,1.0...|[1.42490075002778...|[0.80610554993708...|       0.0|
|[3.0,1.0,18.0,0.0...|[-1.1236436862496...|[0.24533604281752...|       1.0|
|[3.0,0.0,21.0,2.0...|[2.59895227540995...|[0.93079411943702...|       0.0|
|(7,[0,2,5],[3.0,3...|[2.33390585204715...|[0.91164644844255...|       0.0|
|(7,[0,2,5],[1.0,4...|[0.69025711721974...|[0.66602412131662...|       0.0|
|[1.0,1.0,23.0,1.0...|[-2.7419887292668...|[0.06054069440361...|       1.0|
|[2.0,0.0,63.0,1.0...|[2.82767950026722...|[0.94415337330052...|       0.0|
|[1.0,1.0,47.0,1.0...|[-1.7316563679495...|[0.15037583472736...|       1.0|
|[2.0,1.0,24.0,1.0...|[-1.7197655536498...|[0.15190136429145...|       1.0|
|[2.0,0.0,35.0,0.0...|[0.88008689342827...|[0.70684022722317...|       0.0|
|[3.0,0.0,21.0,0.0...|[1.71304684487762...|[0.84723105652294...|       0.0|
|[3.0,1.0,27.0,1.0...|[-0.1717428611873...|[0.45716950894284...|       1.0|
|[3.0,1.0,45.0,0.0...|[-0.0389664987514...|[0.49025960775551...|       1.0|
+------------------+--------------------+--------------------+----------+
only showing top 20 rows
```

图 6.12 Logistic 模型预测结果

> **注 意**
>
> 一般来说,对于训练好的模型,为了评估效果,ROC 曲线需要用测试集进行评估。这里直接用训练集绘制 ROC 曲线,可能会出现过拟合的问题。

6.6 决策树原理与应用

6.6.1 决策树基本原理

决策树(Decision Tree)是在已知各种情况发生概率的基础上,通过构成决策树来求取期望值大于等于零的概率,是直观运用概率分析的一种图解法。由于这种决策分支画成图形很像一棵树的枝干,故称决策树。

决策树是一种十分常用的分类方法。它是一种监督学习,所谓监督学习就是给定一堆样本,每个样本都有一组属性和一个类别,这些类别是事先确定的,那么通过学习得到一个分类器，这个分类器能够对新出现的对象给出正确的分类。

所有的数据最终都会落到叶子节点，即可以应用于分类也可以做回归。决策树通过层次递进的属性判断，对样本进行划分。那么生成决策树的过程，核心就是确定一个最优的属性进行分支。一般而言，决策树遵循这样一个方法来选择属性，即分支节点所包含的样本尽可能属于同一类别，即节点的纯度（purity）越来越高。

节点的纯度可以用信息增益（information gain）来进行度量，

给定样本集合 D，信息熵 Ent(D) 计算公式如下：

$$Ent(D) = -\sum_{k=1}^{n} P_k \log_2 p_k$$

式中 P_k 为样本集合 D 中第 k 类样本所占的比例，信息熵 Ent(D) 越小，代表 D 的纯度越高。决策树的优点如下：

- 决策树易于理解和解释。
- 能够同时处理数据型和类别型属性。
- 决策树是一个白盒模型，给定一个观察模型，很容易推出相应的逻辑表达式。
- 在相对较短的时间内，能够对大型数据做出效果良好的结果。
- 比较适合处理有缺失属性值的样本。

决策树的缺点：

- 对那些各类别数据量不一致的数据，在决策树中，信息增益的结果偏向那些具有更多数值的特征。
- 容易过拟合。
- 忽略了数据集中属性之间的相关性。

6.6.2 决策树应用示例：Titanic 幸存者预测

利用 Spark 中的 MLlib 算法库进行机器学习模型构建，基本步骤几乎一致，下面给出利用决策树算法对 Titanic 幸存者进行预测。下面将模型的训练和预测放在一起完成，决策树应用的示例如代码 6-7 所示。

代码 6-7　决策树示例：ch06\06decisionTree.py

```
01    import findspark
02    findspark.init()
03    ##################################################
04    from pyspark.sql import SparkSession
05    from pyspark.sql.context import SQLContext
06    from pyspark.ml.feature import StringIndexer, VectorAssembler
07    spark = SparkSession.builder \
08        .master("local[*]") \
09        .appName("PySpark ML") \
```

```
10         .getOrCreate()
11    sc = spark.sparkContext
12    ###############################################
13    df_train = spark.read.csv('./data/titanic-train.csv',header=True, inferSchema=True) \
14         .cache()
15    df_train = df_train.fillna({'Age': round(29.699,0)})
16    df_train = df_train.fillna({'Embarked': 'S'})
17    labelIndexer = StringIndexer(inputCol="Embarked", outputCol="iEmbarked")
18    model = labelIndexer.fit(df_train)
19    df_train = model.transform(df_train)
20    labelIndexer = StringIndexer(inputCol="Sex", outputCol="iSex")
21    model = labelIndexer.fit(df_train)
22    df_train = model.transform(df_train)
23    features = ['Pclass', 'iSex', 'Age', 'SibSp', 'Parch', 'Fare', 'iEmbarked','Survived']
24    train_features = df_train[features]
25    df_assembler = VectorAssembler(inputCols=['Pclass', 'iSex', 'Age', 'SibSp',
26         'Parch', 'Fare', 'iEmbarked'], outputCol="features")
27    train = df_assembler.transform(train_features)
28    from pyspark.ml.classification import DecisionTreeClassifier
29    #DecisionTree 模型
30    dtree = DecisionTreeClassifier(labelCol="Survived", featuresCol="features")
31    treeModel = dtree.fit(train)
32    #打印 treeModel
33    print(treeModel.toDebugString)
34    #对训练数据进行预测
35    dt_predictions = treeModel.transform(train)
36    dt_predictions.select("prediction", "Survived", "features").show()
37    from pyspark.ml.evaluation import MulticlassClassificationEvaluator
38    multi_evaluator = MulticlassClassificationEvaluator(labelCol = 'Survived', metricName = 'accuracy')
39    print('Decision Tree Accu:', multi_evaluator.evaluate(dt_predictions))
40    ###############################################
41    sc.stop()
```

在代码 6-7 中，33 行 print(treeModel.toDebugString)会输出类似如下的决策树描述信息：

```
DecisionTreeClassificationModel (uid=DecisionTreeClassifier_32fe964dcb2a) of depth 5 with 35 nodes
  If (feature 1 in {0.0})
   If (feature 2 <= 3.5)
    If (feature 3 <= 2.5)
```

```
      Predict: 1.0
     Else (feature 3 > 2.5)
      If (feature 4 <= 1.5)
       Predict: 0.0
      Else (feature 4 > 1.5)
       If (feature 3 <= 4.5)
        Predict: 1.0
       Else (feature 3 > 4.5)
        Predict: 0.0
   Else (feature 2 > 3.5)
    If (feature 0 <= 1.5)
     If (feature 5 <= 26.125)
      Predict: 0.0
     Else (feature 5 > 26.125)
      If (feature 5 <= 26.46875)
       Predict: 1.0
      Else (feature 5 > 26.46875)
       Predict: 0.0
    Else (feature 0 > 1.5)
     If (feature 2 <= 15.5)
      If (feature 3 <= 1.5)
       Predict: 1.0
      Else (feature 3 > 1.5)
       Predict: 0.0
     Else (feature 2 > 15.5)
      Predict: 0.0
  Else (feature 1 not in {0.0})
   If (feature 0 <= 2.5)
    If (feature 2 <= 3.5)
     If (feature 0 <= 1.5)
      Predict: 0.0
     Else (feature 0 > 1.5)
      Predict: 1.0
    Else (feature 2 > 3.5)
     Predict: 1.0
   Else (feature 0 > 2.5)
    If (feature 5 <= 24.808349999999997)
     If (feature 6 in {1.0,2.0})
      If (feature 2 <= 30.25)
       Predict: 1.0
      Else (feature 2 > 30.25)
       Predict: 0.0
     Else (feature 6 not in {1.0,2.0})
      If (feature 5 <= 21.0375)
       Predict: 1.0
```

```
            Else (feature 5 > 21.0375)
             Predict: 0.0
           Else (feature 5 > 24.808349999999997)
            Predict: 0.0
Decision Tree Accu: 0.8417508417508418
```

35 行 dt_predictions=treeModel.transform(train)利用模型的 transform 方法对训练集数据 train 进行预测。36 行 dt_predictions.select("prediction", "Survived", "features").show()从预测集合中选择"prediction"、"Survived"、"features"这三个字段进行显示，结果如图 6.13 所示。

```
+----------+--------+--------------------+
|prediction|Survived|            features|
+----------+--------+--------------------+
|       0.0|       0|[3.0,0.0,22.0,1.0...|
|       1.0|       1|[1.0,1.0,38.0,1.0...|
|       1.0|       1|[3.0,1.0,26.0,0.0...|
|       1.0|       1|[1.0,1.0,35.0,1.0...|
|       0.0|       0|(7,[0,2,5],[3.0,3...|
|       0.0|       0|[3.0,0.0,30.0,0.0...|
|       0.0|       0|(7,[0,2,5],[1.0,5...|
|       0.0|       0|[3.0,0.0,2.0,3.0,...|
|       1.0|       1|[3.0,1.0,27.0,0.0...|
|       1.0|       1|[2.0,1.0,14.0,1.0...|
|       1.0|       1|[3.0,1.0,4.0,1.0,...|
|       1.0|       1|[1.0,1.0,58.0,0.0...|
|       0.0|       0|(7,[0,2,5],[3.0,2...|
|       0.0|       0|[3.0,0.0,39.0,1.0...|
|       1.0|       0|[3.0,1.0,14.0,0.0...|
|       1.0|       1|[2.0,1.0,55.0,0.0...|
|       0.0|       0|[3.0,0.0,2.0,4.0,...|
|       0.0|       1|(7,[0,2,5],[2.0,3...|
|       1.0|       0|[3.0,1.0,31.0,1.0...|
|       1.0|       1|[3.0,1.0,30.0,0.0...|
+----------+--------+--------------------+
only showing top 20 rows

Decision Tree Accu: 0.8417508417508418
```

图 6.13　决策树预测结果

注　意

由于测试集上没有是否幸存的值，为了可以对比实际值和预测值，这里的决策树直接在训练集上进行评估。

6.7　小结

随着我国新基建的提出，政府或者企业逐步将各项业务数字化，而数字需要资产化，后续才能更好地把数据资产价值化。由于数据种类繁多，因此需要分布式存储，而对分布式存储的数据进行挖掘和利用机器学习算法构建模型，则需要系统能够完成分布式机器学习模型的构建。

本章对 Apache Spark MLlib 库进行了简单的介绍，其中重点讲解了逻辑回归模型和决策树模型。在讲解过程中，涉及数据格式的观察、数据清理和格式转换等操作。只有高质量的数据，才能构建出高质量的机器学习模型，并用于生产环境。

第 7 章

实战：PySpark+Kafka 实时项目

当前大数据处理应用中，不少应用对实时的数据处理需求越来越高。因此目前很多大数据处理框架，如 Spark 和 Flink 都在实时数据功能上进行加强。对于大数据实时处理项目来说，经常会用到另外一个框架 Kafka，本章将利用 PySpark 和 Kafka 来构建一个简单的实时项目。

具体涉及的知识点有：

- Kafka环境搭建：掌握Kafka的作用和环境搭建。
- Kafka消息基本处理：掌握Kafka发送消息和接受消息的方法。
- Web Socket：掌握利用Web Socket从服务器主动推送数据到客户端的方法。
- Flask：掌握使用Flask构建一个简单Web应用的方法。

7.1 Kafka 和 Flask 环境搭建

Apache Kafka 是当前一个非常流行的开源流处理平台，它也是一个具有高吞吐量的分布式发布订阅消息系统。Kafka 支持通过高效的磁盘数据结构来提供消息的持久化，即使消息数据达到 TB 级别也能够保持稳定。另外，它可以运行在普通的计算机上，支持每秒数百万的消息处理。因此，Kafka 当前被大量的大数据系统所采用。

> **说 明**
>
> Kafka 的运行需要安装 JDK，这里安装 JDK 不再赘述。

Kafka 运行依赖于 Zookeeper，因此需要安装并运行 Zookeeper 软件。

（1）下载 Zookeeper 安装文件，这里可以访问 http://zookeeper.apache.org/releases.html，下载对应的编译后的安装包即可。

（2）将下载的压缩包进行解压，如解压到 E:\wmsoft\zookeeper-3.4.14。

（3）配置信息，进入 E:\wmsoft\zookeeper-3.4.14\conf 目录，将 zoo_sample.cfg 重命名成 zoo.cfg，并用文本编辑器进行配置：

```
dataDir=E:/wmsoft/zookeeper-3.4.14/data
```

（4）配置环境变量，配置 ZOOKEEPER_HOME 为 E:\wmsoft\zookeeper-3.4.14，另外编辑 Path 环境变量，在现有的值后面添加 ";%ZOOKEEPER_HOME%\bin;"。

（5）运行 Zookeeper，打开 cmd 然后执行 zkServer。

> **注 意**
>
> 启动 Zookeeper 的命令是 zkServer 而不是 zkserver，注意字母的大小写。

（6）从网址 http://kafka.apache.org/downloads.html 上下载 Kafka 安装文件 kafka_2.12-2.5.0.tgz。

（7）解压 kafka_2.12-2.5.0.tgz 文件，如解压到 E:\wmsoft\kafka_2.12-2.5.0。

（8）配置信息，在 E:\wmsoft\kafka_2.12-2.5.0\config 目录中，用文本编辑器里打开 server.properties 进行编辑。这里修改一下日志目录：

```
log.dirs=E:/wmsoft/kafka_2.12-2.5.0/data
```

（9）启动 Kafka，打开 cmd，切换到 E:\wmsoft\kafka_2.12-2.5.0\bin\windows 目录下，输入并执行如下命令：

```
#自带 zookeeper 启动
#zookeeper-server-start.bat ..\..\config\zookeeper.properties
kafka-server-start.bat ..\..\config\server.properties
```

如果启动成功，则会显示如图 7.1 所示的信息。

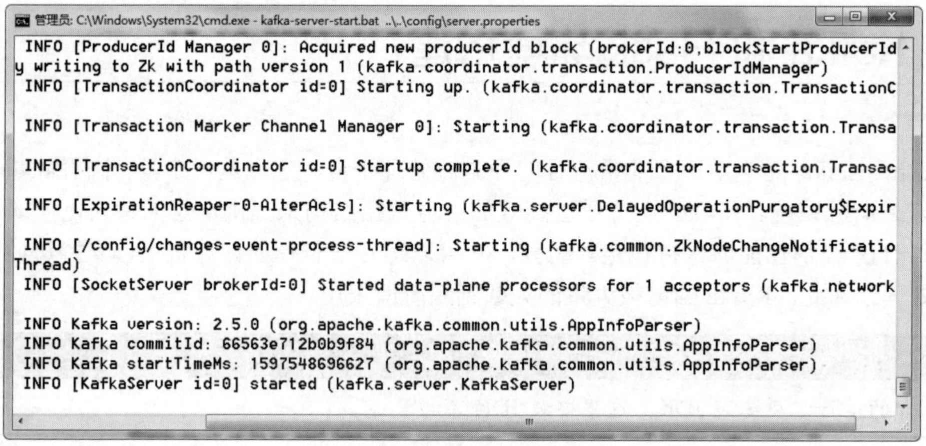

图 7.1　Kafka 启动成功

其实，Kafka 也可以利用 Python 语言进行交互。下面安装交互相关的依赖库，在 cmd 命令行执行如下命令：

```
pip3 install kafka
pip3 install kafka-python
```

当然，为了使用 Python 开发 Web 应用，这里可以安装 Flask 框架。Flask 是一个使用 Python 开发的轻量级 Web 应用框架。Flask 使用 BSD 授权，它使用起来非常简单，还可以扩展其他功能。Flask 框架的安装非常简单，执行如下命令即可：

```
pip3 install flask
pip3 install flask-socketio
```

其中 flask-socketio 是一个 Socket IO 库，可以用 Flask 框架实现低延迟、客户端和服务端双向的通信。

> **注 意**
>
> Kafka 的部署分为单机模式和分布式模式。单机模式可以利用 Kafka 自带的 Zookeeper。如果是分布式模式，则需要采用外部的 Zookeeper。

7.2 代码实现

首先利用 Visual Studio Code 新建一个项目，具体的项目结构如图 7.2 所示。

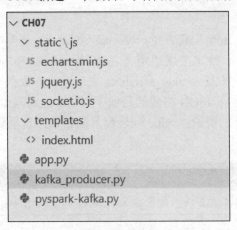

图 7.2 项目结构

在图 7.2 中，kafka_producer.py 文件代表一个数据模拟程序，可以利用循环语句产生模拟的业务数据，并写到 Kafka 特定的 Topic 中去。模拟业务数据的示例如代码 7-1 所示。

代码 7-1 模拟业务数据的示例：ch07\kafka_producer.py

```
01  from kafka import KafkaProducer
```

```
02   import time
03   import random
04   import json
05   from json import dumps
06   from datetime import datetime
07   #连接kafka
08   producer = KafkaProducer(bootstrap_servers='127.0.0.1:9092', \
09       value_serializer=lambda x: dumps(x).encode('utf-8'))
10   key='streaming'.encode('utf-8')
11   typeList =['鞋子','裤子','袜子','皮带','化妆品','背包','书籍',
12       '零食','运动服','乐器']
13   #发送内容,必须是bytes类型
14   for i in range(0, 1000):
15       vjson = {}
16       for t in typeList:
17           i = i + 1
18           vjson["bizId"] = str(i)
19           vjson["type"] = t
20           vjson["value"] = 1
21           #vjson["datetime"] = datetime.now().strftime("%Y-%m-%d %H:%M:%S")
22           print("Message to be sent: ", vjson)
23           producer.send('kf2pyspark',value= vjson , key=key)
24           time.sleep(1)
25   producer.flush()
26   producer.close()
```

代码7-1中, 01行导入from kafka import KafkaProducer, 这样可以用于连接到Kafka服务上, 并将数据写入到 Kafka 特定主题通道上。08 行 bootstrap_servers='127.0.0.1:9092'代表 Kafka 服务地址为 127.0.0.1:9092。value_serializer 表示对业务数据 value 进行序列化操作, 这里利用 json 模块中的 dumps 将 JSON 格式的数据序列化, 且编码指定为 utf-8。

代码中, type 代表商品的类别; value 代表商品的销量, 这里为了简单, 每次销量为1, 当然也可以使用随机数。

> **注 意**
>
> 一般来说, Kafka 的 Topic 消息格式都包含 key 和 value 两个字段。

11 行用 typeList=['鞋子','裤子','袜子','皮带','化妆品','背包','书籍','零食','运动服','乐器']模拟一些商品的类别。14 行 for i in range(0, 1000)用循环构建一系列数据。23 行 producer.send('kf2pyspark',value= vjson , key=key)将产生的数据通过 send 方法发布到主题为 kf2pyspark 的 Kafka 消息队列上去, 其中 value 数据为产生的 vjson 数据。

当消息发布到 Kafka 消息队列上之后, 后续就可以通过订阅相关主题的消息, 来自动获取到特定消息数据。下面通过 PySpark 来订阅主题为 kf2pyspark 的 Kafka 消息, 并对获取到的

数据进行处理,最后再发布到 Kafka 特定主题上,供其他程序调用。

PySpark 对 Kafka 消息数据进行处理的示例如代码 7-2 所示。

代码 7-2　PySpark 对 Kafka 消息数据进行处理的示例:ch07\pyspark-kafka.py

```
01  import findspark
02  findspark.init()
03  ##################################################
04  from pyspark.sql import SparkSession
05  from pyspark.sql.functions import *
06  from pyspark.sql.types import *
07  KAFKA_TOPIC_READ = "kf2pyspark"
08  KAFKA_WRITE_TOPIC = "pyspark2kf"
09  KAFKA_SERVERS = '127.0.0.1:9092'
10  JARS_PATH ="file:///E://wmsoft//spark-sql-kafka-0-10_2.11-2.4.0.jar,file:///E://wmsoft//kafka-clients-1.1.0.jar"
11  if __name__ == "__main__":
12      print("PySpark Kafka Started ...")
13      spark = SparkSession \
14          .builder \
15          .appName("PySpark Kafka Demo") \
16          .master("local[*]") \
17          .config("spark.jars", JARS_PATH) \
18          .config("spark.executor.extraClassPath", JARS_PATH) \
19          .config("spark.executor.extraLibrary", JARS_PATH) \
20          .config("spark.driver.extraClassPath", JARS_PATH) \
21          .getOrCreate()
22      spark.sparkContext.setLogLevel("ERROR")
23      #从 kf2pyspark 主题中读取 Kafaka 流数据
24      sdf = spark \
25          .readStream \
26          .format("kafka") \
27          .option("kafka.bootstrap.servers", KAFKA_SERVERS) \
28          .option("subscribe", KAFKA_TOPIC_READ) \
29          .option("startingOffsets", "latest") \
30          .load()
31      #注意 Kafaka 流数据的格式,业务数据都是在 value 字段中
32      sdf.printSchema()
33      sdf = sdf.selectExpr("CAST(value AS STRING)")
34      bizSchema = StructType() \
35          .add("type", StringType()) \
36          .add("value", IntegerType())
37      bizDf = sdf.select(from_json(col("value"), bizSchema)\
38          .alias("json"))
39      #bizDf.printSchema()
40      bizDf = bizDf.select("json.*")
```

```
41          #sdf3.printSchema()
42          bizDfCalc = bizDf.groupBy("type")\
43              .agg({'value': 'sum'}) \
44              .select("type",col("sum(value)").alias("amount"))
45          #Kafka 主题数据必须有 value 字段
46          write_stream = bizDfCalc \
47              .select(to_json(struct(col("amount"),
col("type"))).alias("value"))\
48              .writeStream \
49              .format("kafka") \
50              .option("kafka.bootstrap.servers", KAFKA_SERVERS) \
51              .option("topic", KAFKA_WRITE_TOPIC) \
52              .option("checkpointLocation", "file:///E:/wmsoft/checkpoints/")\
53              .outputMode("complete") \
54              .trigger(processingTime='2 seconds') \
55              .queryName("sink2kafka")
56          query = write_stream.start()
57          query.awaitTermination()
```

代码 7-2 中，07 行 KAFKA_TOPIC_READ= "kf2pyspark"定义了一个变量，代表需要订阅的 Kafka 主题为 kf2pyspark，用于数据的读取操作。08 行 KAFKA_WRITE_TOPIC= "pyspark2kf"代表需要发布数据到 Kafka 主题为 kf2pyspark 的消息队列上，用于数据的写入操作。

09 行 KAFKA_SERVERS= '127.0.0.1:9092' 代表 Kafka 服务的地址信息。10 行 JARS_PATH 代表需要加载特定的 JAR 包，这里为 spark-sql-kafka-0-10_2.11-2.4.0.jar 和 kafka-clients-1.1.0.jar。

24~30 行通过 Spark 中的 readStream 操作来定义主题为 kf2pyspark 的消息，由于 Kafka 消息的业务数据在 value 字段上，首先需要将其转换成字符串，以便后续进行处理。32 行 sdf.printSchema()打印如下信息：

```
root
 |-- key: binary (nullable = true)
 |-- value: binary (nullable = true)
 |-- topic: string (nullable = true)
 |-- partition: integer (nullable = true)
 |-- offset: long (nullable = true)
 |-- timestamp: timestamp (nullable = true)
 |-- timestampType: integer (nullable = true)
```

33 行 sdf=sdf.selectExpr("CAST(value AS STRING)")将 byte 数组类型的业务值转换成字符串。37 行 bizDf=sdf.select(from_json(col("value"), bizSchema).alias("json"))将字符串 value 列转换成一个 json 格式的值，这样即可以获取到 value 中的特定业务数据字段值，比如 type 值。

40 行 bizDf=bizDf.select("json.*")实际上只获取业务数据，即 json 下的所有字段。42 行 bizDfCalc=bizDf.groupBy("type").agg({'value': 'sum'})对业务数据按 type 进行分组求和，这样就

计算出每个 type 的 value（销量）值。

44~57 行通过在 bizDf 对象上执行 writeStream 来创建一个写入流，并发布到主题为 pyspark2kf 的 Kafka 消息队列上。

> **注　意**
>
> 发布到 Kafka 消息队列上的数据，必须有 value 字段，否则会报无法找到 value 的错误。因此，47 行 select(to_json(struct(col("amount"), col("type"))).alias("value"))将处理完毕的数据 type 和 amount 转换成 json 文本格式并命名其别名为 value。

下面给出用 Flask 构建一个简单的 Web 服务功能的例子，如代码 7-3 所示。

代码 7-3　Flask 构建 Web 服务示例：ch07\app.py

```
01    import psutil
02    import time
03    from threading import Lock
04    from flask import Flask, render_template
05    from flask_socketio import SocketIO
06    from kafka import KafkaConsumer
07    async_mode = None
08    app = Flask(__name__)
09    app.config['SECRET_KEY'] = 'secret!'
10    socketio = SocketIO(app, async_mode=async_mode)
11    thread = None
12    thread_lock = Lock()
13    def bg_task():
14        consumer = KafkaConsumer('pyspark2kf', bootstrap_servers=['127.0.0.1:9092'])
15        for msg in consumer:
16            #print(msg)
17            socketio.emit('server_response',
18                {'data': str(msg.value,'utf-8'), 'isOk': 1}
19                ,namespace='/kzstream')
20    @app.route('/')
21    def index():
22        #templates 目录下
23        return render_template('index.html', async_mode=socketio.async_mode)
24    @socketio.on('connect', namespace='/kzstream')
25    def mtest_connect():
26        global thread
27        with thread_lock:
28            if thread is None:
29                thread = socketio.start_background_task(bg_task)
30    if __name__ == '__main__':
```

```
31    socketio.run(app, debug=True)
```

代码7-3中，04行 from flask import Flask, render_template 导入Flask相关模块。05行 from flask_socketio import SocketIO 导入Socket相关模块。08行 app=Flask(__name__) 创建一个Flask框架的app对象。

20行 @app.route('/') 表示要监听请求，在访问网站根目录时，会被此修饰的 index 函数拦截并处理。23行实际上就是利用模板引擎返回一个 index.html 页面，这样客户端通过浏览器即可访问 index.html 页面。

另外，24行 @socketio.on('connect', namespace='/kzstream') 则会监听 socket 消息，其中 namespace 为 kzstream，一旦建立连接，就会启动一个新的后台线程（socketio.start_background _task(bg_task)）来进行消息处理。这个后台任务就是订阅 Kafka 上主题为 pyspark2kf 的消息，并返回到客户端，这样客户端就可以针对数据绘制出图形。

在 index.html 页面中，会显示一个实时的销量图，其中的数据通过 socket 进行通信。下面给出 index.html 内容，如代码7-4所示。

代码7-4 实时销量图页面示例：ch07\index.html

```
01   <!DOCTYPE html>
02   <html lang="en">
03   <head>
04       <meta charset="utf-8">
05       <title>实时销量图</title>
06       <script src="/static/js/jquery.js"></script>
07       <script src="/static/js/socket.io.js"></script>
08       <script src="/static/js/echarts.min.js"></script>
09   </head>
10   <body>
11       <div id="kzChart" style="height:800px;width:99%;">
12       </div>
13       <script type="text/javascript">
14       var myChart = echarts.init(document.getElementById('kzChart'));
15       myChart.setOption({
16           title: {
17               text: '实时销量对比图'
18           },
19           tooltip: {},
20           legend: {
21               data:['销量']
22           },
23           xAxis: {
24               data: []
25           },
26           yAxis: {},
27           series: [{
28               name: '销量',
```

```
29                type: 'bar',
30                data: []
31            }]
32        });
33        var xdata = ["","","","","","","","","",""],
34            ydata = [0,0,0,0,0,0,0,0,0,0]
35        var update_mychart = function (data) {
36            myChart.hideLoading();
37            xdata.push(data.type);
38            ydata.push(parseFloat(data.amount));
39            if (xdata.length >= 10){
40                xdata.shift();
41                ydata.shift();
42            }
43            myChart.setOption({
44                xAxis: {
45                    data: xdata
46                },
47                series: [{
48                    name: '销量',
49                    data: ydata
50                }]
51            });
52        };
53        myChart.showLoading();
54        $(document).ready(function() {
55            namespace = '/kzstream';
56            var socket = io.connect(location.protocol + '//' + document.domain + ':' + location.port + namespace);
57            socket.on('server_response', function(res) {
58                console.log(res)
59                update_mychart(JSON.parse(res.data));
60            });
61        });
62    </script>
63  </body>
64  </html>
```

最后运行此项目，首先保证 Kafka 服务正确开启。然后使用不同的命令窗口分别执行如下命令：

```
#打开业务数据模拟
python kafka_producer.py
#启动 PySpark 对 Kafka 实时数据进行处理
python pyspark-kafka.py
#启动 Flask Web 应用，并显示页面
```

```
python app.py
```

正确开启后,访问 http://127.0.0.1:5000 即可,稍等片刻,即显示如图 7.3 所示的界面。

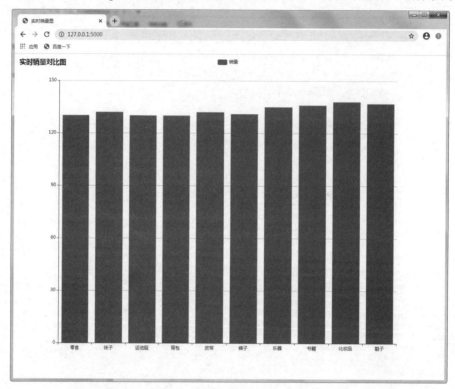

图 7.3 销量实时分析图

> **注 意**
>
> 为了简便起见,示例在 Windows 操作系统上进行演练。在生产环境中,需要部署到 Linux 操作系统上,并搭建集群环境。

7.3 小结

本章通过一个实战案例,讲解了如何使用 PySpark 构建一个相对完整的大数据处理应用程序,其中用到了常用的 Kafka 和 Flask 框架。Kafka 和 Flask 都包含非常多的知识,这里只是抛砖引玉,感兴趣的读者可以查找相关资料,继续深入学习。